シリーズ 情報科学における確率モデル **3**

Series on Stochastic Models in Informatics and Data Science

捜索理論における確率モデル

宝崎　隆祐　【共著】
飯田　耕司

コロナ社

シリーズ 情報科学における確率モデル
編集委員会

編集委員長

博士（工学） 土肥　正（広島大学）

編集委員

博士（工学） 栗田多喜夫（広島大学）

博士（工学） 岡村　寛之（広島大学）

2018年10月現在

刊行のことば

　われわれを取り巻く環境は，多くの場合，確定的というよりもむしろ不確実性にさらされており，自然科学，人文・社会科学，工学のあらゆる領域において不確実な現象を定量的に取り扱う必然性が生じる。「確率モデル」とは不確実な現象を数理的に記述する手段であり，古くから多くの領域において独自のモデルが考案されてきた経緯がある。情報化社会の成熟期である現在，幅広い裾野をもつ情報科学における多様な分野においてさえも，不確実性下での現象を数理的に記述し，データに基づいた定量的分析を行う必要性が増している。

　一言で「確率モデル」といっても，その本質的な意味や粒度は各個別領域ごとに異なっている。統計物理学や数理生物学で現れる確率モデルでは，物理的な現象や実験的観測結果を数理的に記述する過程において不確実性を考慮し，さまざまな現象を説明するための描写をより精緻化することを目指している。一方，統計学やデータサイエンスの文脈で出現する確率モデルは，データ分析技術における数理的な仮定や確率分布関数そのものを表すことが多い。社会科学や工学の領域では，あらかじめモデルの抽象度を規定したうえで，人工物としてのシステムやそれによって派生する複雑な現象をモデルによって表現し，モデルの制御や評価を通じて現実に役立つ知見を導くことが目的となる。

　昨今注目を集めている，ビッグデータ解析や人工知能開発の核となる機械学習の分野においても，確率モデルの重要性は十分に認識されていることは周知の通りである。一見して，機械学習技術は，深層学習，強化学習，サポートベクターマシンといったアルゴリズムの違いに基づいた縦串の分類と，自然言語処理，音声・画像認識，ロボット制御などの応用領域の違いによる横串の分類によって特徴づけられる。しかしながら，現実の問題を「モデリング」するためには経験とセンスが必要であるため，既存の手法やアルゴリズムをそのまま

刊行のことば

適用するだけでは不十分であることが多い．

本シリーズでは，情報科学分野で必要とされる確率・統計技法に焦点を当て，個別分野ごとに発展してきた確率モデルに関する理論的成果をオムニバス形式で俯瞰することを目指す．各分野固有の理論的な背景を深く理解しながらも，理論展開の主役はあくまでモデリングとアルゴリズムであり，確率論，統計学，最適化理論，学習理論がコア技術に相当する．このように「確率モデル」にスポットライトを当てながら，情報科学の広範な領域を深く概観するシリーズは多く見当たらず，データサイエンス，情報工学，オペレーションズ・リサーチなどの各領域に点在していた成果をモデリングの観点からあらためて整理した内容となっている．

本シリーズを構成する各書目は，おのおのの分野の第一線で活躍する研究者に執筆をお願いしており，初学者を対象とした教科書というよりも，各分野の体系を網羅的に著した専門書の色彩が強い．よって，基本的な数理的技法をマスターしたうえで，各分野における研究の最先端に上り詰めようとする意欲のある研究者や大学院生を読者として想定している．本シリーズの中に，読者の皆さんのアイデアやイマジネーションを掻き立てるような座右の書が含まれていたならば，編者にとっては存外の喜びである．

2018年11月

編集委員長　土肥　正

まえがき

　捜索理論はオペレーションズ・リサーチ（OR と略す）の一つの研究分野である。OR は第二次世界大戦（1939〜1945 年）直前における英国によるレーダー開発とその運用の効率化の過程で生まれ，捜索理論は，大西洋を渡って米国に伝わった OR 的手法から，米海軍がドイツの U ボートの脅威阻止のための作戦研究を行う過程で誕生したものである。したがって，OR と捜索理論はいわば親子の関係にあって，大きな目的も当時は同じであったといってよい。

　このような経緯で誕生した捜索理論であるが，大戦が終わり平和な時代となって以降は，主として捜索・救難活動の理論的主柱を与えるための展開を見せることになる。モース・キンボールの著書『OR の方法』（Methods of Operations Research, 1951 年）が，その後の OR 研究と OR 応用，さらには大学教育への浸透の契機になったように，捜索理論にもクープマンの著書『捜索と直衛の理論』（Search and Screening, 1946 年）があった。ちなみに，「直衛」とは船団護衛のことであり，「Screening」とは船団護衛における潜水艦に対抗するための哨戒線を意味する。しかし，OR がその後続々と開発された個別の技法・手法を包含するようになり，OR を解説するテキストが多くの研究者，教育者によって書かれたのに比べ，捜索理論をフォローする活動はそれほど拡大しなかった。その現実的なニーズが，海上軍事作戦や捜索・救助活動に限定されていたためである。創生期に書かれた『捜索と直衛の理論』から，米国 OR 学会のランチェスター賞を受賞したストーンの『最適捜索の理論』（Theory of Optimal Search, 1969 年），さらにはウォッシュバーンの『捜索と探知』（Search and Detection, 1981 年）と，捜索理論のテキストと呼ぶべき著書が適宜公刊された。ストーンの本はそのタイトル通り，目標探知のための最適な捜索資源配分の理論を主として扱っており，ウォッシュバーンの著書は著者が興味をもった

いくつかの捜索問題を取り上げているだけであって，体系的に捜索理論を述べた本ではない。したがって，『捜索と直衛の理論』が捜索理論に関する唯一の体系的な本であり続けていた。一方の日本では，むしろ捜索理論の紹介という形で本が書かれ，多田和夫氏が『探索理論』（1973 年）を入門書として，さらには飯田耕司，宝崎隆祐が捜索理論全般の解説書として『捜索理論－捜索オペレーションの数理』を著した。

このように，国内外ともに捜索理論の研究・教育が細々と続いていた状況にあっては，それ以上の教育書は必要ないと著者は考えていた。ところが，2011 年 3 月 11 日の東日本大震災における主として津波被害による約 5 千人におよぶ行方不明者の捜索には，従来の捜索・救難活動では経験のない困難性があった。それから 5 年ほどが経過した 2016 年 9 月頃に広島大学の土肥正先生から，捜索理論特有の確率モデルを紹介する本を執筆しないかとお誘いいただいた。そのとき，上述した飯田先生との共著本も三訂を重ねていたが，10 年が経っており，また内容が大学院向けであったこともあり，基礎的な理論の章を設けて，学部生から大学院生までの幅広い層が 1 冊の本で捜索理論を習得できるテキストがあってもよいのではと思い，執筆依頼をお受けした。そのような基礎的な章が，2 章「確率論」，7 章「最適化理論」と 10 章「ゲーム理論」である。その他の章の多くの内容は，前著の延長上にあるが，著者が防衛大学校の大学院で教えている「捜索理論」の講義ノートによる筋書きを念頭に置いた。

本書を執筆するにあたり，土肥先生をはじめ，コロナ社に厚くお礼申し上げる。また，著者が捜索理論という独特の研究テーマをいただき，OR の研究分野に足を踏み入れる機会を与えていただいた元防衛大学校教授岸尚先生や本書の共同執筆者でもある元防衛大学校教授飯田耕司先生と，その後 OR の教育者，研究者として独り立ちできるまでに著者を成長させていただいた元神戸大学教授藤井進先生，関西学院大学教授三道弘明先生に大きな感謝を申し上げたい。

2019 年 1 月

著者を代表して　宝崎　隆祐

目次

第1章 はじめに … 1

第2章 確率論

2.1 集合と事象 …………………………………………… 5
  2.1.1 集合　*5*
  2.1.2 写像　*7*
  2.1.3 事象と確率　*7*
2.2 条件付き確率 ………………………………………… 9
  2.2.1 条件付き確率とは　*9*
  2.2.2 ベイズの定理　*11*
2.3 確率変数 ……………………………………………… 13
  2.3.1 離散確率変数と連続確率変数　*13*
  2.3.2 離散確率変数と連続確率変数の例　*15*
  2.3.3 確率変数に関する特性値・期待値・分散　*17*
2.4 二次元平面上の確率計算 …………………………… 20
章末問題 …………………………………………………… 24

第3章 目標存在分布の推定

3.1 方位線情報による目標分布推定 …………………… 25
  3.1.1 多角形による推定　*25*
  3.1.2 最尤推定による推定　*28*

3.2 定針・定速の拡散目標の分布推定 ………………………………… 32
　3.2.1 デイタム位置が確実な場合の目標分布　33
　3.2.2 デイタム位置が不確実な場合の目標分布　35
3.3 ランダムウォーク移動目標の分布推定 ……………………………… 37
3.4 スコーピオン号事件と捜索救難の発展 ……………………………… 40
3.5 捜索実施結果を加味した目標存在の事後推定 …………………… 43
　3.5.1 目標存在分布の更新　43
　3.5.2 重み付けシナリオ法による目標分布の推定　45
章 末 問 題 ………………………………………………………………… 50

第4章　捜索センサーの探知論

4.1 捜索センサーの瞬間的な探知能力 …………………………………… 51
4.2 目標移動におけるセンサーの探知能力 ……………………………… 56
　4.2.1 探知ポテンシャル　56
　4.2.2 横距離探知確率と有効捜索幅　59
4.3 ビークルの捜索能力 …………………………………………………… 65
章 末 問 題 ………………………………………………………………… 67

第5章　静止目標に対する捜索モデルとその評価

5.1 区域捜索のモデル ……………………………………………………… 69
　5.1.1 平 行 捜 索　69
　5.1.2 ランダム捜索　76
　5.1.3 区域捜索法の比較　80
5.2 デイタム捜索のモデル ………………………………………………… 81
　5.2.1 規則的なデイタム捜索　81
　5.2.2 ランダム・デイタム捜索　82
　5.2.3 デイタム捜索法の比較　84
章 末 問 題 ………………………………………………………………… 85

第6章　移動目標に対する捜索モデルとその評価

6.1　区域捜索と動的増分係数 ……………………………………… *86*
6.2　移動目標と捜索者の会的 ……………………………………… *89*
　6.2.1　近接可能領域　*89*
　6.2.2　探知方位の分布　*91*
6.3　デイタム捜索 ………………………………………………… *94*
　6.3.1　定針・定速目標に対するデイタム捜索　*94*
　6.3.2　ランダムウォーク目標に対するデイタム捜索　*99*
6.4　バリヤー哨戒 …………………………………………………*100*
　6.4.1　8の字哨戒　*101*
　6.4.2　往　復　哨　戒　*105*
　6.4.3　8の字哨戒と往復哨戒の比較　*108*
章　末　問　題 ………………………………………………………*109*

第7章　最　適　化　理　論

7.1　線　形　計　画　法 …………………………………………*111*
　7.1.1　線形計画問題による定式化　*111*
　7.1.2　双　対　理　論　*116*
7.2　非線形計画法 ………………………………………………*121*
　7.2.1　制約条件のない最適化問題　*127*
　7.2.2　等式制約をもつ最適化問題とラグランジュの未定乗数法　*129*
　7.2.3　不等式制約をもつ最適化問題とKarush-Kuhn-Tucker条件　*131*
7.3　動　的　計　画　法 …………………………………………*138*
　7.3.1　最　適　性　の　原　理　*139*
　7.3.2　動的計画法による定式化とさまざまな最適政策　*141*
7.4　変　分　法 ……………………………………………………*146*
　7.4.1　オイラー方程式　*147*
　7.4.2　オイラー・ラグランジュ方程式の拡張　*150*
章　末　問　題 ………………………………………………………*153*

第8章　静止目標に対する最適資源配分

8.1　クープマン問題 ……………………………………………… 157
8.2　その他の評価尺度の最適捜索 ………………………………… 164
　　8.2.1　生存探知確率　*165*
　　8.2.2　期待利得　*169*
章　末　問　題 …………………………………………………… 174

第9章　移動目標に対する最適資源配分

9.1　探知確率最大化問題 …………………………………………… 176
　　9.1.1　マルコフ移動目標に対する最適資源配分　*176*
　　9.1.2　パス型移動目標に対する最適資源配分　*179*
9.2　期待利得最大化問題 …………………………………………… 181
9.3　捜索経路の制約付き捜索問題 ………………………………… 188

第10章　ゲーム理論

10.1　問題のゲームによる表現 …………………………………… 195
10.2　2人ゼロ和ゲームと均衡解 ………………………………… 198
　　10.2.1　鞍　　　　点　*198*
　　10.2.2　支　配　戦　略　*202*
　　10.2.3　連　続　ゲ　ー　ム　*203*
　　10.2.4　混合戦略と均衡解　*207*
　　10.2.5　ミニマックス定理と最適混合戦略の求め方　*209*
10.3　非ゼロ和ゲームとナッシュ均衡解 ………………………… 215
10.4　展開形ゲーム表現と多段ゲーム ……………………………… 219
　　10.4.1　展開形ゲームの定義　*220*
　　10.4.2　展開形ゲームにおける戦略と行動戦略　*222*
　　10.4.3　確　率　ゲ　ー　ム　*224*

10.5　情報不完備ゲームとベイジアンゲーム ……………………………226
章　末　問　題 ………………………………………………………229

第11章　捜　索　ゲ　ー　ム

11.1　静止目標に関する捜索ゲーム ……………………………………231
11.2　移動目標に関する捜索ゲーム ……………………………………240
　11.2.1　目標のパス型移動を用いた均衡解　*242*
　11.2.2　目標のマルコフ移動を用いた均衡解　*247*
11.3　捜索ゲームに関するその他のモデル ……………………………253
　11.3.1　虚探知の発生する捜索　*253*
　11.3.2　多段階の捜索ゲーム　*258*
　11.3.3　目標の初期位置が個人情報である情報不完備捜索ゲーム　*263*
章　末　問　題 ………………………………………………………275

参　考　文　献 ………………………………………………………*276*
索　　　　引 ………………………………………………………*281*

1 はじめに

　序文で述べたように，捜索理論は第二次世界大戦中の米海軍による対潜戦 (anti-submarine warfare, ASW) への OR 的実践が起源となっており，その間の活動をもとにしてクープマンが著した『捜索と直衛の理論』(Search and Screening, 1946 年) が捜索理論の扉を開いたといえる。その中では，潜水艦や水上艦，航空機といった具体的な目標物を対象に，その発見，探知に関する事項を扱っており，新しく装備化され改良されつつあったレーダーによる探知も取り扱われている。したがって，「捜索理論とは，なんらかの対象物（捜索理論では**目標**（target）と呼ぶ）を効率よく発見する学問」である。とはいえ，その後の捜索理論では，捜索の対象は，水上艦や航空機でなく，主として潜水艦に限定されるようになっていった。両者の目標捜索の差は，目標データの取得頻度や取得量，つまりデータレート (data rate) にある。近代のレーダーでは，通常状態の航空機や水上艦に対して得られる探知情報は膨大であり，その大量のデータ処理技術こそがレーダーの効果的運用には重要であるのに対し，潜水艦に対するソナーやレーダーでは少ない目標情報しか得られないがゆえに，不確実性を含む情報処理技術こそがキーテクノロジーであり，そこに現代の捜索理論の意義がある。このように，現代の捜索理論は，「通常では発見しにくく，関連情報の少ない目標を効率よく探知する」ことを研究する分野である。

　上の目的を達成するために，捜索理論ではつぎのサブテーマを順次検討していく必要がある。

(1) **目標分布の推定**　捜索活動を実施する前に，目標の存在領域の特定や領域内での存在分布を予想することからはじめる。目標の存在しない場所

を探しても意味がないからである．また，目標が存在する場所にあっては存在確率が高いかどうかも重要な情報である．

(2) **捜索センサーの探知理論と捜索能力の定量化モデル**　目標探知のためのさまざまな探知センサーが存在する．例えば，海中にあっては，CCDカメラを用いた画像情報から目標の存在を確認することが可能であるが，その視界はしばしば制限されるため，探知距離の大きな音響センサーを用いることが多い．残念ながら電波は水中での減衰が激しく，レーダーは有効な探知センサーとはなり得ない．一方，通常の陸上環境では，金属製の物体にはレーダーはきわめて有効な探知センサーであり，音響センサーが用いられる例は少ない．このように，対象目標と使用環境によってセンサーの特性が異なるので，さまざまなセンサーの探知特性を定量的に取り扱う汎用モデルが必要である．

(3) **捜索プロセスの特性評価モデル**　対象とする目標の探知を目指すとき，さまざまな探知センサーが利用できる．通常，目標探知を目的として行動する意志決定者を**捜索者**（searcher）と呼ぶが，彼は単一，あるいは複数の探知センサーを用いた捜索活動を行う．そのような捜索活動の典型的なパターン，あるいは捜索プロセスを実施した場合にどのような結果が得られるのかの特性評価は，捜索活動を計画するうえで重要である．そのような捜索プロセスの評価モデルが必要である．

(4) **捜索計画の最適化**　(3)での捜索プロセスの特性評価モデルを使えば，いくつかのプロセスを組み合わせた捜索活動での特性分析が可能となる．捜索は，捜索時間，捜索費用，捜索センサーや捜索ビークルといったなんらかの捜索資源を用いてなされるが，一般にはこれらの量には限りがある．したがって，効果的な捜索計画を立案する場合には，捜索資源制約のもとで複数の捜索プロセスからなる捜索活動全体を最適化する理論が必要となる．この最適化のための評価尺度にもさまざまなものが考えられる．目標探知までに消費する捜索費用であったり，目標探知までの所要時間，あるいは一定量の捜索資源を用いた捜索活動による目標探知確率等々である．

捜索理論の目的である「目標を効率よく発見する」における「効率よく」の評価尺度が，この最適化問題によって定量的に明確に定義されることになる。

(5) **捜索者と目標による意思決定の相互作用の分析モデル**　上で述べた(1)〜(4)では，不確実性はあるものの取得した目標側の情報に基づき，捜索者側の合理的な意思決定を議論する。しかし，多くの現実問題がそうであるように，目標側も捜索者側の意思を予想しながら，自らの評価尺度で意思決定をしようとするので，目標の意思決定事項を取得可能な情報とするわけにはいかない。したがって，捜索者および目標を意志決定者と見なした状況において，両者の合理的な意思決定の相互作用を定量的に評価・分析するモデルが必要となる。

捜索理論における上記のサブテーマに関して，(1)および(2)をそれぞれ3, 4章で議論し，(3)のうち，静止目標に対する捜索プロセスの評価法を5章で，移動目標に対する評価法を6章で解説する。その後，(4)の複数捜索プロセスからなる捜索計画の最適化を8, 9章で取り上げる。さて，捜索者と目標のような複数の意思決定の相互作用を研究する分野としてゲーム理論がある。11章では，捜索問題にゲーム理論を応用した捜索ゲームのモデルを取り上げ，捜索者と目標との間で相互作用のある意思決定に関する評価を行う。

以上のような捜索理論のサブテーマに関する議論の間に，理解を助けするための基礎的で汎用的な知識を解説する章を置いた。不確実な情報の取扱いには確率の知識が不可欠であり，3章の不確実な目標位置の分布推定の問題に取り組む前の2章で確率論を学ぶ。二次元平面は現実的な捜索空間として重要であるため，平面での連続確率変数に関する解説を2.4節で特記する。また，捜索計画の最適化問題を議論する8章および9章の直前の7章において，汎用的な最適化理論として，線形計画法，非線形計画法，動的計画法および変分法を概説する。また，捜索者および目標を2人の意思決定者として取り扱う捜索ゲームを議論する11章の理解のため，その直前の10章においてゲーム理論を学ぶ。その内容は，2人ゼロ和ゲーム，ゲームの解の一形態としての均衡解の概念，さ

らには不確実な情報の取扱い方についてである。また，捜索理論の各論を理解するために必要な一般的な知識の中でもアドホックなものは，各論の途中に埋め込まれた「コーヒーブレイク」の欄で記述した。

　本章の最後に，捜索理論を学習するための主要なテキストを挙げておく。捜索理論を含む OR 分野の最初のテキストが巻末の参考文献1) であり，今日の OR 分析の幕開けをもたらした書物である。同じ創生期における捜索理論の解説書がクープマンの著書[2]† であり，彼の現実的な研究を育んだ第二次世界大戦中の米海軍の対潜戦について興味のある読者は文献3) を参照願いたい。上記の文献1)〜3) は米海軍の OR グループによる第二次世界大戦中の分析事例を整理したものである。捜索理論の数学的基礎を解説した著作が文献4) であり，興味深い捜索問題のトピックスを取り上げた学習書が文献5) である。日本語で書かれた捜索理論の入門書として，文献6) がある。また，文献7) は，捜索理論の基礎から詳細なテーマまでを網羅したテキストである。捜索理論をはじめミリタリーの分野で使用される OR 的分析手法の解説書として，文献8)〜11) などがある。特に文献11) の最終章では，捜索理論を含む軍事 OR に関する既刊のテキストを網羅的に概説している。最後に，捜索理論全般に関する論文を調査したサーベイ論文には，文献12)〜17) などがある。解説記事[18] は，捜索理論で使用する手法を汎用的な最適化手法や技法の応用の観点から解説したものである。

---

　† 肩付き数字は，巻末の参考文献の番号を示す。

2 確率論

1章で捜索理論の概要を述べた。その中で捜索理論が取り上げるべき最初のテーマは目標分布の推定問題であった。捜索対象物である目標の位置などの情報には不確実な要素が多いが，その不確実さの度合いを示す尺度として確率がある。本章では，捜索理論の詳細を記述する前に，その基礎的知識として，集合や確率について学ぶ。ただし，集合論や確率論に焦点を当てた著書は多く書かれているので，詳細に興味がある読者はそれを参照するとして，ここでは予備知識を得る程度の簡単さで，集合および確率について学ぼう。

2.1 集合と事象

2.1.1 集合

集合（set）とは「ある性質をもったものの集まり」であり，集合を作る個々の「もの」を**要素**（element）という。実数や整数，自然数の集合はよく使われるので，特に断りなく使用される場合は，それぞれ R, Z（または I），N と書かれる。a が集合 S の要素であることを $a \in S$ で，要素でないことを $a \notin S$ と表す。S が 10 以下の偶数の自然数の集合であれば，$S = \{2, 4, 6, 8, 10\}$ ということになる。このような要素の羅列ではなく，条件を明示して示す場合，$S = \{x \in N | x は偶数\}$ のように縦棒「|」の後ろに条件を書く。便宜上，要素をまったくもたない集合を**空集合**（empty set）といい，$\emptyset$ で表す。集合 A の任意の要素が集合 S の要素でもある場合，「A は S の**部分集合**（subset）」といい，$A \subseteq S$ と書く。集合 A, B のどちらかの集合に含まれる要素の集合を**和集合**

(union) といい，$A \cup B = \{x | x \in A \text{ または } x \in B\}$ で定義する．A, B のどちらにも含まれる要素の集合を**積集合** (intersection，または**共通集合**) といい，$A \cap B = \{x | x \in A, x \in B\}$ で表す．積集合は，文字通り積の形で AB と表されることもある．また，A から B の要素を除いた集合は $\{x | x \in A, x \notin B\}$ で定義できるが，これを**差集合** (difference) といい，$A - B$ または $A \backslash B$ と表す．考えている要素の全体を**全集合** (または**全体集合**，universal set) というが，いまこれを S としよう．その部分集合である $A \subseteq S$ を引いた差集合 $S - A$ は，S において集合 A を補う集合でもあり，A 以外の余りの部分でもあるから，**余集合** (または**補集合**，complement) と呼び A^c で表すことがある．c は complement (補う) の意である．

$A \cap B = \emptyset$ となって，共通部分がなく共通集合が空である二つの集合 A と B はたがいに**排反** (または**背反**，mutually exclusive) というが，二つ以上の複数の集合に対しても，その任意の二つの集合が排反であればこれら複数の集合は排反という．集合の集合，つまり集合を要素とする集合を**集合族** (family of sets) と呼ぶ．例えば，集合 $A = \{a, b, c\}$ に含まれるすべての部分集合の集合を「集合 A の**部分集合族** (family of subsets)」と呼ぶが，これは a, b, c の各要素を含めるか含めないかによって作成でき，空集合も含めれば，つぎのように全部で $2^3 = 8$ 通りの集合をもつ．

$$\{\emptyset, \{a\}, \{b\}, \{c\}, \{a,b\}, \{b,c\}, \{c,a\}, \{a,b,c\}\}$$

この集合族を 2^A と書き，この式の形から集合 A の**べき** (**冪**) **集合** (power set) という．

複数の集合 $A_1, A_2, \cdots$ の要素を順序付けて並べた集合を集合 $A_1, A_2, \cdots$ の**直積** (direct product) といい，$A_1 \times A_2 \times \cdots$ で表す．つまり

$$A_1 \times A_2 \times \cdots = \{(x_1, x_2, \cdots) | x_1 \in A_1, x_2 \in A_2, \cdots\}$$

である．例えば，二次元直交平面上の任意の点を，その x 座標，y 座標を明示した形で (x, y) と表すが，これは $R \times R$ の要素であるといえる．記号 $\times$ が

数字などの掛け算で使用されることを意識して，$R \times R$ を R^2 と書いたり，$A_1 \times A_2 \times \cdots \times A_n$ を $\prod_{i=1}^{n} A_i$ と書いたりする．

2.1.2 写　　　像

集合に関する重要な概念として，**写像**（mapping）を説明しよう．これは二つの集合の要素の対応付けであり，例えば，集合 A から B への写像 φ が，A の任意の要素 a から B のある要素 b を対応付けるものである場合，これを

$$\varphi : A \to B, \ a \mapsto b$$

と表現する．A を**定義域**（domain），B を**値域**（range）と呼ぶが，写像は定義域の任意の要素に対し対応付けを提供しなくてはならない．また，a を原像，b を像というが，像 b は原像 a の写し先として $\varphi(a)$ と書くこともあり，関数を含む一般的概念と思ってよい．例えば，$f : R \to R$ は実数に対し定義された実数値関数である．現在では多価関数のように，一つの像だけでなく，原像に対し複数の要素を対応させる写像の研究も盛んであるが，基本的な写像の概念は以上の通りである．

2.1.3 事象と確率

われわれは，実験の結果や世の中で生起するさまざまな現象や事象の起こりやすさを考えることがある．それが確率である．例えば，公平なサイコロを振った際に出る目は 1 から 6 まで同じように出やすいと考えるであろうし，それを表すのに「1 から 6 までのそれぞれの目が出る確率は 1/6 である」という．いま興味のある実験（**試行**（trial）という）の結果や事柄を，確率論では**事象**（event）と呼ぶ．例えば，サイコロを 1 回振る試行で 2, 4, 6 のいずれかの目が出ることを，「偶数の目が出る事象」というだろう．試行の結果や事象のすべてを含む集合を全事象と呼ぶが，確率論では**標本空間**（sample space）ともいう．標本空間の要素を**根元事象**（elementary event）と呼ぶ．標本空間の任意の部分集合が事象である．上記の 1 回サイコロを振る試行において出る目の場合，標本空

間は個々の出る目を根源事象とする $\{1,2,3,4,5,6\}$ である．このように，確率論での事象は本質的に集合であるから，集合に対して定義した和集合，積集合（共通集合），差集合，余集合（補集合），空集合を事象に対しても使用でき，それぞれ**和事象** (union)，**積事象**（**共通事象**，intersection），**差事象** (difference)，**余事象**（**補事象**，complement），**空事象** (null event) という．また，排反も事象に対して使用する．

確率は事象の起こりやすさを表現したものであるが，根源事象 $\{\omega_i, i = 1, \cdots, n\}$ をもつ標本空間 $\Omega = \{\omega_1, \cdots, \omega_n\}$ に対し，事象 $A \subseteq \Omega$ の確率は実数で定義される．これを $P(A)$（「P」は probability の意）と書く．$P(A)$ の性質として，負でなく（**非負**という）1 より小さい値であるとか，標本空間全体の確率は $P(\Omega) = 1$ である，といった性質を思い浮かべるであろう．このような性質を導き出すために数学的に確率を定義する公理系がある．

定義 2.1（確率の公理系）
公理 1　任意の事象 $A \subseteq \Omega$ に対し，$P(A) \geqq 0$
公理 2　$P(\Omega) = 1$
公理 3　たがいに排反な事象列 $\{A_i, i = 1, \cdots\}$ に対し次式が成り立つ．

$$P\left(\bigcup_{i=1}^{\infty} A_i\right) = \sum_{i=1}^{\infty} P(A_i) \tag{2.1}$$

この公理系から，$P(A) \leqq 1$ や $P(\emptyset) = 0$, $P(A^c) = 1 - P(A)$ といった，確率に関してわれわれのよく知る性質が導出できる．根源事象の集合で表した事象 $A = \{a_1, \cdots, a_k\}$ の確率は，各根源事象の生起確率の和 $P(A) = \sum_{i=1}^{k} P(\{a_i\})$ で計算できる．なぜなら，根源事象同士はたがいに排反だから公理 3 に従えばこの計算は正しい．このことから，確率の**加法法則**と呼ばれるつぎの公式も明らかであろう．

任意の事象 A, B に対し

$$P(A \cup B) = P(A) + P(B) - P(A \cap B) \tag{2.2}$$

なぜなら，$P(A)$ と $P(B)$ の和には，$A \cap B$ に属する根源事象の確率が二度足されているからである。これを複数の事象 $A_1, \cdots, A_n$ に対して拡張した公式が次式である。

$$\begin{aligned}P(A_1 \cup A_2 \cup \cdots \cup A_n) &= \sum_{i=1}^{n} P(A_i) - \sum_{i<j} P(A_i \cap A_j) \\ &+ \sum_{i<j<k} P(A_i \cap A_j \cap A_k) - \sum_{i<j<k<l} P(A_i \cap A_j \cap A_k \cap A_l) \\ &+ \cdots + (-1)^{n-1} P(A_1 \cap A_2 \cap \cdots \cap A_n)\end{aligned} \tag{2.3}$$

2.2 条件付き確率

2.2.1 条件付き確率とは

他人がサイコロを 1 回振った際に「偶数の目が出た」と聞かされたあなたは，それが 1 の目であった可能性はゼロであると考えるはずである。このように，事実やその他の条件により限定された標本空間で考える確率が**条件付き確率**（conditional probability）である。事象 B が生起したという条件が付いた事象 A の確率を $P(A|B)$ と書く。条件が付いたのであるから新しい標本空間を B として確率を考えなくてはならず，次式が基本となる公式である。

定義 2.2（条件付き確率）

$$P(A|B) = \frac{P(A \cap B)}{P(B)} \tag{2.4}$$

もちろん，この分数式が意味をもつためには分母は $P(B) \neq 0$ でなければならないが，確率 $P(B) = 0$ となる事象は本来起こりえないはずであるから，起こったことを条件とすれば，この公式は安心して使用できる。式 (2.4) は

$$P(A \cap B) = P(A|B)P(B) \tag{2.5}$$

と書き換えられるが,この計算をわれわれは条件付き確率を意識せずに行うことが多い。

例 2.1 袋1と袋2があり,袋1には黒玉が3個と白玉が2個,袋2には黒玉が1個と白玉が3個入っている。いま,二つの袋をランダムに選び,その中からランダムに玉を1個取り出す試行を行う。このとき,袋1を選択して,かつそこから黒い玉を取り出す確率を求めよう。

二つの事象を $A_1 = \{$ 袋1を選択する $\}$,$B = \{$ 黒玉を取り出す $\}$ としたときの $P(A_1 \cap B)$ を計算することになるが,これを $1/2 \times 3/5 = 3/10$ と計算する。袋1を選択する確率が $1/2$,袋1を選択したとしたなら,黒玉が出る条件付き確率 $P(B|A_1)$ を (黒玉の数)/(玉の総数) $= 3/5$ として,$P(A_1)P(B|A_1)$ で計算するからである。

つぎに独立の概念を説明しよう。

定義 2.3(独立) 事象 A と B が**独立**(independent)であるとは,次式が成り立つことである。

$$P(A \cap B) = P(A)P(B) \tag{2.6}$$

このとき式 (2.4) は $P(A|B) = P(A)$ となって,事象 B の条件を付けても事象 A の生起になんの確率的影響も及ぼさないことが示されている。サイコロを2回振った場合1回目と2回目で出る目の間には独立性があることは自明であるが,独立性が自明でない場合もあり,そのような事象には注意深く独立性の定義が成り立つか否かを検証する必要がある。サイコロの例で,1回目に2の目が出る事象と2回の目の和が8である事象とは独立でなく,前者の事象は後者に影響を与えているとだれもが考えるだろう。では,1回目に2が出る事象 A と目の総和が7となる事象 B とはどうか。これが独立であることを他人に納得させるためには,$P(A \cap B) = P(A)P(B)$ を示さないといけない。

二つ以上の事象 $A_1, \cdots, A_n$ に対して独立性をいうには，その任意の二つの事象に対し $P(A_i \cap A_j) = P(A_i)P(A_j)$ であり，任意の三つの事象に対し $P(A_i \cap A_j \cap A_k) = P(A_i)P(A_j)P(A_k)$ であり，$\cdots$，すべての事象に対し $P(A_1 \cap A_2 \cap \cdots \cap A_n) = P(A_1)P(A_2)\cdots P(A_n)$ がすべて成り立つことを示す必要がある。

2.2.2 ベイズの定理

図 2.1 のように，標本空間 Ω が加算個の排反事象 $\{A_i, i = 1, \cdots, n\}$ からなる場合，任意の事象 B は排反な事象に分割され $B = \cup_{i=1}^{n}(B \cap A_i)$ と書けるから，式 (2.5) よりつぎの公式が得られる。

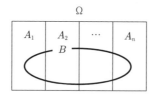

図 2.1 排反な A_i で分割された図

定理 2.1（全確率の公式） たがいに排反な加算個の事象列 $\{A_i, i = 1, \cdots, n\}$ が $P(A_i) > 0$, $\bigcup_{i=1}^{n} A_i = \Omega$ を満たすならば，任意の事象 B に対し次式が成り立つ。

$$P(B) = \sum_{i=1}^{n} P(B \cap A_i) = \sum_{i=1}^{n} P(A_i)P(B|A_i) \tag{2.7}$$

例 2.1 では，袋 1 の選択が黒玉を出す結果の原因となっているといえるが，「原因から結果を導く」ような時間軸に沿って事象の確からしさを推測することは人間は得意である。ひるがえって，黒玉が出たという結果が袋 1 を選択した原因によって起こったということがどの程度確からしいかという，「結果から原因を

推測する」ことには慣れていない。事象 $A_1 = \{$ 袋1の選択 $\}$, $A_2 = \{$ 袋2の選択 $\}$, $B = \{$ 黒玉の取り出し $\}$ とすれば,確率 $P(B|A_1)$ は容易に計算できるが,$P(A_1|B)$ の計算は簡単であろうか。これを可能にする計算法が**ベイズの定理**(Bayes' theorem)である。

式 (2.4),(2.5) と全確率の公式 (2.7) から,次式が成り立つ。

定理 2.2(ベイズの定理)

$$\begin{aligned} P(A_k|B) &= \frac{P(B \cap A_k)}{P(B)} = \frac{P(B \cap A_k)}{\sum_{i=1}^{n} P(A_i)P(B|A_i)} \\ &= \frac{P(A_k)P(B|A_k)}{\sum_{i=1}^{n} P(A_i)P(B|A_i)} \end{aligned} \quad (2.8)$$

上式は分母に全確率の公式を使い,分子に式 (2.5) を適用して導かれる。この定理により,原因から結果を推測する $P(B|A_i)$ を使って,結果 B から原因 A_k を推測する $P(A_k|B)$ を計算することができる。

例 2.1 について,既知の値 $P(B|A_1)$, $P(B|A_2)$ を使って $P(A_1|B)$ を計算してみると

$$\begin{aligned} P(A_1|B) &= \frac{P(A_1)P(B|A_1)}{P(A_1)P(B|A_1) + P(A_2)P(B|A_2)} \\ &= \frac{0.5 \times 3/5}{(0.5 \times 3/5) + (0.5 \times 1/4)} = \frac{12}{17} \end{aligned}$$

のようになる。袋2から取り出す玉は圧倒的に白となる可能性が高いことを考えれば,この値 12/17 は,「黒玉が出ていれば,それは袋1から取り出された可能性が高い」と見る判断を定量的に支持する。

2.3 確 率 変 数

2.3.1 離散確率変数と連続確率変数

標本空間 $\Omega = \{\omega_1, \cdots, \omega_n\}$ の任意の根源事象 ω に実数を対応させたものが確率変数である。つまり，写像 $X : \Omega \to \boldsymbol{R}$ である。サイコロを振って出た目の事象を確率変数 X とする場合は，目の数そのものを確率変数とするのが自然であろうが，コインを投げて出た「表」と「裏」という二つの事象に確率変数を対応付けるのに $X(表) = 1$, $X(裏) = 0$ としたり，$X(表) = 1$, $X(裏) = -1$ としたり，定義する人の都合で決めればよい。X のように，確率変数には大文字を使用することが多い。このように，たかだか可算個の値を取りうる確率変数を**離散確率変数**（discrete random variable）といい，連続的な値をとる確率変数を**連続確率変数**（continuous random variable）という。

標本空間 Ω の根源事象が可算個あり，$\omega \in \Omega$ が生起して確率変数が値 $x = X(\omega)$ となる確率は $P(\{\omega\})$ であるが，これを $P(X = x)$ または $P(x)$ と記す。離散確率変数として有限個の値 $x_1, \cdots, x_n$ のいずれか一つが生起しうるとし，それぞれの確率が**表 2.1** で示された値であるとしよう。

表 2.1 確率分布

X	x_1	x_2	$\cdots$	x_n
$P(x_i)$	p_1	p_2	$\cdots$	p_n

確率 $\{p_i, i = 1, \cdots, n\}$ は

$$p_i \geqq 0, \quad \sum_{i=1}^{n} p_i = 1 \tag{2.9}$$

でなければならないが，この二つの条件を満たすものを**確率分布**（probability distribution）という。また，$P(X = x)$ を**確率質量関数**（probability mass function）と呼ぶ場合もある。さまざまな確率変数を考える場合に，確率分布 $\{p_i\}$ を自分で導出しないといけない場合があるが，導いた値がこの二つの条件

を満たすのか,特に 2 番目の条件を満足するのかを確認する必要がある.

一方の連続確率変数 X は可算である孤立した値をとることができないため,通常は $P(X=x)=0$ であり,確率は「ある区間に値をとる確率」として $P(a<X\leqq b)$ で定義される.これを**確率密度関数** (probability density function) と呼ばれる関数 $f(x)$ を用いて

$$P(a<X\leqq b)=\int_a^b f(x)dx$$

で表現する.確率密度関数 $f(x)$ は,離散確率変数の確率分布 p_i に対応するものの,確率ではなく,積分してはじめて確率となることに注意をしなければならない.つまり,図 **2.2** のように描かれた $f(x)$ の図では面積が確率を表す.したがって,式 (2.9) に対応する条件は

$$f(x)\geqq 0,\quad \int_{-\infty}^{\infty}f(x)dx=1 \tag{2.10}$$

であり,連続確率変数 X に対して確率密度関数 $f(x)$ を自分で導出した場合には,これらの条件の成立を確認する必要がある.

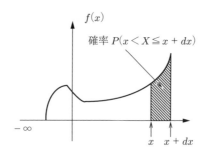

図 **2.2** 確率密度関数

(**累積**) **分布関数** ((cumulative) distribution function) とは $P(X\leqq x)$ を与える関数であり,これを $F(x)$ と書けば,次式で定義される.

$$離散確率変数:\ F(x)=\sum_{i|x_i\leqq x}p_i=\sum_{y|y\leqq x}P(X=y) \tag{2.11}$$

$$連続確率変数:\ F(x)=\int_{-\infty}^{x}f(x)dx \tag{2.12}$$

したがって，$F(x)$ は単調非減少関数であり，離散確率変数に関しては $F(x)$ はステップ関数となり，点 x_i で確率 p_i だけジャンプして増加する。連続確率変数に関しては，確率密度関数は $f(x) = dF(x)/dx$ で計算できる。

これまで，離散確率変数，連続確率変数を区別して取り扱ってきたが，事象によっては，ある区間 $[a,b]$ で連続値をとり，さらに $a < b < c$ なる孤立値 c をとる場合もあるとして，$\int_a^b f(x)dx + f(c) = 1$ を満たす $x \in [a,b]$ での確率密度関数 $f(x)$ と $x = c$ での確率質量関数 $f(c)$ を考えるケースもありうる。また，複数の離散確率変数 $X_1, \cdots, X_n$ を取り扱う場合は，離散確率変数に関しては**同時確率分布**（joint probability distribution）$P(X_1 = x_1, \cdots, X_n = x_n) = p(x_1, \cdots, x_n)$，連続確率変数に関しては**同時確率密度関数**（joint probability density function）$f(x_1, \cdots, x_n)$ を定義し，また**同時分布関数**（joint distribution function）$F(x_1, \cdots, x_n) = P(X_1 \leqq x_1, \cdots, X_n \leqq x_n)$ を考える場合もある。

2.3.2 離散確率変数と連続確率変数の例

ここで，離散確率変数と連続確率変数の重要ないくつかの例を挙げる。ただし，確率分布，確率密度関数の値がゼロとなる場合は明示しない。まず，離散確率変数の例である。

(1) **ベルヌイ分布**（Bernoulli distribution）　1 回の試行において二つの結果 $X \in \{0,1\}$ が起こり，$X = 1$ となる確率が p，$X = 0$ となる確率が $q \equiv 1-p$ である確率分布である。通常，$X = 1$ のイベントを「成功」，$X = 0$ を「失敗」と呼ぶことが多い。

(2) **二項分布**（binomial distribution）　成功確率 p のベルヌイ分布の試行を独立して n 回実施した場合に出現する成功数を確率変数 X とする場合の確率分布であり，確率 $P(X = x)$ は

$$P(X = x) = \binom{n}{x} p^x q^{n-x}, \ x = 0, 1, \cdots, n \tag{2.13}$$

で与えられる。なぜなら，n 回の試行で x 回成功が起こる一つのケースが生起する確率は，各試行が独立であることから $p^x(1-p)^{n-x}$ であるが，こ

のようなケースは n 回の中で成功する回を x 個指定する組合せの数 ${}_nC_x$ だけ存在するからである。例えば，公平なコインを 10 回投げて表が 4 回出る確率は，${}_{10}C_4(0.5)^4(0.5)^6$ で計算できる。

(3) **幾何分布**（geometric distribution） 成功確率 p のベルヌイ試行において，はじめて成功するまでに行われる試行の回数 X の分布であり，確率分布は次式で与えられる。

$$P(X=n) = q^{n-1}p, \ n=1,2,\cdots \tag{2.14}$$

なぜなら，$P(X=n)$ は，最初の $n-1$ 回はすべて失敗となり，最後の n 回目のみ成功となる確率であるからである。

(4) **ポアソン分布**（Poisson distribution） $X=0,1,\cdots$ の値をつぎの確率でとる確率変数は，パラメータ $\lambda > 0$ のポアソン分布をもつという。

$$P(X=n) = \frac{e^{-\lambda}\lambda^n}{n!}, \ n=0,1,\cdots \tag{2.15}$$

以下は連続確率変数の例であり，確率密度関数 $f(x)$ により示す。

(5) **一様分布**（uniform distribution） 区間 $[a,b]$（ただし，$a<b$）の任意の値を等しい確率密度でとる確率変数である。

$$f(x) = \frac{1}{b-a}, \ a \leqq x \leqq b \tag{2.16}$$

(6) **指数分布**（exponential distribution） パラメータ λ の指数分布の確率密度関数は，次式で与えられる。

$$f(x) = \lambda \exp(-\lambda x), \ x \geqq 0 \tag{2.17}$$

(7) **正規分布**（normal distribution） 平均 μ，分散 σ^2 の正規分布は，つぎの確率密度関数 $f(x)$ をもつ。

$$f(x) = \frac{1}{\sqrt{2\pi}\sigma}\exp\left\{-\frac{(x-\mu)^2}{2\sigma^2}\right\}, \ -\infty < x < \infty \tag{2.18}$$

この分布を $N(\mu,\sigma^2)$ で表すが，$N(0,1)$ を**標準正規分布**（standard normal distribution）と呼ぶ。

2.3.3 確率変数に関する特性値・期待値・分散

確率変数に関する重要な特性値として**期待値**(平均,expectation)がある。これは,確率変数が一度実現した場合にとるであろう平均的な値,あるいは何度も実現した場合の平均値という意味がある。例えば,町内商店街の宝クジで,5千円が当たる確率が1/50,1万円が当たる確率が1/100とすれば,このクジを一度引いた場合の賞金としては5千円×1/50+1万円×1/100 = 200円が平均的に期待できるように,次式が離散確率変数 X の期待値計算の公式である。ただし,表2.1の確率分布 $\{p_i,\ i=1,\cdots,n\}$ を用いた。

$$E[X] \equiv \sum_{i=1}^{n} x_i p_i \tag{2.19}$$

ちなみに E は,expectation(期待)の意である。連続確率変数に関しても同様である。確率密度関数 $f(x)$ の図2.2を思い出していただきたい。確率変数が区間 $[x, x+dx]$ に値をとる確率は面積 $f(x)dx$ であるから,これに x を掛けてすべての区間での総和をとった次式が連続確率変数の期待値である。積分記号 $\int$ はそもそも微小区間での足し算にほかならない。

$$E[X] \equiv \int_{-\infty}^{\infty} x f(x) dx \tag{2.20}$$

また,確率変数 X の任意の関数 $g(X)$ も確率変数であり,その期待値を計算するには,確率変数 $g(X)$ の確率分布,あるいは確率密度関数を求めた後に上式を使って計算してもよいが,そんな込み入ったことをせずに次式で計算すればよい。これを,**無邪気な統計学者**(unconscious statistician)の計算法という。

$$E[g(X)] = \begin{cases} \displaystyle\sum_{i=1}^{n} g(x_i) p_i, & \text{離散確率変数の場合} \\ \displaystyle\int_{-\infty}^{\infty} g(x) f(x) dx, & \text{連続確率変数の場合} \end{cases} \tag{2.21}$$

分散(variance)も確率に関する重要な特性値であるが,これは平均からの離れ具合の尺度であり,次式で定義される。

$$\mathrm{Var}[X] \equiv E[(X - E[X])^2] \qquad (2.22)$$

さて，期待値に関しては，定数 a, b に対しつぎの公式が成り立つ．

$$E[aX + b] = \sum_i (ax_i + b)p_i = a \sum_i x_i p_i + b \sum_i p_i$$
$$= aE[X] + b \qquad (2.23)$$

X が連続確率変数の場合でも証明は容易である．この公式を用いれば，分散は

$$\mathrm{Var}[X] = E[(X - E[X])^2] = E[X^2 - 2E[X]X + E[X]^2]$$
$$= E[X^2] - E[X]^2 \qquad (2.24)$$

となる．データ処理の観点からは，$E[X] = \sum_i x_i p_i$ と $E[X^2] = \sum_i x_i^2 p_i$ を $\sum_i$ の同じループの中で同時に計算する式 (2.24) 右辺の方が，公式 (2.22) 通りに，最初に期待値 $E[X]$ を求めてつぎに $E[(X - E[X])^2]$ を計算するよりも処理は簡単であることが想像できるだろう．式 (2.23) を使って，分散に関しても次式の公式が成り立つ．

$$\mathrm{Var}[aX + b] = \sum_i \{(ax_i + b) - (aE[X] + b)\}^2 p_i$$
$$= a^2 \sum_i (x_i - E[X])^2 p_i = a^2 \mathrm{Var}[X]$$

複数の確率変数 $X_1, \cdots, X_n$ に関しては，その同時確率分布 $p(x_1, \cdots, x_n)$ や同時確率密度関数 $f(x_1, \cdots, x_n)$ が確率計算のもとになる．例えば，一つの確率変数 X_1 の確率分布 $p_1(x_1)$ や確率密度関数 $f_1(x_1)$ を求めたければ，ほかの確率変数 $X_2, \cdots, X_n$ がどんな値であろうと構わないから

$$p_1(x_1) = \sum_{x_2, \cdots, x_n} p(x_1, \cdots, x_n)$$
$$f_1(x_1) = \int_{-\infty}^{\infty} \cdots \int_{-\infty}^{\infty} f(x_1, \cdots, x_n) dx_2 \cdots dx_n$$

により計算できる．これから X_1 の特性値を求めてもよい．また，式 (2.6) で

も述べたが，二つの確率変数 X_1, X_2 の独立性は，$p(x_1, x_2) = p_1(x_1)p_2(x_2)$ または $f(x_1, x_2) = f_1(x_1)f_2(x_2)$ で定義されるから，離散確率変数 X_1 と X_2 が独立であれば次式が成り立つ．

$$\begin{aligned} E[X_1 X_2] &= \sum_{x_1, x_2} x_1 x_2 p(x_1, x_2) = \sum_{x_1} x_1 p_1(x_1) \sum_{x_2} x_2 p_2(x_2) \\ &= E[X_1]E[X_2] \end{aligned} \quad (2.25)$$

両確率変数の関係を見るために**共分散**（covariance）を計算することがある．共分散は

$$\begin{aligned} \mathrm{Cov}[X_1, X_2] &\equiv E[(X_1 - E[X_1])(X_2 - E[X_2])] \\ &= E[X_1 X_2] - E[X_1]E[X_2] \end{aligned} \quad (2.26)$$

で定義され，大きな X_1 に対し大きな X_2 が出現する傾向にあれば，一般に共分散は正の値となり，大きな X_1 に対し小さな X_2 が出現する逆の傾向をもてば，負の値となりやすい．両確率変数の出現に関係性がなく独立したものであれば，式 (2.25) からわかるように，共分散はゼロとなる．

また，確率変数の和の特性値に関する次式が成り立つ．

$$\begin{aligned} E[X_1 + X_2] &= \sum_{x_1, x_2} (x_1 + x_2) p(x_1, x_2) \\ &= \sum_{x_1} x_1 \sum_{x_2} p(x_1, x_2) + \sum_{x_2} x_2 \sum_{x_1} p(x_1, x_2) \\ &= \sum_{x_1} x_1 p_1(x_1) + \sum_{x_2} x_2 p_2(x_2) = E[X_1] + E[X_2] \end{aligned} \quad (2.27)$$

$$\begin{aligned} \mathrm{Var}[X_1 + X_2] &= E[(X_1 + X_2 - E[X_1 + X_2])^2] = E[(X_1 - E[X_1])^2] \\ &\quad + E[(X_2 - E[X_2])^2] + 2E[(X_1 - E[X_1])(X_2 - E[X_1])] \\ &= \mathrm{Var}[X_1] + \mathrm{Var}[X_2] + 2\mathrm{Cov}[X_1, X_2] \end{aligned} \quad (2.28)$$

確率変数の和 $X_1 + X_2$ の分布そのものは $X_1 + X_2 = x$ となるすべての事象の確率を集めればよいから，離散確率変数の場合は

$$P(X_1 + X_2 = x) = \sum_{(x_1, x_2) | x_1 + x_2 = x} p(x_1, x_2) = \sum_{x_1} p(x_1, x - x_1)$$

により，また連続確率変数の場合は，**畳み込み**（convolution）と呼ばれる次式
により計算される．

$$P(X_1+X_2 = x) = \iint_{\{(x_1,x_2)|x_1+x_2=x\}} f(x_1,x_2)dx_1 dx_2$$

$$= \int_{-\infty}^{\infty} f(x_1, x-x_1)dx_1 \quad \text{（一般の場合）}$$

$$= \int_{-\infty}^{\infty} f_1(x_1)f_2(x-x_1)dx_1 \quad (X_1 と X_2 が独立な場合)$$

ここで，同じ分布をもつ n 個の確率変数 $X_1, \cdots, X_n$ の和の分布に関する極限定理として，**中心極限定理**（central limit theorem）について述べる．

定理 2.3（中心極限定理） 有限の平均 μ と分散 σ^2 の同じ確率分布をもつ独立した確率変数 $X_1, \cdots, X_n$ に対し

$$\lim_{n \to \infty} P\left(\frac{X_1 + \cdots + X_n - n\mu}{\sqrt{n\sigma^2}} \leq x\right) = \frac{1}{\sqrt{2\pi}} \int_{-\infty}^{x} \exp\left(-\frac{u^2}{2}\right) du$$

が成り立つ．

$X_1, \cdots, X_n$ の独立性と公式 (2.27)，(2.28) より，$X = X_1 + \cdots + X_n$ は平均 $E[X] = n\mu$ と分散 $\text{Var}[X] = n\sigma^2$ をもつが，定理 2.3 は，n が大きい場合，X の確率分布が平均 $n\mu$，分散 $n\sigma^2$ の正規分布に近づくことを述べている．定理の中では，確率変数 X そのものでなく，$(X - n\mu)/\sqrt{n\sigma^2}$ の変形による標準正規分布への極限という形で記述されている．

2.4 二次元平面上の確率計算

捜索理論では目標物を探す捜索活動を問題にすることが多い．現実的な例として，海上における遭難者の捜索や航空機による監視・哨戒活動のように，目標空間を二次元平面とすることが多い．そのような捜索理論の対象とする空間の特殊性に鑑み，ここでは二次元空間での確率を述べる．

まず，二次元空間の任意の点はその x 座標，y 座標の値を用いた直交座標で表現できるから，二つの実数 $\boldsymbol{R}$ の直積 $\boldsymbol{R}^2$ の点で表現される。$\boldsymbol{R}^2$ の点の指定には，直交座標 (x,y) のほかに，原点からの距離 r と x 軸から反時計回りでの角度（ラジアン）θ による (r,θ) で表す極座標の表現もよく用いられる。捜索理論では，初期の目標位置を中心にした捜索活動を考えるうえで，この初期位置を原点にした極座標を用いることも多いため，ここでは直交座標，極座標双方による目標分布の確率計算を考えよう。

図 2.3 で示されているように，二次元平面上で点の直交座標表現 (x,y) から極座標表現 (r,θ) への変換は

$$x = r\cos\theta, \quad y = r\sin\theta \tag{2.29}$$

で表される。

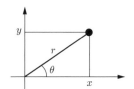

図 2.3 直交座標と極座標の関係

いま，二次元平面上での目標位置が確率的である場合，位置を表す x 座標，y 座標を連続確率変数 X および Y と考え，その同時確率密度関数を $f(x,y)$ とする。空間が変化すればなにが確率を表すかも変わり，図 2.2 のような一次元上では面積が確率であった。ところが二次元平面 $\boldsymbol{R}^2$ 上では，図 2.4 のように，領域 C の上に立てた柱の体積が，目標位置が領域 C 内にある確率 $P((x,y) \in C)$ を表す。体積であるから領域 C 上での二重積分

$$\int\!\!\int_C f(x,y)dxdy \tag{2.30}$$

がこの確率を表す。積分範囲 C が $C_1 = \{(x,y)|a \leq x \leq b,\ c \leq y \leq d\}$ であれば，上記の二重積分での積分範囲は $\displaystyle\int_c^d\int_a^b$ と明示的に書ける。一方，積分範

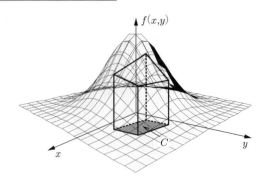

図 2.4 二次元平面上での確率

囲が $C_2 = \{$ 原点からの半径が R である円盤内 $\}$ となる場合は，積分範囲の明示には極座標が便利である．

一般論として，ある n 次元座標 $(x_1, \cdots, x_n)$ とほかの n 次元座標 $(y_1, \cdots, y_n)$ の間の変換式が

$$x_1 = g_1(y_1, \cdots, y_n), \cdots, x_n = g_n(y_1, \cdots, y_n)$$

である場合，第一の座標系上での関数 $f(x_1, \cdots, x_n)$ の積分を，もう一方の座標系での積分に変換するには

$$\int \cdots \int f(x_1, \cdots, x_n) dx_1 \cdots dx_n$$
$$= \int \cdots \int f(g_1(y_1, \cdots, y_n), \cdots, g_n(y_1, \cdots, y_n)) \boldsymbol{J} dy_1 \cdots dy_n \quad (2.31)$$

で行う．$\boldsymbol{J}$ はヤコビアン（Jacobian）と呼ばれる行列式で，次式で定義される．

$$\boldsymbol{J} = \begin{vmatrix} \dfrac{\partial g_1(y_1, \cdots, y_n)}{\partial y_1} & \cdots & \dfrac{\partial g_n(y_1, \cdots, y_n)}{\partial y_1} \\ \dfrac{\partial g_1(y_1, \cdots, y_n)}{\partial y_2} & \cdots & \dfrac{\partial g_n(y_1, \cdots, y_n)}{\partial y_2} \\ \vdots & & \vdots \\ \dfrac{\partial g_1(y_1, \cdots, y_n)}{\partial y_n} & \cdots & \dfrac{\partial g_n(y_1, \cdots, y_n)}{\partial y_n} \end{vmatrix}$$

式 (2.29) は，$x_1 = x$, $x_2 = y$ で，$y_1 = r$, $y_2 = \theta$ のケースである．このとき，$g_1(r, \theta) = r \cos \theta$, $g_2(r, \theta) = r \sin \theta$ により，積分（式 (2.30)）を変換するため

のヤコビアンは

$$J = \begin{vmatrix} \cos\theta & \sin\theta \\ -r\sin\theta & r\cos\theta \end{vmatrix} = r$$

となるから

$$\int\!\!\int_C f(x,y)dxdy = \int\!\!\int f(r\cos\theta, r\sin\theta)rdrd\theta \tag{2.32}$$

となり，積分領域が原点中心の半径 R の円盤 C_2 であれば，右辺の積分範囲は $\int_0^{2\pi}\int_0^R$ と明示的に書ける．

さて，後のことも考え，この変換を別の視点から説明しよう．二重積分は二次元平面 $\boldsymbol{R}^2$ 上のある積分範囲上に描かれた関数曲面下の体積を表す．図 **2.5**(a) で描かれた長方形の微小領域の面積が $dxdy$ であり，その上にほぼ $f(x,y)$ の高さの曲面が載っているから，この領域での微小体積は $f(x,y)dxdy$ であり，式 (2.32) 左辺はこれを積分によりすべて集めた全体積を表している．同じ考え方で，微小量 dr, $d\theta$ による図 (b) のような極座標上での微小領域を考える．この中心角 $d\theta$ に面した円弧の長さは $rd\theta$ であり，動径方向の微小長は dr である．$d\theta$ はきわめて微小であることを考えれば，この領域は長方形と近似してもよく，その面積は $rdrd\theta$ となる．したがって，極座標 (r,θ) 上での全体積は，式 (2.32) 右辺により計算できる．

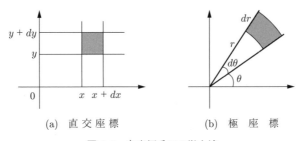

図 **2.5**　各座標系での微小域

章 末 問 題

【1】 定義 2.1 で述べた確率に関する公理 1〜3 から，$P(A) \leq 1$，$P(\emptyset) = 0$ および $P(A^c) = 1 - P(A)$ を導け．

【2】 式 (2.2) から式 (2.3) を導け．

【3】 サイコロを 2 回振るとして，1 回目に 2 が出る事象 A と 2 回分の目の総和が 7 となる事象 B が独立であることを証明せよ．

　一見依存性がありそうに思える事象 A と B が独立であるのはどうしてか説明せよ．このことから，1 回目に任意の目が出る事象と 2 回の目の総和が 7 である事象とは独立であると理解できる．

【4】 2.3.2 項で説明した二項分布，幾何分布，指数分布および正規分布の確率分布，確率密度関数を用いて，それぞれの期待値，分散を求めよ．

3 目標存在分布の推定

捜索活動の第一歩は，対象となる目標の存在領域や分布を推測することからはじまる．目標のいない場所を探しても意味はないからである．ここでは，捜索前に行う目標存在分布の推定問題としていくつかのトピックスを扱う．

3.1 方位線情報による目標分布推定

3.1.1 多角形による推定

商船や護衛艦では，現在でもジャイロコンパスを用い，船上から海図に表示された島や陸上目標の方位を測定して，自分の概略の現在位置を海図に記入することも多い．図 3.1 にその様子を描いた．船は移動するため，短時間で方位を測定して記入したいところであるが，2 本の方位線の交点で自分の位置を定

図 3.1 船から海峡を望む

めることはやはり不安でもあるため、通常は3本の方位線を引く。しかし、この3本が1点で交わることはよほどの幸運か偶然であるので、通常は3本の方位線で囲まれた三角形の中心位置を自分の現在位置とする。

さて、このようにして決めた三角形の中に真の自分の位置がある確率を、簡単なモデルで計算してみよう[1]。ここで測定した方位線は正確な現在位置の上か下か、あるいは右か左かにずれ、それぞれの確率が 1/2 であると仮定する。通常、測定時間が多少経過しても真の方位が大きく変わらないように遠くの目標をとって方位を測るから、方位線も真の方位線とは平行にずれて引かれるとしよう。そうすると、方位線の引かれ方の総数は $2^3 = 8$ 通りあり、それぞれは等確率 1/8 で起こる。図3.2 の × 印が真の位置であり3本の方位線の中に位置しているが、方位線 A はその上に、B は左に、C は右にずれて引かれた例である。さて、真の位置が3本の方位による三角形の中に入る引き方は何通りあるか？・・・答えは2通りである。図以外に（下，右，左）の引き方があるからである。

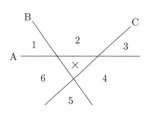

図 3.2 3本の方位線により作成された三角形

したがって、三角形に真の位置のくる確率は $2/8 = 1/4$ ということになる。真の位置を書いた閉区画のほかに、オープンな区画が六つある。図中に書いた 1～6 の区画がそれである。では、真の位置が 1 の区画にある確率はというと、これは方位線 A が真の位置の下に、方位線 B が右に、方位線 C が右に引かれるケースのみであるから、1/8 ということになる。ほかのオープンな区画も同じである。三角形の閉区画に真の位置のある確率 1/4 はなんと低いことかと思われるが、ほかのオープンな区画を真の位置とするのに比べればましである。

3本の方位線に関する以上の考察を複数の方位線の場合に拡張し、閉区画のいずれかに真の位置がある確率を導出してみよう。任意の3本の方位線が1点では交わらないと仮定した場合、n 本の方位線で平面は何個の区画に分割されるか？1本なら2区画、2本なら4区画、3本なら7区画である。じつは、一般式として $(n^2+n+2)/2$ 区画と知られている。これを**数学的帰納法**（mathematical induction）で証明しよう。

(i) 1本の方位線 $n=1$ では $(n^2+n+2)/2=2$ となり，この公式は正しい。
(ii) いま，$n=k$ 本の方位線で $(k^2+k+2)/2$ 区画に分割されているとし，もう1本の方位線を追加した場合に増える区画の数を考えてみる。新しい方位線を引きはじめると，ほかの k 本の方位線とつぎつぎと交わっていくが，まず最初の交点までに従来のオープンな区画を二つに分割して1区画増加させる。同様に，つぎの交点に引かれるまでに1区画ずつ増し，最後の交点以降の開区画でももう1個の区画を増やす。かくして，$k+1$ の新しい区画が作成されるから，$(k^2+k+2)/2+(k+1)=\{(k+1)^2+(k+1)+2\}/2$ となり，上記の公式が任意の自然数 n に対し正しいことが証明された。

一方，追加した方位線により増加する閉区画の数は，第1の交点から第2の交点の間で1個，…，第 $k-1$ 番目の交点から最後の第 k 番目の交点までの間に1個となり，合計 $k-1$ 個である。このことから，n 本の方位線により作成される閉区画の数は $(n-1)(n-2)/2$ 個であることも数学的帰納法により証明できる。かくして，n 本の方位線により $(n^2+n+2)/2-(n-1)(n-2)/2=2n$ 個のオープンな開区画があり，それぞれの開区画に真の位置がくる確率は $(1/2)^n$ である。なぜなら，$n=3$ の場合と同様に，特定の開区画に真の位置がくる方位線の引き方は1通りしかないからである。したがって，いずれかの閉区間に真の位置がある確率は次式となる。

―― コーヒーブレイク ――

数学的帰納法

自然数 n に対し述べられたある命題 $P(n)$ を証明する際の方法である。(i) $n=1$ のときに正しいことを証明する。(ii) $n=k$ のときに正しいと仮定した場合に $n=k+1$ のときにも正しいと証明する。以上のことを示せば，$n=1$ のときが正しいのであるから，(ii) を使って $n=2$ のときも正しい。同様に，$n=3,\cdots$ の任意の自然数に対しても命題 $P(n)$ は正しいということになる。

$$p_n = 1 - \frac{2n}{2^n} = 1 - \frac{n}{2^{n-1}} \tag{3.1}$$

表 3.1 は，方位線の本数 n に対する確率 p_n を計算したものであり，$n=4$ 以上の方位線を引いてはじめて信頼のおける位置といえるかもしれないが，方位線の本数が多くなれば閉区画の面積が一般に大きくなるから，この位置決めは真の位置の大雑把な推定でしかないといえる．

表 3.1 真の位置が閉区画にある確率

n	3	4	5	6	7	8
p_n	0.25	0.5	0.69	0.81	0.89	0.94

3.1.2 最尤推定による推定

上述した位置決めの欠点を考え，方位線情報を使って真の位置を 1 点で推定するもう一つの例を紹介しよう[1]．正確に方位線を引こうとすれば，真の位置の近くに方位線が引かれる可能性は高く，離れた位置に引かれる可能性は低いと考えるのは自然である．この傾向を正規分布で表す．つまり，k 番目の方位線が真の位置から距離 d だけ離れる確率密度を，平均 0, 分散 σ_k^2 をもつつぎの正規分布とする．

$$\frac{1}{\sqrt{2\pi}\sigma_k} \exp\left(-\frac{d^2}{2\sigma_k^2}\right) \tag{3.2}$$

いま適当な直交座標系を決め，k 番目の方位線のデータを，**図 3.3** のように，方位線の x 軸からの角度 θ_k と原点から方位線に下ろした垂線の距離 d_k により表すものとする．この垂線方向の長さ 1 の単位ベクトルは直交座標では $\boldsymbol{e} = (-\sin\theta_k, \cos\theta_k)$ と書ける．この垂線に垂直な方位線上の任意の点 (x,y) は，$\boldsymbol{e}\cdot(x,y) = d_k$ を満たす．左辺はベクトルの内積を表すが，一般にベクトル $\boldsymbol{a}, \boldsymbol{b}$ の内積は両ベクトルのなす角 θ によって $\boldsymbol{a}\cdot\boldsymbol{b} = |\boldsymbol{a}||\boldsymbol{b}|\cos\theta$

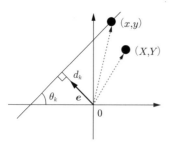

図 3.3 方位線のデータ

と表され，$\boldsymbol{e}\cdot(x,y)$ が垂線の長さ d_k となるからである．つまり，この方位線

の方程式は次式で書ける。

$$-x\sin\theta_k + y\cos\theta_k = d_k \tag{3.3}$$

直線を $y = ax + b$ のような傾き a と切片 b で表現せず,式 (3.3) のように $\alpha x + \beta y + \gamma = 0$ と表すことは,y 軸と平行な直線も表現できるから便利である。

―― コーヒーブレイク ――――――――――――――――

垂線の長さ

一般に直線 $\alpha x + \beta y + \gamma = 0$ と点 (X, Y) の距離は

$$\frac{|\alpha X + \beta Y + \gamma|}{\sqrt{\alpha^2 + \beta^2}} \tag{1}$$

で計算できる。式 (3.3) 左辺が単位長の垂線ベクトルとの内積で表されていることから,この一般式で記述された直線に対する単位長垂線ベクトルは $\bm{e} = (\alpha/\sqrt{\alpha^2+\beta^2},\ \beta/\sqrt{\alpha^2+\beta^2})$ と書かれ,原点から引いた垂線の長さは

$$\ell = \bm{e} \cdot (x, y) = \frac{\alpha x + \beta y}{\sqrt{\alpha^2 + \beta^2}} = -\frac{\gamma}{\sqrt{\alpha^2 + \beta^2}}$$

である。図 3.3 から,任意の点 (X, Y) からこの直線に下ろした垂線の長さは $|\bm{e} \cdot (X, Y) - \ell|$,つまり式 (1) となる。

コーヒーブレイク「垂線の長さ」の公式 (1) を直線の式 (3.3) に適用すれば,(X, Y) から直線までの距離は $\ell_k(X, Y) = |X\sin\theta_k - Y\cos\theta_k + d_k|$ となる。複数の方位線の測定がたがいに独立とすれば,n 本の方位線が真の位置 (X, Y) から距離 $\ell_k(X, Y)$,$k = 1, \cdots, n$ で引かれる確率密度は,式 (3.2) から

$$L(X, Y; \theta, d) \equiv \prod_{k=1}^{n} \frac{1}{\sqrt{2\pi}\sigma_k} \exp\left(-\frac{\ell_k^2(X, Y)}{2\sigma_k^2}\right)$$

$$= \left(\prod_{k=1}^{n} \frac{1}{\sqrt{2\pi}\sigma_k}\right) \exp\left(-\sum_{k=1}^{n} \frac{(X\sin\theta_k - Y\cos\theta_k + d_k)^2}{2\sigma_k^2}\right)$$

である。この値は真の位置を (X, Y) と仮定した場合に,観測データ $(\theta, d) = \{(\theta_k, d_k),\ k = 1, \cdots, n\}$ が得られるもっとも(尤も)らしさを表す確率を示

すものであり，これを**尤度**（likelihood）という．ここで，現実には最も可能性の高いデータが取得されやすいと考えれば，尤度が最大となる (X,Y) がもっともらしい推定値ということなる．このような推定法を**最尤推定**（maximum likelihood estimation）という．

この例での最尤推定は $\max_{(X,Y)} L(X,Y;\theta,d)$ を求めること，すなわちつぎの最小化問題を解けばよい．

$$\min_{(X,Y)} \sum_{k=1}^{n} \frac{(X\sin\theta_k - Y\cos\theta_k + d_k)^2}{2\sigma_k^2}$$
$$= \min_{(X,Y)} \{aX^2 - 2bXY + cY^2 + 2dX - 2eY + f\} \qquad (3.4)$$

ただし

$$a = \sum_{k=1}^{n} \frac{1}{2\sigma_k^2}\sin^2\theta_k, \quad b = \sum_{k=1}^{n}\frac{1}{2\sigma_k^2}\sin\theta_k\cos\theta_k, \quad c = \sum_{k=1}^{n}\frac{1}{2\sigma_k^2}\cos^2\theta_k$$
$$d = \sum_{k=1}^{n}\frac{1}{2\sigma_k^2}d_k\sin\theta_k, \quad e = \sum_{k=1}^{n}\frac{1}{2\sigma_k^2}d_k\cos\theta_k, \quad f = \sum_{k=1}^{n}\frac{1}{2\sigma_k^2}d_k^2$$
$$(3.5)$$

上記の問題は，変数に制約のない場合の複数変数に関する最適化問題である．コーヒーブレイク「極値の必要条件」で述べる一般論を，二次元変数 $\boldsymbol{x} = (X,Y)$ による式 (3.4) の最適化問題に適用してみよう．目的関数を $g(\boldsymbol{x})$ とすると

$$\nabla g(\boldsymbol{x}) = 2\,(aX - bY + d,\ -bX + cY - e)^t, \quad \nabla^2 g(\boldsymbol{x}) = 2\begin{pmatrix} a & -b \\ -b & c \end{pmatrix}$$

── コーヒーブレイク ──

極値の必要条件

以下では複数変数に関する一般的な最適化問題に触れるが，この理論は 7.2.1 項で総合的に述べているので，詳細に興味のある読者はそこを参照してほしい．ここで，1 変数 x の微分可能な関数 $f(x)$ の極小値，あるいは極大値を求める際に，つぎのようなテーラー展開が利用できることはよく知られている．

$$f(x) = f(a) + f'(a)(x-a) + \frac{f''(a)}{2}(x-a)^2 + \cdots + \frac{f^{(n)}(a)}{n!}(x-a)^n + \cdots$$
$$= \sum_{n=0}^{\infty} \frac{f^{(n)}(a)}{n!}(x-a)^n$$

$x = a$ でこの関数が極小値 $f(a)$ をとるとしよう。$x = a$ の近傍で関数の値を議論するとき，$|x-a|$ はきわめて小さいから，三次以上の高次の項を無視すれば，$f(x) \approx f(a) + f'(a)(x-a) + (f''(a)/2)(x-a)^2$ と近似して差し支えない。一次の項は二次の項より関数値への影響は大きく，もし $f'(a) \neq 0$ であれば，$x-a > 0$ か $x-a < 0$ によって一次の項が正か負の値となってしまう。これは，$f(a)$ が $x = a$ の近傍で極小になるということに反する。したがって，$f'(a) = 0$ が $x = a$ で極小となる必要条件になる。同様に，二次の項では $f''(a) \geqq 0$ であることも必要であると理解できるだろう。以上が $x = a$ で極小値をとるための一次と二次の必要条件である。同じ議論から，$x = a$ で $f(x)$ が極大値となる一次と二次の必要条件として，$f'(a) = 0$, $f''(a) \leqq 0$ が得られる。最小値，または最大値を求める場合は，上記の必要条件を満たす解 x を求め，それが複数あればその中から関数値を最小，または最大にする解を選べばよい。

さて，多変数のベクトル $\boldsymbol{x} = (x_1, x_2, \cdots, x_m)$ のテーラー展開は

$$f(\boldsymbol{x}) = f(\boldsymbol{a}) + \nabla f(\boldsymbol{a})^t (\boldsymbol{x} - \boldsymbol{a}) + \frac{1}{2}(\boldsymbol{x}-\boldsymbol{a})^t \nabla^2 f(\boldsymbol{a})(\boldsymbol{x}-\boldsymbol{a}) + \cdots$$

と書かれる。ちなみに，$\nabla f(\boldsymbol{x})$ と $\nabla^2 f(\boldsymbol{x})$ はそれぞれ，次式に $\boldsymbol{x} = \boldsymbol{a}$ を代入したベクトルと行列であり，前者を**勾配ベクトル** (gradient vector)，後者を**ヘッセ行列** (Hessian matrix, Hessian) という。

$$\nabla f(\boldsymbol{x}) = \left(\frac{\partial f}{\partial x_1}, \frac{\partial f}{\partial x_2}, \cdots, \frac{\partial f}{\partial x_m} \right)^t$$

$$\nabla^2 f(\boldsymbol{x}) = \begin{pmatrix} \frac{\partial^2 f}{\partial x_1^2} & \cdots & \frac{\partial^2 f}{\partial x_1 \partial x_m} \\ \vdots & & \vdots \\ \frac{\partial^2 f}{\partial x_m \partial x_1} & \cdots & \frac{\partial^2 f}{\partial x_m^2} \end{pmatrix}$$

したがって，$\boldsymbol{0}$ をゼロベクトルとすれば，$f(\boldsymbol{x})$ が $\boldsymbol{x} = \boldsymbol{a}$ で極小となる必要条件として，$\nabla f(\boldsymbol{a}) = \boldsymbol{0}$ および任意の $\boldsymbol{x}$ に対し $(\boldsymbol{x}-\boldsymbol{a})^t \nabla^2 f(\boldsymbol{a})(\boldsymbol{x}-\boldsymbol{a}) \geqq 0$ が求められる。第二の不等式を満たす行列 $\nabla^2 f(\boldsymbol{a})$ は，**非負定値行列** (nonnegative-definite matrix) と呼ばれる。

であり，$g(x_1,x_2) = (x_1,x_2)\nabla^2 g(\boldsymbol{x})(x_1,x_2)^t = 2(ax_1^2 - 2bx_1x_2 + cx_2^2)$ となる。式 (3.5) から一般的には $a, c > 0$ であるから，この二次式の判別式が $b^2 - ac \leq 0$ であれば，任意の x_1, x_2 に対し $g(x_1,x_2) \geq 0$ となる。実際

$$b^2 - ac$$
$$= \left(\sum_{k=1}^n \frac{1}{2\sigma_k^2} \sin\theta_k \cos\theta_k\right)^2 - \left(\sum_{k=1}^n \frac{1}{2\sigma_k^2} \sin^2\theta_k\right)\left(\sum_{k=1}^n \frac{1}{2\sigma_k^2} \cos^2\theta_k\right)$$
$$= -\sum_{k<j} \frac{1}{4\sigma_k^2 \sigma_j^2} (\sin\theta_k \cos\theta_j - \cos\theta_k \sin\theta_j)^2 \leq 0$$

が成り立つ。したがって，連立方程式 $aX - bY + d = 0$, $-bX + cY - e = 0$ の解 $\boldsymbol{x} = (X_0, Y_0)$ が式 (3.4) の最適解，すなわち，真の位置に関する最尤推定値である。

3.2 定針・定速の拡散目標の分布推定

つぎのような問題を考えよう。現在の時刻 $t = 0$ において，二次元平面と見なすことのできる海上のある位置に目標を見つけたとする。ただし，それ以降の目標情報は得られない。その後の時刻での目標位置をどのように推定すべきであろうか。このように初期に報告される目標の位置を，捜索理論では**デイタム位置**（datum position）と呼ぶ。**デイタム**は英語では datum と書く。その複数形がよく用いられるデータ（data）である。データには通常なにかしら複数の情報が含まれているから，複数形を使うのである。しかし，捜索理論では，目標の探知位置を目標に関する単一の情報と見なして（もちろん，位置情報にも，緯度，経度，取得時間，発見時の状況などさまざまなデータが一緒に記録されるが）このような名称が付いたと思われる。

ここで，将来の目標位置に関する上記の問に明確に答えるため，目標の移動を正確に規定しよう。目標は，自身の針路，速度を最初に自由に選択できるが，一度選択したものは変えないものとする。つまり，定針・定速の直進目標である。連続変数である針路 θ は $0 \sim 360$ 度の間，ラジアンでは $[0, 2\pi]$ の間の一様

分布で選択し、どの方向に移動するのも同様に確からしいとする。一方の速度 u を選択する確率密度関数を $g(u)$ とする。議論の便宜上、デイタム位置を二次元平面上の原点にとる。

3.2.1 デイタム位置が確実な場合の目標分布

最も単純なケースとして一定の速度 $u = u_0$ をとる場合を考えよう。このとき、時間 t 後の目標は、原点から半径 $r = u_0 t$ の円周上のどこかに一様の確からしさで存在する。では、つぎに単純な分布 $g(u)$ として区間 $[0, u_0]$ での一様分布ではどうだろうか。つまり、$g(u) = \{1/u_0 \ (0 \leq u \leq u_0 \ \text{の場合}), \ 0 \ (u_0 < u \ \text{の場合})\}$ である。速度ゼロの場合や最大速度 $u = u_0$ の場合、その中間の速度をとる場合等々を考えれば、目標は時間 t では原点から最大半径 $r_0 = u_0 t$ の円内のどこにでも存在しうる。その場合の目標存在確率の密度関数はどうなるだろうか？・・・残念ながら、一様分布にはならない。

これを簡単に確かめるため、目標を二つのグループに分ける。$g(u)$ が一様分布なら速度を $[0, u_0/2]$ でとる確率は 0.5 であり、そのような目標は原点から半径 $r_0/2$ の円 A の中にいる。大きな速度 $[u_0/2, u_0]$ をとる確率も 0.5 であるが、その目標は半径 $r_0/2$ から r_0 のドーナツ形をした領域 B の中にいる。2.4 節で述べたように、二次元平面での確率密度は確率を面積で割った値であり、領域 A および B には同じ確率 0.5 が入るものの、領域 B の面積の方が領域 A の面積より大きいことを考えれば、領域 B での確率密度は領域 A より小さくなる。この推理から、原点の中心付近からより遠い周辺部分の方が存在確率の密度は小さくなると考えられる。

つぎに、一般的な任意の $g(u)$ について考える。目標が針路を $[\theta, \theta + d\theta]$ の間にとり、速度を $[u, u + du]$ の間にとる確率は、$P = d\theta/(2\pi) \cdot g(u) du$ である。この選択をした目標は、時間 t では、原点から半径 $[ut, (u + du)t]$ の間、方位 $[\theta, \theta + d\theta]$ の間におり、扇形をしたこの微小領域の面積は $A = u t d\theta \cdot t du$ であるから、確率密度は $P/A = g(u)/(2\pi u t^2)$ となり θ には依存しない。ここでは、時点 t における原点からの距離 $r = ut$ と x 軸からの角度 θ での確率密度関数

$f_t(r,\theta)$ として表したいので,$u=r/t$ で置換すれば,$f_t(r,\theta)=g(r/t)/(2\pi rt)$ となる.前述した推理の通り,一様分布 $g(u)=1/u_0$ の場合,確かに $r\leqq u_0 t$ の範囲では距離 r が大きくなれば確率密度も小さくなる.

上の議論は,二次元平面上では確率は体積で表現されることを考慮したものであるが,下で示すように,もっと直接的に,速度 u と角度 θ の (u,θ) の空間での確率を,時間 t での原点からの距離 r と角度 θ の (r,θ) の空間へ変数変換することを考えてもよい.ただし,両変数間では $r=ut$ の関係があることに注意する.

$$P=\frac{1}{2\pi}g(u)dud\theta=\frac{1}{2\pi}g(r/t)d\left(\frac{r}{t}\right)d\theta=\frac{1}{2\pi rt}g(r/t)rdrd\theta$$

最終式の $rdrd\theta$ は,式 (2.32) でおなじみの極座標 (r,θ) 地点での微小面積である.したがって,その前の項

$$f_t(r,\theta)=\frac{g(r/t)}{2\pi rt} \tag{3.6}$$

が,速度 u の選択を確率密度 $g(u)$ で行う一様拡散目標の時点 t における極座標 (r,θ) での存在確率密度である.

式 (3.6) より,一様分布 $g(u)=1/u_0$ の場合,ある時間経過後の存在確率密度は距離 r に逆比例することがわかったが,そのような目標を探している捜索者は,当然確率密度の高い原点付近から捜索を開始すべきである.密度の高い場所ほど長い距離を移動せずに目標に会える可能性が高い.逆にいえば,捜索者から逃げたい目標はそのような高い密度を作らないような速度分布 $g(u)$ を採用すべきである.選択速度の範囲が $[0,u_0]$ で固定されていれば,時刻 t での存在領域は半径 $0\leqq r\leqq u_0 t$ で変えることはできないから,最大の密度を最小にするのは密度を一定にすることである.では,式 (3.6) の $f_t(r,\theta)$ を r に関係なく一定にするには,どのような $g(u)$ を選択すべきか.それには,分母にある r を打ち消すように,C を定数とした

$$g(u)=Cu,\quad 0\leqq u\leqq u_0 \tag{3.7}$$

とすればよい．この線形式による選択確率密度では，$\int_0^{u_0} g(u) = 1$ であるので，係数は $C = 2/u_0^2$ となる．その結果，式 (3.6) より，任意の時間 t での存在確率密度は $f_t(r, \theta) = 1/\pi(u_0 t)^2$ となり，全確率 1 を目標存在領域である半径 $u_0 t$ の円の面積で割った定数となっている．このように，二次元平面上での存在確率では，デイタム位置から遠く，面積の広くなる領域へ多くの存在確率をもっていくように，より大きな速度をより大きな確率で採用することにより存在確率を均等にすることができる[2]．式 (3.7) の確率密度関数を描いたのが図 **3.4** であり，その関数の形からこれを**三角速度分布**（triangular distribution of velocity）と呼ぶ．

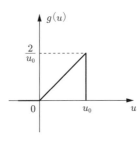

図 **3.4** 三角速度分布

3.2.2 デイタム位置が不確実な場合の目標分布

本項では，目標の初期位置が不確実で，目標の存在確率密度がデイタム位置を原点とする二次元円形正規分布である場合を考え[3]，極座標による初期位置 (r, θ) の確率密度が次式で表されているとする．

$$\frac{1}{2\pi\sigma^2} \exp\left(-\frac{r^2}{2\sigma^2}\right)$$

目標はその初期位置から，3.2 節冒頭で述べたように，針路 θ を一様分布で選択し，速度 u を密度関数 $g(u)$ で選んだ後，定針・定速で直進するとしよう．初期存在確率分布の原点に関する点対称性および針路選択の一様分布性から，時間 t 経過後の存在確率密度も極座標の偏角には依存せず，原点からの距離（動径）r にのみ依存する．図 **3.5** を見ていただきたい．時間 t における距離 r の点 A には，速度 u の目標であれば，初期時点 $t = 0$ で点 A から半径 ut の場所にある

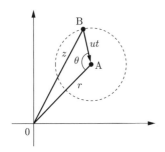

図 **3.5** 初期分布が正規分布の場合の存在確率密度

点 B から，ちょうど直線 BA 方向の針路をとったものが到達することになる。そのような破線の円周上のすべての点からの目標の存在確率密度が時刻 t で点 A に集まることになる。

余弦定理 $z^2 = r^2 + (ut)^2 - 2rut\cos\theta$ と，速度 u をとる確率密度 $g(u)$ および針路 θ をとる確率密度 $1/(2\pi)$ を考慮すれば，点 A での存在確率密度 $f_t(r)$ は次式で求められる．

$$f_t(r) = \int_0^{2\pi}\int_0^\infty \frac{1}{2\pi\sigma^2}\exp\left(-\frac{r^2+(ut)^2-2rut\cos\theta}{2\sigma^2}\right)g(u)du\frac{1}{2\pi}d\theta$$

速度の確率密度 $g(u)$ を，一定の速度 u_0 をとる $g(u) = \delta(u-u_0)$（ただし，$\delta(u)$ はディラックのデルタ関数である．コーヒーブレイク「ディラックのデルタ関数」参照）とした場合および三角速度分布の式 (3.7) を式中に代入すれば，それぞれ次式を得る．

(1) 一定速度の場合

$$\begin{aligned}f_t(r) &= \frac{1}{4\pi^2\sigma^2}\exp\left(-\frac{r^2+(u_0t)^2}{2\sigma^2}\right)\int_0^{2\pi}\exp\left(\frac{ru_0t\cos\theta}{\sigma^2}\right)d\theta\\ &= \frac{1}{2\pi\sigma^2}\exp\left(-\frac{r^2+(u_0t)^2}{2\sigma^2}\right)I_0\left(\frac{ru_0t}{\sigma^2}\right)\end{aligned} \quad (3.8)$$

───── コーヒーブレイク ─────

ディラックのデルタ関数

ディラックのデルタ関数 $\delta(x)$ は数学的に重宝な関数で，$x = 0$ 以外ではゼロの値をとり，$x = 0$ を含む区間で積分すれば 1 となる．また，ほかの関数との積分で特定の点での関数値を抽出できるといったつぎの性質をもつ．ただし $\varepsilon > 0$ である．

$$\delta(x) = 0\ (x \neq 0),\quad \int_{-\varepsilon}^{\varepsilon}\delta(x)dx = 1,\quad \int_{a-\varepsilon}^{a+\varepsilon}f(x)\delta(x-a)dx = f(a)$$

(2) 三角速度分布の場合

$$f_t(r) = \frac{1}{\pi u_0^2 t^2} \exp\left(-\frac{r^2}{2\sigma^2}\right) \int_0^{tu_0/\sigma} x \exp\left(-\frac{x^2}{2}\right) I_0\left(\frac{xr}{\sigma}\right) dx \tag{3.9}$$

ただし，$I_0(x)$ は，次式で定義される零次の第一種変形ベッセル関数である．

$$I_0(x) = \frac{1}{2\pi} \int_0^{2\pi} \exp(x\cos\theta)d\theta = \sum_{n=0}^{\infty} \left\{ \frac{1}{n!} \left(\frac{x}{2}\right)^n \right\}^2$$

式 (3.8) と式 (3.9) の時間 t による変化を図示したのが図 **3.6** および図 **3.7** である．ただし，本来三次元空間での図を原点を通る平面で切った断面図で示している．図 3.6 では，密度の高い山の頂上部分は時間とともにしだいに低くなりつつ，一定の速度 u_0 で外側に拡散する．一方，三角速度分布の場合も同じく時間とともに頂上部分は低くなるが，原点周辺ではほぼ一様分布を保ちつつ漸減し，かつ拡大する．この一様分布性は，デイタム点情報が確実で三角速度分布の速度選択がなされた場合の 3.2.1 項と共通した性質である．

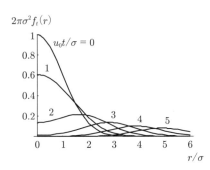

図 **3.6** 一定速度による存在確率密度

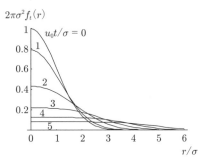

図 **3.7** 三角速度分布による存在確率密度

3.3 ランダムウォーク移動目標の分布推定

本節では，ランダムウォーク（酔歩, random walk）を行う移動目標のある時間後での存在確率分布を推定する[4]．一次元直線上でのランダムウォークは，どの

時点でも右の正の方向に確率 0.5 で距離 1 だけ動き，左（負の方向）にも同じ確率 0.5 で距離 1 だけ動く．この場合，例えば 5 回目に座標 $j \in \{-5, \cdots, 0, \cdots, 5\}$ にいる確率は，この間 x 回右に移動し，残りの $5-x$ 回左に動くとして，$j = x - (5-x) = 2x - 5$ となればよいから，5 回のうち $x = (j+5)/2$ 回右を選択する確率として，二項分布から ${}_5C_x(0.5)^x(0.5)^{5-x}$ により計算できる．もちろん，$(j+5)/2$ は整数でなければならないから，移動目標は奇数の座標 j にしか到達せず，偶数の座標に存在する確率はゼロである．

つぎに，二次元の連続平面上でのランダムウォークを考えてみる．移動のランダム性はつぎのように仮定する．目標は，ある時間区間 t を一定針路 θ，一定速度 u で直進することを繰り返す．ここで，針路はこれまでと同じように，x 軸から反時計回りの全周 360 度から一様分布で選択されるが，速度 u および直進時間 t はそれぞれ確率密度 $g(u)$ および $h(t)$ により独立して選ばれる．これが 1 回のランダムウォークである．ちなみに，$g(u)$ および $h(t)$ の平均，分散を，それぞれ μ_u，σ_u^2 および μ_t，σ_t^2 とする．このような移動を，過去の移動とは独立に n 回繰り返した場合に，二次元平面上での目標存在確率分布を求めよう．

k 回目の直進移動をレグ k と呼び，そこで選択された直進時間，速度および針路を t_k，u_k，θ_k とすると，原点から出発する目標が n 回の直進移動後の最終的な位置を表す直交座標 (X, Y) は，$X = \sum_{k=1}^{n} u_k t_k \cos\theta_k$，$Y = \sum_{k=1}^{n} u_k t_k \sin\theta_k$ となる．レグ k での x 座標，y 座標の増分 $x_k = u_k t_k \cos\theta_k$，$y_k = u_k t_k \sin\theta_k$ の期待値は次式で求められる．

$$E[x_k] = E[u_k t_k \cos\theta_k] = \iiint_0^{2\pi} ut\cos\theta g(u)h(t)\frac{1}{2\pi}d\theta dt du$$
$$= \mu_u \mu_t \int_0^{2\pi} \cos\theta \frac{1}{2\pi} d\theta = 0$$
$$E[y_k] = E[u_k t_k \sin\theta_k] = \iiint_0^{2\pi} ut\sin\theta g(u)h(t)\frac{1}{2\pi}d\theta dt du$$
$$= \mu_u \mu_t \int_0^{2\pi} \sin\theta \frac{1}{2\pi} d\theta = 0$$

平均がゼロであるから,分散(Var)はつぎのように計算できる.

$$\begin{aligned}
\mathrm{Var}[x_k] &= \mathrm{Var}[u_k t_k \cos\theta_k] = E[(u_k t_k \cos\theta_k)^2] \\
&= \int\int\int_0^{2\pi} u^2 t^2 \cos^2\theta g(u) h(t) \frac{1}{2\pi} d\theta dt du \\
&= E[u^2]E[t^2]\int_0^{2\pi} \cos^2\theta \frac{1}{2\pi} d\theta \\
&= \frac{(\sigma_t^2 + \mu_t^2)(\sigma_u^2 + \mu_u^2)}{2}
\end{aligned} \qquad (3.10)$$

$$\begin{aligned}
\mathrm{Var}[y_k] &= \mathrm{Var}[u_k t_k \sin\theta_k] = E[(u_k t_k \sin\theta_k)^2] \\
&= \int\int\int_0^{2\pi} u^2 t^2 \sin^2\theta g(u) h(t) \frac{1}{2\pi} d\theta dt du \\
&= E[u^2]E[t^2]\int_0^{2\pi} \sin^2\theta \frac{1}{2\pi} d\theta \\
&= \frac{(\sigma_t^2 + \mu_t^2)(\sigma_u^2 + \mu_u^2)}{2}
\end{aligned} \qquad (3.11)$$

ところで,確率変数 A と B が独立であればその共分散は $\mathrm{Cov}[A,B] = 0$ であるが,ここで X と Y の共分散を考える.直進時間,速度および針路の選択の独立性および各レグ間での選択の独立性から, X と Y の共分散(Cov)は次式で示すようにゼロとなる.

$$\begin{aligned}
\mathrm{Cov}[X,Y] &= \sum_{k=1}^{n} \mathrm{Cov}[x_k, y_k] = \sum_{k=1}^{n}(E[x_k y_k] - E[x_k]E[y_k]) \\
&= \sum_{k=1}^{n} E[(u_k t_k \cos\theta_k)(u_k t_k \sin\theta_k)] \\
&= nE[u^2]E[t^2]\int_0^{2\pi} \cos\theta \sin\theta \frac{1}{2\pi} d\theta = 0
\end{aligned}$$

これまでの結果をまとめよう.各レグ k での x 座標, y 座標の増分 x_k, y_k は平均はゼロで,分散は式 (3.10), (3.11) で与えられる同じ値をもつ.したがって, x_k または y_k の和である確率変数 X および Y は,中心極限定理より,レグ数 n が大きければ平均ゼロ,分散 $n(\sigma_t^2 + \mu_t^2)(\sigma_u^2 + \mu_u^2)/2$ の正規分布に近似できるが, X と Y の共分散がゼロであるから, $(X,Y) = (x,y)$ である確率

密度関数は円形正規分布に近似できる．ここで，時間 t を経過後には平均的に $n = t/\mu_t$ 回の変針をすると考えられるから，原点を出発してランダムウォークを行う目標の時間 t での存在確率密度は，つぎの円形正規分布で近似できる．

$$f_t(x,y) = \frac{1}{2\pi\sigma^2 t} \exp\left(-\frac{x^2+y^2}{2\sigma^2 t}\right) \tag{3.12}$$

ただし，$\sigma^2 \equiv (\sigma_t^2 + \mu_t^2)(\sigma_u^2 + \mu_u^2)/(2\mu_t)$ である．ランダムウォークによりどの方向にも一様に移動するから，時間 t 後の位置の平均は原点にあるが，分散は t に比例する．すなわち，原点からの距離という観点からは，時間 t とともに $\sqrt{t}$ に比例する標準偏差の円形正規分布に従って拡大していく．

3.4 スコーピオン号事件と捜索救難の発展

目標の存在分布推定手法を発展させた事例として，米海軍の原子力潜水艦スコーピオン号の海難事故が挙げられる[5]．1968 年 5 月に地中海での訓練を終え，ジブラルタル海峡を通峡してヨーロッパから米国のバージニア州ノーフォーク海軍基地に向け帰投中の攻撃型原子力潜水艦 SSN-589 スコーピオンは，5 月 21 日夕刻の定時報告を最後に消息を絶った．それを受けて行われた初期捜索は予定航路に沿って大西洋を横断する大規模なものであったが，なんの兆候も得られなかった．その後，カナダのニューファンドランド島とスペイン領でアフリカ西岸沖に浮かぶカナリア諸島に設置した音響センサーが，スコーピオン号沈没の有力な証拠として捉えた海中爆発音と破壊音を受信し，それをもとに大西洋中央部にあるアゾレス諸島から南西約 400 マイル（海里）の水深 3 000 m の海域に捜索救難のための 20×20 平方マイルの矩形が設定された．ちなみに，1 マイル = 約 1.852 km である．図 **3.8** はこの海域の地図である．

当時の米海軍には，このような深海における海難救助に有効な有人潜水艇はなく，調査船から磁気探知機，ソナー，CCD カメラ搭載の水中そりを微速で引きずり回しつつ，海底を探査する作業が開始された．この探知装置の有効距離は 200 フィート（およそ 60 m）程度であり，400 平方マイル（およそ 1 000 km^2）

3.4 スコーピオン号事件と捜索救難の発展　　41

図 3.8　大西洋海域の地図

の海域を漏れなく探査するのは気の遠くなるような作業である．この任務には調査船 Mizer があたり，6 月 10 日の出航からスコーピオン号発見による 11 月 2 日の捜索終結まで，計 5 回の航海を行っている．

調査船出航後の 7 月 18 日以降，研究開発担当の Frosh 海軍次官補は船体，機関，武器，海洋音響，OR 分析といった専門家からなる技術顧問グループを招集し，スコーピオン号沈没の原因とその後の状況推移を 9 本のもっともらしいシナリオに整理した．それをもとにコンピュータによるモンテカルロ・シミュレーションを実施し，スコーピオンの沈没位置に関する初期分布を求めた．1 万

コーヒーブレイク

スコーピオン号の事故原因

　情報公開法に基づき 1993 年に開示された 1969 年当時の事故調査委員会の報告書では，魚雷事故に関係するいくつかの原因が記載されたものの，最終的な事故原因は特定できなかった．Mk–37 魚雷の点検中に誤って魚雷が起動したため発射投棄した魚雷が本艦にホーミングして撃沈されたケースのほかにも，二つの魚雷事故や，海水流入による爆発事故などが考えられていた．1969 年に潜水艇トリエステ II 号が撮影したスコーピオン号の残骸の映像では，艦外爆発による破壊や魚雷発射管室の損傷は大きくないものの，耐圧内殻を貫通して発射管室に通じる前部脱出筒の進入口，脱出筒，魚雷搭載孔のハッチが吹き飛んでおり，発射管室での爆発が最も疑われた．それは，Mk–37 魚雷の動力バッテリーの欠陥から発熱し頭部炸薬の不完全爆発が最初に起きたため，発射管室へ大量の水が浸水して沈没の直接的な原因となった可能性を示唆するものである．

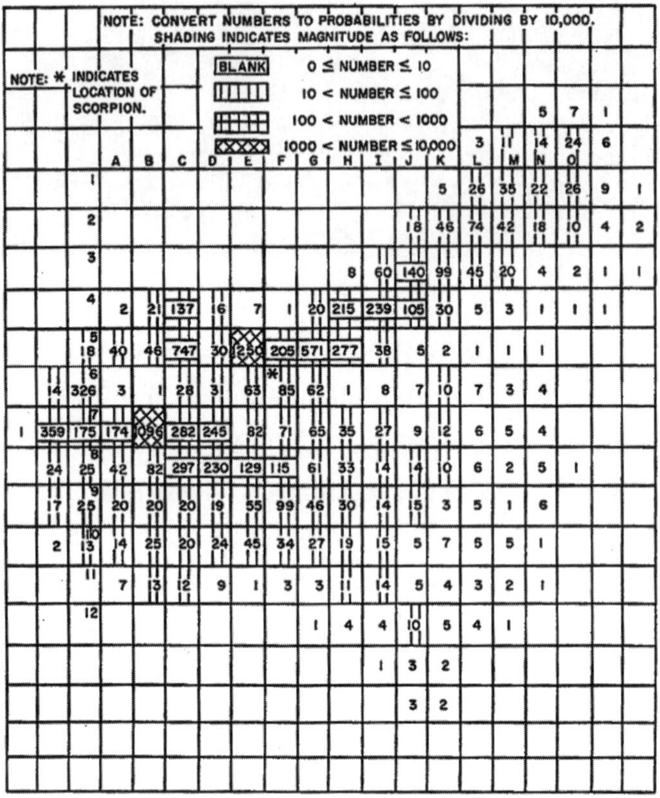

図 3.9　スコーピオン号沈没位置の推定初期分布[5]

回のシミュレーションから得られた存在分布を記したのが図 **3.9** である。

　捜索海域は 0.84 × 1.0 平方マイルのメッシュに区切られ，各メッシュには 1万回のシミュレーションのうち，そこを沈没位置と示した回数が書かれている。E5，B7 のセルでは高い存在確率が推定されている。技術顧問グループはこの存在分布をもとに捜索の日程計画を作成し，8 月 12 日にそれを調査船 Mizer に届けている。このような計画に沿って行われた Mizer の地道な捜索により，10月 28 日，海底に沈没，圧壊したスコーピオン号の残骸を発見するに至る。この位置は，最も高い存在確率と推定された E5 のセルの南東わずか 300 ヤード地点であった。存在分布の初期推定に関するこの高い精度のみならず，このよ

うな広大な深海における遭難位置の発見は，捜索救難活動の成功例と見なされている．この悲劇的な事故での捜索救難活動は米海軍に多くの教訓をもたらし，その後の現実的な捜索救難要領の開発に結び付いている．

3.5 捜索実施結果を加味した目標存在の事後推定

スコーピオン号の捜索救難活動は，初期の目標存在分布の推定がうまくいった事例である．このような初期分布の推定後に捜索を実施することによっても，われわれはなんらかの情報を得る．仮に目標発見に失敗したとしても，この非発見が新しい情報であり，利用価値をもつ．ここでは，このような事実を考慮することにより，初期の推定をより真実に近い推定へと更新する方法を考える．

3.5.1 目標存在分布の更新

つぎのような例を考える．いま，あなたは自宅から車で外出しようとしたところ，車のキーを自宅内で紛失したことに気づく．普段の生活では，キーの置いていそうないくつかの場所を推定してそこを探すことになる．今回は，リビング，台所，書斎の3か所を探すことにし，リビングには0.5，台所には0.3，書斎には0.2の確率でキーがあると推定した．これ以外には置いているはずはないので，全体の確率は1.0である．リビングには雑然と家具が置かれており，そこにキーがある場合に探してキーを発見する条件付き確率は0.7である．つまり，0.3の確率で見逃すということでもある．キーが台所にある場合の条件付き発見確率は0.7であり，整理整頓ができている書斎にキーがあれば確率0.9で発見できるとしよう．図 **3.10** はこの捜索状況を示す．

図 **3.10** 車のキーの初期分布と探知確率

3. 目標存在分布の推定

まずどこを探すのがよいかを考えよう．存在確率の一番高い場所を探すというのはやや早計過ぎる．もし，そこを探しても決して発見できない迷宮であるならば，だれもそこを探そうとしないだろう．場所 i にキーが存在する確率を p_i，そこにキーがある場合の発見確率（キーがそこにあるという条件付き発見確率）を d_i としよう．キーが i になければ i を探しても発見できるわけがないことは自明であるから

$P($場所 i でキーを発見する$)$

$= P($場所 i にキーがある$)P($発見する $|$ 場所 i にキーがある$) = p_i d_i$

の計算から，$\{p_i d_i, i \in \{$ リビング, 台所, 書斎 $\}\}$ の中で一番大きな値をもつリビングをまず探すのが合理的であろう．

あなたはこの原則に従ってリビングを探したが，発見できなかったとする．キーがあったのに見逃したのか，キーがほかの場所にあったから発見できなかったのかの真実はわからないが，このとき，最初の存在確率 $\{p_i\} = \{0.5, 0.3, 0.2\}$ の推定値をどのように更新すべきだろうか？・・・これには「リビングを探して見つからなかった」という条件付きの確率を計算すればよく

$P($キーがリビングにある $|$ リビングを探して見つからない$)$
$= \dfrac{P(\text{キーがリビングにあって，かつ見つからない})}{P(\text{リビングを探して見つからない})}$
$= \dfrac{0.5 \times (1 - 0.7)}{1 - 0.5 \times 0.7} \approx 0.23$

と計算できる．上式の分母は，ベイズの定理の式 (2.8) の分母に，排反な三つの事象 $A_1 = \{$ キーがリビングにある $\}$，$A_2 = \{$ キーが台所にある $\}$ および $A_3 = \{$ キーが書斎にある $\}$ と，事実 $B = \{$ リビングを探して見つからない $\}$ を適用した計算 $0.5 \times (1 - 0.7) + 0.3 \times 1 + 0.2 \times 1 = 0.65$ とやっても同じである．同様に

$P($キーが台所にある $|$ リビングを探して見つからない$) = \dfrac{0.3 \times 1}{0.65} \approx 0.46$

$$P(\text{キーが書斎にある} \mid \text{リビングを探して見つからない}) = \frac{0.2 \times 1}{0.65} \approx 0.31$$

と更新でき，リビング，台所および書斎のキーの事後存在確率は $(0.23, 0.46, 0.31)$ となる．捜索を実施したリビングでの事後存在確率は最初の値より小さくなり，その他の場所では大きくなる．探したのに発見できなかったのだから，そこでの存在確率を小さく見積もり直すのは当然だし，その分，ほかの場所での存在確率は増加し，全体の確率は相変わらず 1.0 である．

以上の条件付き確率，あるいは事後確率を利用した初期分布の更新は，多くの捜索問題に適用できる．実際，スコーピオン号捜索においてはセンサー能力を過大評価していたことが後になってわかり，センサー能力に関する更新法も提案されている．つぎに，同種の更新法として**重み付けシナリオ法**（weighted scenario method）を解説する．

3.5.2 重み付けシナリオ法による目標分布の推定

重み付けシナリオ法は，まず目標移動に関する複数のシナリオとそのもっともらしさを表す重みを主観的に推定した後，目標に関して得た情報をフィードバックしつつ，重みを更新していく方法である[6]．情報を蓄積して反映させることにより，真実に近いシナリオをあぶり出すことができる．つぎの対潜捜索を例にして説明しよう．

航空機による水中の潜水艦の捜索では，目標の出す音を感知するセンサーとしてソノブイが用いられる．どのようなセンサーであってもそうであるが，センシングが間違いなく行えることはなく，感知シグナルには雑音や潜水艦以外の物の探知（**虚探知**（false contact）という）が発生する．また，予想される探知シグナルをセンサーが探知しないケースもある．このようないろいろな音響環境下において，センサーと目標の相対位置によるシグナル探知の発生確率は，さまざまな実験や運用実績データにより把握することができる．簡単にいえば，センサーに対しどのくらいの位置に目標がいればセンサーはどの程度これを探知するのか，あるいは虚探知がどの程度発生するのかの実データを，実験や運

用データにより得ることはできる.しかし,ソノブイによる現実の捜索活動では目標位置を正確に知ることはできず,センサーの探知情報だけが得られる客観的データである.したがって,探知情報を得たときの条件付き確率 P(目標位置 | 探知情報) を,実験や運用データから得た条件付き確率 P(探知情報 | 目標位置) から計算したいのであるが,この計算は難しくない.2.2節で述べたように,ベイズの定理により,真の目標または虚探知に起因する探知情報という「結果」から,目標位置という「原因」を推定できるからである.つぎのような具体的な問題設定により,この計算法を説明しよう.

N 本の同じ性能をもつセンサーが固定的に設置されており,個々のセンサーはつぎのような探知の取得特性をもっている.このセンサーから有効探知距離 R 以内に潜水艦が存在すれば確率 p_D でこの目標を探知するが,残りの確率 $1-p_D$ で探知しない.一方,目標がどこにいようと,常時 p_F の確率で虚探知が発生する.ただし,潜水艦探知と虚探知は区別できないものとする.

いま,一つの目標に関する m 本の移動シナリオと,それに対する主観的なもっともらしさを示す重み $\{w_i^0, i=1,\cdots,m\}$ が初期設定として推定されているとする.センサーの探知情報を得ていない初期の段階で,w_i^0 が推定しづらいということであれば,一様分布 $w_i^0 = 1/m$ でも構わない.初期時点 $t=0$ 以降の時点 $t_k, k=1,\cdots,T$ で,探知したセンサー,探知しないセンサーのデータからなるレスポンス・パターンを各シナリオ k ごとにつぎの項目に分類する.移動シナリオ i が正しいとした場合の時点 t_k での目標位置から距離 R 以内にあって探知したセンサーの数 (N_1^i) および探知しなかったセンサーの数 (N_2^i),距離 R 以遠にあって探知したセンサーの数 (N_3^i) および探知しなかったセンサーの数 (N_4^i) である.このとき次式が成り立つ.

P(このレスポンス・パターンの発生 | 目標がシナリオ i に従う)
$$= \{1-(1-p_D)(1-p_F)\}^{N_1^i}\{(1-p_D)(1-p_F)\}^{N_2^i}p_F^{N_3^i}(1-p_F)^{N_4^i}$$

そこで,時刻 t_k での目標シナリオ i の確率 w_i^k を,条件付き確率 P(目標がシナリオ i に従う | このレスポンス・パターンの発生) として次式により更新する.

ただし，w_i^{k-1} は，直前の時点 t_{k-1} でのシナリオ i の確率である．

$$w_i^k = P(\text{目標がシナリオ } i \text{ に従う} \mid \text{このレスポンス・パターンの発生})$$

$$= \frac{P(\text{目標がシナリオ } i \text{ に従って，このレスポンス・パターンが発生})}{P(\text{このレスポンス・パターンが発生})}$$

$$= \frac{w_i^{k-1}\{1-(1-p_D)(1-p_F)\}^{N_1^i}\{(1-p_D)(1-p_F)\}^{N_2^i} p_F^{N_3^i}(1-p_F)^{N_4^i}}{\sum_{j=1}^{m} w_j^{k-1}\{1-(1-p_D)(1-p_F)\}^{N_1^j}\{(1-p_D)(1-p_F)\}^{N_2^j} p_F^{N_3^j}(1-p_F)^{N_4^j}}$$

初期のシナリオ確率 $\{w_i^0\}$ は主観的に推定した値であるが，その後蓄積されていくレスポンス・パターンの客観的データによって徐々に真実の値に近づいていくことが期待できる．

Richardson のモデル[6)] はさらに複雑であり，各移動シナリオごとに異なる移動経路（トラック）を発生させ，このトラックごとの重みを考慮している．また，センサー能力の p_D や p_F に対しても事後確率による更新法を提案している．

Richardson は，重み付けシナリオ法の有効性をつぎのようなシミュレーション実験によって検証した．図 **3.11** のように，25 本のセンサーが，60 マイルの間隔で設置されている．有効探知距離は $R = 60$ マイルであり，探知能力は $p_D = 0.8$，$p_F = 0.3$ である．

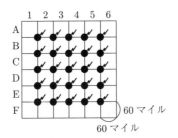

図 **3.11** ソノブイの設置状況

この 25 本のセンサーのレスポンス・パターンが 24 時間ごとに収集され，時刻 $t = 24, 48, 72$ および 96 において図 **3.12** のように得られている．黒丸が探知センサー，白丸は探知のないセンサーである．このパターンは，ある特定のシナリオに従ってコンピュータ内で潜水艦を移動させ，確率 p_D および p_F の乱数を発生させて，各センサーごとの探知・非探知を決定したモンテカルロ・

48   3. 目標存在分布の推定

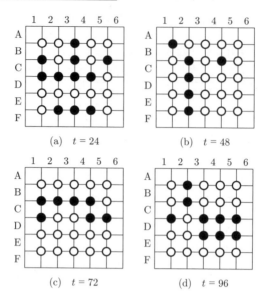

図 **3.12** 生起したレスポンス・パターン

シミュレーションである。

目標の移動シナリオとしてつぎの三つが考えられる。その中の一つは真のものである。

- シナリオ1：図 **3.13**(a) の通り，南東から出発し北東で終わるトラック
- シナリオ2：図 (b) の通り，北西から出発し南西で終わるトラック
- シナリオ3：図 (c) の通り，中央の半径 60 マイル円内をランダムに移動するトラック

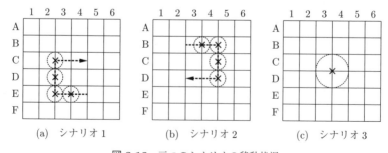

図 **3.13** 三つのシナリオの移動状況

シナリオ 1, 2 では，潜水艦は時刻 $t = 24, 48, 72, 96$ の × 印で示した位置を中心として，標準偏差 $\sigma = 30$ マイルでの円形正規分布で分布するものとする。一方，シナリオ 3 では，中央を中心に $\sigma = 60$ マイルの円形正規分布をしているものとする。各シナリオの初期の重みは $w_i^0 = 1/3$ である。

潜水艦の位置が距離 $R = 60$ マイル以内にあれば，センサーは $1 - (1 - p_D)(1 - p_F) = 0.86$ の確率で真目標か虚探知のいずれかの探知を生起させ，それ以遠にあれば確率 $p_F = 0.3$ で虚探知が起こるが，探知は乱数によるので，小さな確率の事象がたまたま生起することもある。このことを念頭に，図 3.12 のレスポンス・パターンを見て，シナリオ 1〜3 のどれが真のトラックか推理してみてほしい。

表 3.2 は，重み付けシナリオ法を適用した場合のシナリオの重みの変化である。

表の最終結果 $\{w_i^4\}$ が示すように，真のシナリオはシナリオ 2 である。時点 $t = 24, 48$ では最大の重みをもつシナリオは真のものを示さないが，シグナル情報の蓄積が進んだ時点 $t = 72, 96$ では正しく真のシナリオを浮かび上がらせている。

表 3.2 シナリオの確率の更新

シナリオ：i	1	2	3
初期重み：w_i^0	1/3	1/3	1/3
24 時点：w_i^1	0.299	0.211	0.490
48 時点：w_i^2	0.525	0.044	0.431
72 時点：w_i^3	0.036	0.721	0.252
96 時点：w_i^4	0.001	0.952	0.047

図 3.14 は真の目標中心位置とレスポンス・パターンを重ねて描いたものである。上述の設定では，目標位置から $R = 60$ 以内にある全センサーの 86%，それ以遠では 30% のセンサーが平均的に探知を生起するはずであるが，乱数による決定ではまれなレスポンス・パターンも見受けられる。例えば，$t = 24$ では，距離 R 以遠で虚探知を生起させるセンサー数がやや多いように思えるが，このように乱数発生による偶然のゆらぎが起こる方がむしろ自然であり，そんな中にあっても正しい推定がなされることが重要である。

なお，飯田[7] は，対潜戦の実動訓練において，重み付けシナリオ法による目標分布推定の適用事例を詳述している。

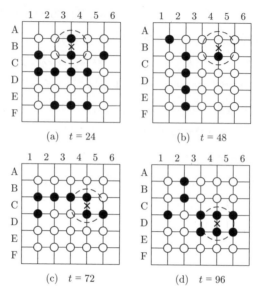

図 **3.14** 真の目標位置とレスポンス・パターン

章 末 問 題

【1】 3.5.1 項で述べた車のキーの捜索問題に関し,つぎの問に答えよ。
(1) リビングを 1 回探して見つからなかった現時点で,つぎはどこを探すべきか。
(2) 最初にしつこくリビングを 3 回探してみた。それでもキーを発見できなかった。このとき,三つの場所でのキーの存在確率をどのように更新すべきか。図 3.10 の通り,最初のキーの存在確率は $\{p_i\} = \{0.5, 0.3, 0.2\}$ であり,リビングを 1 回探した場合の条件付き発見確率は 0.7 である。

4 捜索センサーの探知論

　捜索活動では，目標を探知するためのさまざまなセンサーが用いられる。人間のもつ探知能力を5感と呼ぶが，世の中には，光や化学物質，物理現象など，さまざまな対象の探知に特化した工学的なセンサーが発明されている。捜索理論はなんらかの対象目標の捜索・探知を目的とした学問であり，現実的な対象目標を想定している限り，すでにあるセンサーの探知工学が必要となる。このような探知に関する科学的な評価には，センサー開発だけでなく，センサーによる信号処理，さらには信号や情報に関する人間や計算機による認識といった一連の関連学問の協働作業が必要であり，これら個々の学問分野の探究そのものが大学で一つの研究室を形成する。例えば，水中を移動する目標を対象とするセンサーには，音響センサーがある。音は，水中で活用できるおもな物理現象だからである。ある大学では，海洋音響といった名称の研究室で，水中における音の伝搬やその応用について研究がなされている。一方，人間による音や信号の認識は，人間工学の分野でなされている。水中の音による捜索・探知一つをとってもこのような状況にあるため，捜索理論では，具体的なセンサーを対象とした精緻な学問的探究はその専門分野に任せ，各種センサーによる実験データが得られることを前提に，すべてのセンサーに共通して応用できる汎用的なセンサーの探知理論を展開している。

4.1 捜索センサーの瞬間的な探知能力

　具体的な捜索活動が行われる場合は，捜索センサーと捜索目標の状態はある

4. 捜索センサーの探知論

程度特定化され，捜索活動が長期にわたらなければ，活動に従事する人間や環境はほぼ一定と考えてもよい。そのような中で，センサーによる目標の探知に時々刻々影響を及ぼす要素は，センサーと目標との相対距離である。以下では，特定化されたセンサー，目標，従事者および環境において，相対距離が時々刻々変化する場合のセンサーの探知能力を評価しよう[1]。

そのため，まずは捜索センサーをつぎの観点から分類する。水中物体を捜索する音響センサーとしてソナーがある。その中でアクティブソナーと呼ばれるソナーは自ら音波を発振し，目標からの反射音を受信して目標存在を検出する。もう一つのパッシブソナーと呼ばれるソナーは，目標が発する音を検知して目標を探知する。アクティブソナーは，音を発して受信するまでの時間を測定することによりセンサーと目標との相対距離を測定できるが，1回の目標探知には一定の時間を必要とする。一方，パッシブソナーはつねに音を待ち受けており，目標までの距離はわからないが，目標の存在やその方位について常時探知の機会がある。前者のセンサーのように，探知の機会（べっ見（glimpse）と呼ぶ）が離散的なセンサーを**離散スキャンセンサー**（discrete scan sensor）といい，後者のように，連続的な時間で探知可能なセンサーを**連続スキャンセンサー**（continuous scan sensor）という。その他の例としての捜索用レーダーは，その送信機からアンテナビームを回転させながら放射状に輻射し，空間内にある物体からの反射波を受信機で探知する装置である。このアンテナビームの回転に同期させながら受信した信号を表示するレーダーのPPIスコープでは，目標位置を示す点は常時表示されているように見えるが，それは残像であり，目標方位に輻射したビームの反射波を受信した瞬間だけが真の目標位置を示す。したがって，目標の真の最新位置は回転するビームが目標方位にもう一度返ってくるまで待たなくてはならないため，捜索用レーダーは離散スキャンセンサーである。他方，人間の目は，まばたきをしなければ目標を常時捉える状況にあるため，連続スキャンセンサーといえる。

このような違いのため，センサーの瞬間的な特性能力に関する値は，離散スキャンセンサーと連続スキャンセンサーで異なる。離散スキャンセンサーに関

しては，1回のべっ見において，センサーと目標との間の相対距離に対する探知確率で定義され，その曲線を**べっ見探知確率曲線**（detection probability curve by a glimpse）と呼ぶ．連続スキャンセンサーに関しては，単位時間内での探知確率を測定し，相対距離に対する値を**距離対瞬間探知率曲線**（instantaneous detection rate vs. range curve）で表す．例えば，人間の視覚による目標探知のように，おぼろげに見える物体を凝視する時間が長ければ認識率も高くなるように，連続スキャンセンサーでは目標探知は時間に依存するため，単位時間での測定とするのである．したがって，連続スキャンセンサーでは「探知率」という言葉を用いる．距離対瞬間探知率曲線は単位時間での探知確率であるが，微小な時間区間 Δt ではこの時間に比例した探知確率が得られるものとする．

図 **4.1**(a) は，センサーと目標の相対距離が r である場合のべっ見探知確率 $g(r)$ を描いたものである．図 (b) は，相対距離 r での距離対瞬間探知率 $b(r)$ の例であり，上述したように，微小時間 Δt における探知確率は $b(r)\Delta t$ と考える．

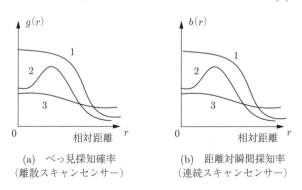

(a) べっ見探知確率　　　　(b) 距離対瞬間探知率
（離散スキャンセンサー）　　（連続スキャンセンサー）

図 **4.1**　べっ見探知確率と距離対瞬間探知率

微小でない時間での探知確率はその間の距離変化を考慮する必要があり，その計算式は 4.2 節で導出する．われわれの視覚認識のように，これらの曲線は通常は距離 r とともに単調に減少しそうであるが，例えばアクティブソナーやレーダーのように，輻射エネルギーが送波器や送信機の近傍にある装備品などから反射されてくると，その強烈なエネルギーのため微弱な目標探知信号は埋没してしまい，探知と認識できない事態が起こる．このような場合，相対距離が小

さいところでは探知確率はかえって小さくなり，図中の曲線2のようなカーブを描く。

べっ見探知確率や距離対瞬間探知率は，当該センサーを用いた捜索活動による探知評価の基礎となる。そこで，いくつかの典型的な曲線の形を仮定して評価しておけば，捜索活動の性能評価の大雑把な指標を把握できる。もし詳細な性能評価を望むのであれば，正確な探知曲線 $g(r)$, $b(r)$ を用いた計算を実施すればよい。ただし，このような精緻な計算は多くの場合数値計算となる。

これらの典型的な関数形として，多くの場合，つぎの三つの関数が用いられる。

〔1〕 **完全定距離発見法則**（perfect fixed-range detection law）：完全定距離センサー

センサーと目標との相対距離がある距離 R_0 以内では必ず探知し，それ以遠では決して探知しないとする理想的なセンサーである。したがって，べっ見探知確率 $g(r)$ はつぎの関数をもつ。

$$g(r) = \begin{cases} 1, & r \leq R_0 \text{ の場合} \\ 0, & r > R_0 \text{ の場合} \end{cases} \tag{4.1}$$

一方，連続スキャンセンサーの距離対瞬間探知率 $b(r)$ は，$r \leq R_0$ ではどんな微小な時間区間 Δt でも探知確率 $b(r)\Delta t = 1$ となるためには $b(r) \approx \infty$ と考える必要があり，また $r > R_0$ に対しては $b(r) = 0$ であるとする。

〔2〕 **不完全定距離発見法則**（imperfect fixed-range detection law）：不完全定距離センサー

ある距離 R_0 以内では一定の探知確率が得られるが，完全定距離センサーのような確実な探知ではないセンサーであり，$g(r)$, $b(r)$ は次式で与えられる。ただし，$0 < g_0 < 1$ である。

$$g(r) = \begin{cases} g_0, & r \leq R_0 \text{ の場合} \\ 0, & r > R_0 \text{ の場合} \end{cases} \tag{4.2}$$

$$b(r) = \begin{cases} b_0, & r \leq R_0 \text{ の場合} \\ 0, & r > R_0 \text{ の場合} \end{cases} \tag{4.3}$$

〔3〕 逆三乗発見法則（inverse cube detection law）：逆三乗センサー

　この関数は目視による距離対瞬間探知率曲線のモデルとして考案され，距離の三乗に逆比例するつぎの式で表される[1]．ただし，k は定数である．

$$b(r) = \left(\frac{k}{r}\right)^3 \tag{4.4}$$

この発展形として**逆 n 乗発見法則**（inverse n-th power detection law）に従うセンサー（逆 n 乗センサー）を次式で定式化することがある[2]．

$$b(r) = \left(\frac{k}{r}\right)^n \tag{4.5}$$

ただし，パラメータ k や n は，実績データから統計的に推定される．

　逆三乗発見法則は捜索理論の創始者であるクープマン[1]が提案し，海上における目視による捜索救難活動では現在でもよく使われている曲線であるので，式 (4.4) の導出を以下で説明する．目視による目標探知率は，物体への視線が捜索者の目に張る立体角に比例することを利用したモデルである．**立体角**（solid angle）とは，三次元空間の物体を視線によって形作られる円錐形と見なして，その頂角（開き具合）を表す量であり，$\Omega = S/l^2$（S は視線に対し垂直に射影した物体の面積，l は目から射影面までの距離）で定義される．例えば，三次元空間で目の周りのすべてを覆う物体（目を覆う球を想像していただきたい）は，視線がどの方向に向いても見えており，視線に対しつねに垂直な壁を作っている．距離 l にあるこの物体の視線に垂直な面の総面積は $S = 4\pi l^2$ であるので，立体角は $\Omega = 4\pi$ であり，これが立体角の最大値である．目で物体を探知する度合いは視線によって形づくられる立体角に比例するとして探知率を定式化したものが，式 (4.4) である．実際，小さい物体であっても，目の近くにあって立体角が大きい場合は見つけやすく，大きな物体でも，遠くに置かれて立体角が小さくなれば見つけにくいというわれわれの実感を反映している．

　逆三乗発見法則を説明するため，海上に浮かぶ横 a，縦 b の面積 $A = ab$ の救命いかだを考える．このいかだを，距離 r，高度 h で飛行する救難飛行機の見張り員が角度 θ で視認した図が，**図 4.2** である．長方形のいかだを見張りの視

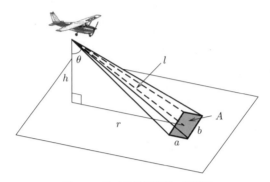

図 **4.2** 逆三乗発見法則の説明図

線に垂直に射影すれば，射影面積は $S = ab\cos\theta$ となる．航空機からいかだまでの距離は $l = \sqrt{r^2 + h^2}$ であるが，$\cos\theta = h/\sqrt{r^2 + h^2}$ の関係から，立体角は $\Omega = Ah/(\sqrt{r^2 + h^2})^3$ となる．海上での捜索救難では，通常，飛行高度 h に比べ十分遠い距離 r にある人，物を捜索対象にするから，$r \gg h$ を仮定して立体角の式を近似し，式 (4.4) を目視による距離対瞬間探知率とする．このとき，定数 k は $(Ah)^{1/3}$ に比例した値である．

4.2 目標移動におけるセンサーの探知能力

4.1 節で定式化した瞬間的なセンサーの探知能力を用いて，時々刻々移動する目標とセンサーとの相対距離の変化がわかれば，探知確率が計算できるはずである．以下では，この探知確率に関する公式を求める．

4.2.1 探知ポテンシャル

時刻 $t = 0$ から捜索をはじめるとし，時刻 t でのセンサーと目標間の相対距離が時刻に依存する関数 $r(t)$ で与えられるとする．図 **4.3** は捜索センサーと目標の相対的な位置関係を示した図で，センサーを原点に固定して目標の相対運動の経路を描いたものである．

まずは，べつ見探知確率曲線 $g(r)$ をもつ離散スキャンセンサーによる探知確

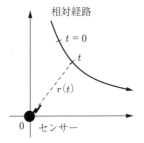

図 4.3 センサーに対する目標の相対運動

率を考えよう。その離散的なべっ見の時点を $t_1, t_2, \cdots, t_n$ とすれば、相対距離は $r(t_1), r(t_2), \cdots, r(t_n)$ であり、探知確率は $g(r(t_1)), g(r(t_2)), \cdots, g(r(t_n))$ で与えられる。全時点で考えれば、これらの探知機会に 1 回でも目標を探知すれば探知といえるので、全体での探知確率は、少なくとも一度探知が起こる確率として次式で求められる。

$$p(t) = 1 - \prod_{i=1}^{n} \left(1 - g(r(t_i))\right)$$
$$= 1 - \exp\left[-\sum_{i=1}^{n} \left\{-\log\left(1 - g(r(t_i))\right)\right\}\right] \quad (4.6)$$

上記の掛け算による計算式では、各時点での探知事象は独立であると仮定している。最終式は、連続スキャンセンサーに対する探知確率の計算式と整合性をとるための変形であり、指数関数に入っている非負値の項 $\sum_{i=1}^{n} \left\{-\log\left(1 - g(r(t_i))\right)\right\}$ は**探知ポテンシャル** (sighting potential) と呼ばれる。

つぎに、連続スキャンセンサーによる探知確率の公式を求める。時間区間 $[0, t]$ での探知確率を $p(t)$、探知しない確率（非探知確率）$1 - p(t)$ を $q(t)$ とおこう。微小な時間区間 Δt に対し、区間 $[0, t + \Delta t]$ での非探知確率 $q(t + \Delta t)$ は、$[0, t]$ で非探知で、かつ $[t, t + \Delta t]$ で非探知である確率であり、各時間区間での探知の独立性を仮定すれば、$q(t + \Delta t) = q(t)\{1 - b(r(t))\Delta t\}$ と書ける。これを変形すれば、$\{q(t + \Delta t) - q(t)\}/\Delta t = -q(t)b(r(t))$ となるので、左辺を $\Delta t \to 0$ として極限をとれば、つぎの微分方程式を得る。

$$\frac{dq(t)}{dt} = -q(t)b(r(t))$$

この変数分離型の微分方程式を解くことは容易であり

$$\log q(t) = \int \frac{dq}{q} = -\int_0^t b(r(t))dt + A \, (積分定数)$$

となるが，捜索を実施していない初期時点では $q(0) = 1$ であるので，積分定数を $A = 0$ と決めて，非探知確率 $q(t)$ が導出できる．結局，時間区間 $[0, t]$ での探知確率 $p(t) = 1 - q(t)$ は次式となる．

$$p(t) = 1 - \exp\left(-\int_0^t b(r(t))dt\right) \tag{4.7}$$

この公式における指数関数の中の式を，連続スキャンセンサーの探知ポテンシャルという．これまでの探知ポテンシャルの式を以下にまとめる．

$$離散スキャンセンサー： \sum_{i=1}^n \{-\log(1 - g(r(t_i)))\} \tag{4.8}$$

$$連続スキャンセンサー： \int_0^t b(r(t))dt \tag{4.9}$$

センサーと目標の相対距離を決める相対移動経路 C が決まれば，探知ポテンシャル $F(C)$ が上式により計算でき，それを指数関数に代入すれば，探知確率 $p(t)$ が得られる．

$$p(t) = 1 - \exp(-F(C)) \tag{4.10}$$

探知確率を求める際にはまず探知ポテンシャルを計算すればよいが，探知ポテンシャルには**加法性**（additivity）と呼ばれる便利な性質がある．いま，目標が一つのセンサーに対し相対経路 C_1 で移動し，その後 C_2 をとるとし，各経路の探知ポテンシャルを $F(C_1)$，$F(C_2)$ とする．全経路における探知確率は，経路 C_1 または C_2 の少なくとも一つの経路上で探知が起こる確率として，$1 - \exp(-F(C_1)) \cdot \exp(-F(C_2)) = 1 - \exp\{-(F(C_1) + F(C_2))\}$ と計算できる．つまり，全経路における探知ポテンシャルは，部分経路での探知ポテンシャルを合計すればよい．つぎに，二つのセンサー 1 および 2 のある状況を考えよう．ある移動経路を移動する目標のセンサー 1 に対する相対

経路を C_1 としてその探知ポテンシャルを $F_1(C_1)$ とし，センサー 2 に対する相対経路と探知ポテンシャルを C_2, $F_2(C_2)$ とする．この場合も，両センサーによる探知確率は，少なくとも一つのセンサーにより探知する確率として，$1 - \exp(-F_1(C_1)) \cdot \exp(-F_2(C_2)) = 1 - \exp\{-(F_1(C_1) + F_2(C_2))\}$ で計算でき，各センサーによる探知ポテンシャルの和で複数センサーによる探知ポテンシャルが計算できる．この探知ポテンシャルの加法性を利用し，計算しやすいように，目標の移動経路を分割して，あるいは各センサーごとに探知ポテンシャルを計算すればよい．

4.2.2 横距離探知確率と有効捜索幅

4.2.1 項までの議論では，目標の探知確率に影響するのはセンサーと目標との距離であったから，どちらかを止めて一方が相対運動をしていると考えてもよい．ここでは，センサーを直交座標系の二次元平面上の原点に置き，目標が相対運動をしている状況を想定しよう．**横距離探知確率** (lateral range detection probability) とは，センサーから最近接距離 x の点を通過する無限直線上を直進運動する目標に対する探知確率をいい，この横距離 x に対するこの探知確率を描いたものを**横距離探知確率曲線** (lateral range curve) と呼ぶ．

目標捜索において無限直線運動は現実性があるのかという疑問があるが，この妥当性を説明するため，海上遭難者に対する捜索救難活動を考えてみよう．この例は，遭難者がほぼ静止しており，捜索センサーを搭載した捜索者が移動する相対運動となる．4.1 節で述べた完全定距離センサー，不完全定距離センサーおよび逆三乗センサーをはじめ，一般の捜索センサーにあっても探知の可能性が高いのは目標に近接したときであり，そのときの探知確率に比べると捜索者が目標から遠く離れた場所での探知への寄与はきわめて小さいと考えてよい．遠い場所での探知確率は（不）完全定距離センサーではゼロであるし，逆三乗センサーにあっても距離の三乗に反比例して小さくなるからである．したがって，探知確率に寄与するのは捜索者が目標近くを通過するときであり，その区間の相対経路は直線と近似してよい．以上の理由により，横距離探知確率

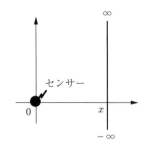

図 4.4 横距離探知確率計算の相対運動

の計算には横距離 x を通過する無限直線を仮定する。図 4.4 は目標と捜索者が横距離 x で行き会う（会的 (rendezvous) という）状況を示している。

以下では，原点に置かれた完全定距離センサー，不完全定距離センサーおよび逆三乗センサーの 3 種類のセンサーに対し，横距離 x，速度 u で直線移動する目標に対する横距離探知確率 $PL(x)$ を計算してみる。ただし，離散スキャンセンサーに関しては，探知機会のあるスキャン（べっ見）の時間間隔を t_0 とする。

〔1〕 完全定距離センサー　図 4.5 は，べっ見探知確率曲線の式 (4.1) をもつ離散スキャンセンサーの有効探知距離 R_0 と横距離 x での会的を表したものである。べっ見探知確率曲線の式 (4.1) をもつ離散スキャンセンサーでは，$x \leq R_0$ であれば，センサーから距離 R_0 以内にある直線経路長は $2\sqrt{R_0^2 - x^2}$ であるから，(i) $2\sqrt{R_0^2 - x^2} \geq ut_0$ であれば必ず 1 回以上のべっ見があるため，探知確率は 1 となる。(ii) $2\sqrt{R_0^2 - x^2} < ut_0$ であれば，距離 R_0 以内でのべっ見は場

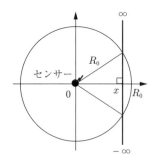

図 4.5 有効探知距離 R_0 と横距離 x での会的

合によっては存在し，場合によってはない．べっ見の開始時点は一様分布していると考えられるので，べっ見の起こる確率は $2\sqrt{R_0^2 - x^2}/(ut_0)$ であり，その場合は必ず目標を探知する．(i) のケースとなる横距離は $|x| \leq \sqrt{R_0^2 - (ut_0)^2/4}$ であることに注意すれば，横距離探知確率は次式で与えられる．

$$PL(x) = \begin{cases} 1, & |x| \leq \sqrt{R_0^2 - \dfrac{(ut_0)^2}{4}} \text{ の場合} \\ \dfrac{2\sqrt{R_0^2 - x^2}}{ut_0}, & \sqrt{R_0^2 - \dfrac{(ut_0)^2}{4}} < |x| \leq R_0 \text{ の場合} \\ 0, & R_0 < |x| \text{ の場合} \end{cases} \quad (4.11)$$

連続スキャンセンサーでは $|x| \leq R_0$ であれば必ず探知するから，次式を得る．

$$PL(x) = \begin{cases} 1, & |x| \leq R_0 \text{ の場合} \\ 0, & R_0 < |x| \text{ の場合} \end{cases} \quad (4.12)$$

〔2〕 **不完全定距離センサー**　　図 4.5 を参照して，べっ見探知確率曲線の式 (4.2) をもつ離散スキャンセンサーを考える．$x \leq R_0$ のとき直線移動経路上でセンサーから距離 R_0 以内にある経路長は $2\sqrt{R_0^2 - x^2}$ であり，平均べっ見回数は $n = 2\sqrt{R_0^2 - x^2}/(ut_0)$ 回である．したがって，1 回の探知確率が g_0 であるこのセンサーによる探知確率は $P = 1 - (1 - g_0)^n$ である．

$$PL(x) = \begin{cases} 1 - (1 - g_0)^{2\sqrt{R_0^2 - x^2}/(ut_0)}, & |x| \leq R_0 \text{ の場合} \\ 0, & R_0 < |x| \text{ の場合} \end{cases} \quad (4.13)$$

厳密にはべっ見数は整数値であり，$N = \lfloor n \rfloor$ 回と $N + 1 = \lfloor n \rfloor + 1$ 回が確率 $\left((N+1)ut_0 - 2\sqrt{R_0^2 - x^2}\right)/(ut_0)$ と $\left(2\sqrt{R_0^2 - x^2} - Nut_0\right)/(ut_0)$ で生起するから，平均的には

$$N \frac{(N+1)ut_0 - 2\sqrt{R_0^2 - x^2}}{ut_0} + (N+1) \frac{2\sqrt{R_0^2 - x^2} - Nut_0}{ut_0} = n$$

回である．もちろん，確率論上の精緻さを求めるなら，探知確率の期待値を次

式のように計算すべきであろうが，そもそも不完全定距離発見法則そのものが探知法則に関する近似であり，横距離探知確率も上で説明したように捜索者と目標との近似的な会的状況での値であるから，式 (4.13) も近似的で手軽な評価式として見ていただきたい．

$$\frac{(N+1)ut_0 - 2\sqrt{R_0^2 - x^2}}{ut_0}\left(1 - (1-g_0)^N\right)$$

$$+\frac{2\sqrt{R_0^2 - x^2} - Nut_0}{ut_0}\left(1 - (1-g_0)^{N+1}\right)$$

$$= 1 - \frac{(N+1)ut_0 - 2\sqrt{R_0^2 - x^2}}{ut_0}(1-g_0)^N$$

$$-\frac{2\sqrt{R_0^2 - x^2} - Nut_0}{ut_0}(1-g_0)^{N+1}$$

つぎに，距離対瞬間探知率の式 (4.3) の連続スキャンセンサーを考える．横距離 $x \leq R_0$ の直線経路上では，探知率 b_0 で探知が生起するセンサーから距離 R_0 内での目標の移動時間は $2\sqrt{R_0^2 - x^2}/u$ であるから，式 (4.9) による探知ポテンシャルは $2b_0\sqrt{R_0^2 - x^2}/u$ となり，探知確率は次式となる．

$$PL(x) = \begin{cases} 1 - \exp\left(-\frac{2b_0\sqrt{R_0^2 - x^2}}{u}\right), & |x| \leq R_0 \text{ の場合} \\ 0, & R_0 < |x| \text{ の場合} \end{cases} \quad (4.14)$$

〔3〕 逆三乗センサー　式 (4.4) の距離対瞬間探知率をもつ連続スキャンセンサーの横距離探知確率を求めよう．横距離 $x > 0$ を通る無限直線上での探知ポテンシャルの式 (4.9) は，距離 x の最近接点での通過時刻を $t = 0$ とすれば，積分範囲 $t \in (-\infty, \infty)$ での積分となるが，$(-\infty, 0]$ と $[0, \infty)$ での積分値は同じであるので，$[0, \infty]$ 間での探知ポテンシャルを 2 倍する．時刻 t でのセンサーと目標間の距離は $r(t) = \sqrt{x^2 + (ut)^2}$ であるから，式 (4.9) から

$$2\int_0^\infty \left(\frac{k}{\sqrt{x^2 + (ut)^2}}\right)^3 dt = 2\int_0^{\pi/2} \frac{k^3}{x^3\sqrt{1+\tan^2\theta}^3}\frac{x}{u}\sec^2\theta d\theta$$

$$= 2\int_0^{\pi/2} \frac{k^3}{ux^2}\cos\theta d\theta = \frac{2k^3}{ux^2} \quad (4.15)$$

となる。ただし，$ut/x = \tan\theta$ の変数変換を行った。$x = 0$ の場合は，式 (4.4) も探知ポテンシャルも無限大となる特別なケースと考えてもよいから，横距離探知確率は次式で与えられる。

$$PL(x) = 1 - \exp\left(-\frac{2k^3}{ux^2}\right) \tag{4.16}$$

センサーに関してこれまで考えてきたべっ見探知確率や距離対瞬間探知率，あるいは横距離探知確率の各特性曲線は，センサーの探知能力を一つの指標として表すには複雑すぎる。捜索救難活動に携わるオペレータがセンサーの探知能力の指標として慣用するのが，**有効捜索幅** (effective sweep width) である。センサーと目標との横距離 x が一様分布で生起する場合の 1 回の会的における目標探知確率を，十分大きな L の幅 $[-L, L]$ 内の横距離 x での会合を想定し

$$\int_{-L}^{L} PL(x)\frac{1}{2L}dx \propto \int_{-L}^{L} PL(x)dx \approx \int_{-\infty}^{\infty} PL(x)dx$$

で評価する。右辺は横距離探知確率曲線下の面積 W を表している。

$$W = \int_{-\infty}^{\infty} PL(x)dx \tag{4.17}$$

図 **4.6** のように，同じ面積をもつ縦の確率が 1 である長方形を描けば，横幅は W そのものである。この W を有効捜索幅と呼ぶ。この長方形の形状の意味から，有効捜索幅は，横距離探知確率 $PL(x)$ をもつセンサーを，幅 W 内で目標と行き会えば確率 1 で目標を探知し，その外では決して探知しないとする完全定距離センサーに近似していることになる。

つぎに，各種の発見法則に従うセンサーについて，具体的に有効捜索幅を求めてみる。式 (4.12) から，完全定距離の連続スキャンセンサーの有効捜索幅は

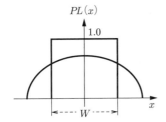

図 **4.6**　有効捜索幅

自明な次式となる。

$$W = 2R_0 \tag{4.18}$$

逆三乗センサーに関しては，横距離探知確率の式 (4.16) から，$y^2/2 = 2k^3/(ux^2)$ による x から y への変数変換と部分積分を使えば，つぎの結果を得る。

$$\begin{aligned}
W &= 2\int_0^\infty \left(1-\exp\left(-\frac{2k^3}{ux^2}\right)\right) dx = -2\int_\infty^0 \left(1-e^{-y^2/2}\right) 2\sqrt{\frac{k^3}{u}}\frac{dy}{y^2} \\
&= 4\sqrt{\frac{k^3}{u}} \int_0^\infty \left(1-e^{-y^2/2}\right) \frac{dy}{y^2} \\
&= 4\sqrt{\frac{k^3}{u}} \left\{\left[\left(-\frac{1}{y}\right)\left(1-e^{-y^2/2}\right)\right]_0^\infty + \int_0^\infty e^{-y^2/2} dy\right\} \\
&= 4\sqrt{\frac{2\pi k^3}{u}} \frac{1}{\sqrt{2\pi}} \int_0^\infty e^{-y^2/2} dy = 2\sqrt{\frac{2\pi k^3}{u}}
\end{aligned} \tag{4.19}$$

最後の計算は，標準正規分布の積分から求めた。

海難救助の分野は，捜索理論が役立つ重要な現実問題の一つである。国籍の異なる船舶や航空機が複数国の国境付近の領海・領空で遭難することも多く，海難救助は各国が共通の基準で実施すべきであるとの認識から，特に遭難者，遭難物に対する有効捜索幅のデータが世界基準として準備されている。そのマニュアルが3巻からなる IAMSAR マニュアル（International Aeronautical and Maritime Search and Rescue Manual, 国際航空海上捜索救難マニュアル）[3]であり，そこには実データを整理した有効捜索幅が掲載されている。**表 4.1** はそこから抜粋したデータである。商船の見張りから見た海中遭難者 (P)，救命いかだ (LR) やボート (B) といった捜索対象物の有効捜索幅が，気象上の視程に応じて掲載されている。LR の後の数値は救命いかだの定員数を，B の後の数値はボートの長さ〔m〕を示す。有効捜索幅は，キロメートル〔km〕と括弧内に海里〔NM〕で記載されている。マニュアルの中には，固定翼，回転翼航空機による飛行高度に応じた有効捜索幅も掲載され，また風により荒れた波が捜索対象物を発見しにくくする程度が，有効捜索幅に掛ける係数として，風速に応じて提示されている。

表 4.1 商船の見張りからの有効捜索幅[3)]

目標物	視程 km (NM)				
	6(3)	9(5)	19(10)	28(15)	37(20)
P	0.7(0.4)	0.9(0.5)	1.1(0.6)	1.3(0.7)	1.3(0.7)
LR4	4.2(2.3)	5.9(3.2)	7.8(4.2)	9.1(4.9)	10.2(5.5)
LR6	4.6(2.5)	6.7(3.6)	9.3(5.0)	11.5(6.2)	12.8(6.9)
LR15	4.8(2.6)	7.4(4.0)	9.4(5.1)	11.9(6.4)	13.5(7.3)
LR25	5.0(2.7)	7.8(4.2)	9.6(5.2)	12.0(6.5)	13.9(7.5)
B5	2.0(1.1)	2.6(1.4)	3.5(1.9)	3.9(2.1)	4.3(2.3)
B7	3.7(2.0)	5.4(2.9)	8.0(4.3)	9.6(5.2)	10.7(5.8)
B12	5.2(2.8)	8.3(4.5)	14.1(7.6)	17.4(9.4)	21.5(11.6)
B24	5.9(3.2)	10.4(5.6)	19.8(10.7)	27.2(14.7)	33.5(18.1)

4.3 ビークルの捜索能力

4.2.2 項では,目標と会的した場合のセンサーの探知能力の指標として有効捜索幅を定義したが,捜索中の会的機会は捜索ビークルの運動性が関係する。そのために,センサーを搭載したビークルの探知能力として**有効捜索率**(effective sweep rate) が定義される。捜索の間有効捜索幅 W が変わらなければ,速度 v の捜索ビークルは単位時間当り vW の面積を捜索したことになる。なぜなら,W はこの範囲で出会う目標はすべて探知できると仮定した幅だからである。この面積が,ビークルの捜索能力の基本的な指標としての有効捜索率である。しかし実際には,会的に際して有効捜索幅が変化する場合がある。例えば,海や山での遭難者は,捜索のために近くを飛行してきた航空機に信号弾を打ち上げたり手を振ることで,より発見されやすくなる行動をとるであろうし,逆に,近くを飛行する対潜航空機をレーダー波の逆探などで察知した敵潜水艦は,潜没することで探知を免れようとするであろう。前者は会的に際し有効捜索幅が大きくなる例であり,後者は小さくなる例である。有効捜索率は,このような目標側の意図を無視した単位時間当りの捜索面積を表す値である。実際の捜索問題では,このような目標側の対応行動を考慮する必要がある。

潜水艦の性能向上で現在ではほとんど行われなくなったアクティブソナーに

よる対潜捜索の作戦を，その一例として挙げよう．潜水艦探知のためのアクティブソナーを装備した艦艇が，図 **4.7** のように一列に隊列を組んで潜水艦を捜索する捜索法がある．艦艇がアクティブソナーを用いるため，潜水艦は遠くから艦艇の接近を知り，艦艇が潜水艦を探知可能な距離まで近づいたときには，潜水艦は逃げた後だったいうこともある．それでも旧型の潜水艦は逆探の距離が短く，逃避速度が遅いため逃げおおせないものもおり，この作戦が成り立っていた．

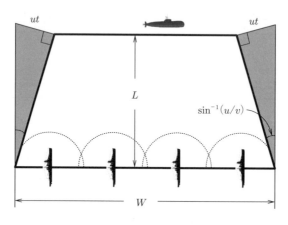

図 **4.7** 艦艇による対潜掃討

図では，アクティブソナーを搭載した複数艦艇全体の有効捜索幅を W とし，アクティブソナーの発振音に対する潜水艦の逆探距離を L とする．艦艇が潜水艦に近づく速度は v，潜水艦の逃避速度は v より小さな u としよう．図の網掛け部分は，捜索艦艇の接近を知り，有効捜索幅 W 外に逃れることが可能な潜水艦の存在領域である．この三角形の頂点角は $\sin^{-1}(u/v)$ であり，艦艇が時間 t を掛けて潜水艦の逆探地点に到達したときには，本来の有効捜索幅は次式のように縮小していることになる．この例では，作戦における有効捜索率を vW とするのは過大評価であり，$Q = vW'$ とすべきである．

$$W' = W - 2L\tan\left(\sin^{-1}\frac{u}{v}\right) = W - \frac{2Lu}{\sqrt{v^2-u^2}}$$

章 末 問 題

【1】 つぎの移動目標に対する探知確率を求めよ。
(1) 式 (4.4) による逆三乗発見法則に従う連続スキャンセンサーの設置位置を中心として，半径 R の円周上を速度 u で 1 周する移動目標に対する探知確率を計算せよ。
(2) 同じセンサーに対し，センサーから距離 R の位置から出発し，センサーの方向とは逆方向に速度 u で無限遠点まで遠ざかる目標に対する探知確率を計算せよ。

【2】 距離対瞬間探知率が式 (4.5) で与えられる逆 n 乗センサーの場合の横距離探知確率の探知ポテンシャルが次式となることを確認せよ。

$$\frac{k^n}{u|x|^{n-1}} B\left(\frac{n-1}{2}, \frac{1}{2}\right) = \frac{k^n \sqrt{\pi} \Gamma((n-1)/2)}{u|x|^{n-1} \Gamma(n/2)}$$

ただし，関数 $B(\cdot)$, $\Gamma(\cdot)$ は，ベータ関数，ガンマ関数であり，次式で定義される。

$$B(x, y) = \int_0^1 t^{x-1}(1-t)^{y-1} dt = \frac{\Gamma(x)\Gamma(y)}{\Gamma(x+y)}$$

$$\Gamma(x) = \int_0^\infty t^{x-1} \exp(-t) dt$$

【3】 式 (4.11) から，完全定距離の離散スキャンセンサーの有効捜索幅を求めよ。

【4】 つぎの問題を考えることで，図 4.7 に描かれた頂点角 $\theta = \sin^{-1}(u/v)$ の妥当性を説明せよ。

　　幅 D の道路を車が通っている。あなたは，道路を埋め尽くして近づいてくる車群を距離 L で視認し，道路を横切ろうとしている。できるだけ余裕のある渡り方で横切るためには，道路脇の自分の立ち位置から，どの方向に横切るべきであろうか。車の速度は v，あなたの移動の速さは u である。「余裕のある」とは，あなたが渡り終わった時点とその地点に車がくる時点との差をできるだけ大きくするという意味である。最短距離 D で渡るのがよいと思われかもしれないが，時間を稼ぐために，あなたが渡り切る地点まで車群に長い距離を走らせようとすれば，やや遠目に横切るのがよいかもしれない。

5 静止目標に対する捜索モデルとその評価

これまで，3章では捜索活動を計画するために知っておくべき対象目標の存在分布について議論し，4章ではセンサーの探知能力を定式化した。これらは実際に捜索活動を計画するうえで必須の予備知識である。本章では，これらの予備知識を前提として，静止目標に対して行われる標準的な捜索要領による目標探知確率を求める。標準的な捜索としては，目標が広い区域に広がっている場合の区域捜索，目標の地点情報を得て行われるデイタム捜索を取り上げる。

図 5.1 は標準的な捜索オペレーションを分類したものである。目標に関する

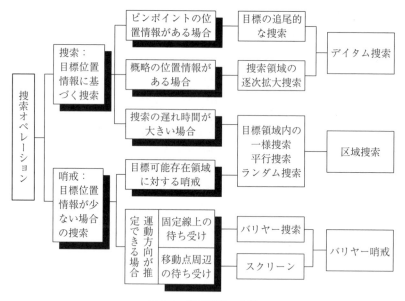

図 5.1 捜索活動の分類

情報の有無，特に位置情報/存在分布情報の有無がその後の捜索要領を選ぶうえで重要な要素となる。新しい位置情報がある場合はデイタム捜索，その情報が古いか，信頼すべき情報がない場合は区域捜索を実施するのが普通である。バリヤー哨戒は一定方向に移動する目標を阻止するようなオペレーションであり，移動目標に対する捜索法として6章で説明する。

5.1 区域捜索のモデル

ある領域内に一つの目標が存在していることは確実であるが，その存在分布がわからない場合や，目標存在の情報を得た時点から時間が経っているため，捜索開始時点での存在分布が不確定な場合は，一様な目標存在を仮定して捜索を行う。本節では，その場合によく使われる捜索法である平行捜索とランダム捜索について解説する[1]。

5.1.1 平 行 捜 索

図 5.2 は，平行捜索（parallel search）における捜索者の移動経路を示したものである。目標存在領域は多くの場合長方形で設定され，その中をある掃引幅 S の平行経路で目標存在領域をしらみつぶしに捜索するものである。捜索者の速度は v とし，一つの経路に沿って y 軸を，それに垂直に x 軸をとった直交

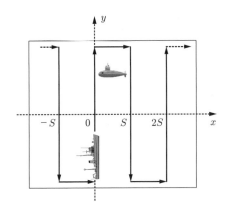

図 5.2 平 行 捜 索

座標を設定している。

　平行捜索の捜索状況を，つぎのようなモデルで設定する。

　仮定 P1：目標はこの領域内で一様分布で存在する。

　仮定 P2：平行な一つの経路からつぎの経路に移る移動トラックは領域の縁を通るものであり，この部分の目標探知は無視する。

　仮定 P3：目標領域は捜索者の有効捜索率に比して十分大きいため多数の捜索経路を要し，領域端辺を通る少数の経路上の捜索による目標探知の不均一性を無視する。

仮定 P2 および P3 から，y 軸に平行な 1 本の捜索経路での探知は目標からの距離のみに影響されると仮定できるため，平行な経路を無限の直線経路としても探知確率に大きな影響はない。また仮定 P3 から，長方形の捜索エリア内で x 軸方向の両端付近に存在する目標も，エリア中央付近に存在する目標も，その探知確率にあまり差はないとしよう。したがって，仮定 P1 により，目標分布を，2 本の平行経路間の $x \in [0, S]$ における一様分布の確率密度関数

$$f(x) = \frac{1}{S},\ 0 \leq x \leq S \tag{5.1}$$

で考える。同様な理由で，平行な経路を無限数引いたとしても $[0, S]$ 間に存在する目標の探知確率には大きな誤差はないとする。

　$x \in [0, S]$ に位置する目標に対し，x 座標 $iS, i = -\infty, \cdots, -1, 0, 1, \cdots, \infty$ を走る無限長の直線経路での探知確率は，横距離 $|x - iS|$ の横距離探知確率で求められるが，この探知ポテンシャルを $F(|x - iS|)$ と書けば，探知ポテンシャルの加法性から，探知確率は $1 - \exp\left(-\sum_{i=-\infty}^{\infty} F(|x - iS|)\right)$ となる。したがって，式 (5.1) で分布する目標に関する期待探知確率 $P(S)$ は次式で求められる。

$$\begin{aligned}P(S) &= \int_0^S \left\{1 - \exp\left(-\sum_{i=-\infty}^{\infty} F(|x - iS|)\right)\right\} f(x) dx \\ &= 1 - \frac{1}{S} \int_0^S \exp\left(-\sum_{i=-\infty}^{\infty} F(|x - iS|)\right) dx \end{aligned} \tag{5.2}$$

以下では，完全定距離，不完全定距離および逆三乗の各センサーに対し，上式による探知確率 $P(S)$ を求めよう。

〔1〕 完全定距離センサーによる探知確率 連続スキャンセンサーの横距離探知確率は式 (4.12) で与えられ，有効捜索幅 $W = 2R_0$ の理想的なセンサーの矩形をしている。一方，離散スキャンセンサーの横距離探知確率は式 (4.11) で与えられるが，R_0 に比して ut_0 は小さいとし，この場合も式 (4.12) で近似する。この場合，$x = 0$ および $x = S$ の直線経路を，片翼 R_0 で全幅 $2R_0$ のブラシを手にした捜索者が移動し，ブラシで掃いた場所にいる目標は必ず探知できるといった捜索の図式を想像すればよい。このようなセンサーによる探知は，(1) $2R_0 \geqq S$ ならばブラシで掃けない場所はないため，探知確率は $P(S) = 1$ であり，(2) $2R_0 < S$ ならば，位置 $x \in [0, S]$ が $R_0 < x < S - R_0$ にある目標は掃かれず，それ以外の場所にいる目標は掃かれることになるから，探知確率の期待値は次式となる。

$$P(S) = \int_0^{R_0} 1 \cdot \frac{1}{S}dx + \int_{R_0}^{S-R_0} 0 \cdot \frac{1}{S}dx + \int_{S-R_0}^{S} 1 \cdot \frac{1}{S}dx = \frac{2R_0}{S}$$

以上をまとめよう。式中では，式 (4.18) による有効捜索幅 $W = 2R_0$ を用いている。また，平行捜索の掃引幅 S は，捜索領域の面積 A を速度 v の捜索者が全捜索時間 t 内にすべて掃引し終わるように設定されるから，概略 $A = vtS$ の関係がある。つまり

$$S = \frac{A}{vt} \tag{5.3}$$

である。さらに，有効捜索率 $Q = vW = 2R_0 v$ の関係式も用いる。

(1) $S/2 \leqq R_0$ の場合（$S \leqq W$ の場合）

$$P(S) = 1 \tag{5.4}$$

(2) $0 < R_0 < S/2$ の場合（$0 < W < S$ の場合）

$$P(S) = \frac{2R_0}{S} = \frac{W}{S} = \frac{Qt}{A} \tag{5.5}$$

〔2〕 **不完全定距離センサーによる探知確率** 式 (4.13) あるいは式 (4.14) による離散/連続スキャンセンサーの横距離探知確率曲線の形状はほぼ同じであり，$x=0$ で最大値 $p_0 = 1-(1-g_0)^{2R_0/(vt_0)}$，あるいは $p_0 = 1-\exp(-2b_0 R_0/v)$ をとる饅頭形である。そこで図 5.3 のように，実線で描いた横距離探知確率曲線を，曲線下の面積である有効捜索幅 W を変えないように，$r_0 = W/(2p_0)$ とした $[-r_0, r_0]$ で一定の探知確率 p_0 をとる矩形の曲線で近似する。

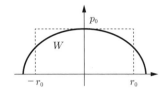

図 **5.3** 横距離探知確率曲線の近似

このような横距離探知確率による平行捜索は，先述したブラシ理論で例えれば，片側 r_0 で全幅 $2r_0$ のブラシを手に経路を移動しつつ，ブラシで掃ける場所に存在する目標は確率 p_0 で探知することになる。この場合 1 回の見逃し確率が $1-p_0$ であるため，n 回掃引された目標は確率 $1-(1-p_0)^n$ で探知される。r_0 と掃引幅 S の大小関係により，位置 $x \in [0, S]$ に存在する目標に対する掃引回数と探知確率は次式のようになる。ただし，k は $0, 1, \cdots$ のいずれかの整数を意味する。図 **5.4** は，(1) $S \leqq r_0 < 3S/2 \; (k=1)$ のケースを描いたものである。

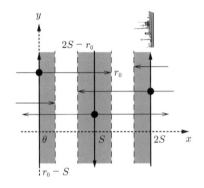

図 **5.4** $S \leqq r_0 < 3S/2$ の状況図

(1) $kS \leqq r_0 < (2k+1)S/2$ の場合 ($2kp_0 S \leqq W < (2k+1)p_0 S$ の場合)

  (i) $0 \leqq x \leqq r_0 - kS$ あるいは $(k+1)S - r_0 \leqq x \leqq S$ の目標に対する掃引回数は $2k+1$ 回で, 探知確率は

$$P_1(x) = 1 - (1-p_0)^{2k+1}$$

  (ii) $r_0 - kS < x < (k+1)S - r_0$ の目標に対する掃引回数は $2k$ 回で, 探知確率は

$$P_2(x) = 1 - (1-p_0)^{2k}$$

以上から, 期待探知確率は

$$\begin{aligned}P(S) &= \frac{1}{S}\left[\int_0^{r_0-kS} P_1(x)dx + \int_{r_0-kS}^{(k+1)S-r_0} P_2(x)dx \right.\\ &\quad \left. + \int_{(k+1)S-r_0}^{S} P_1(x)dx\right] \\ &= 1 - (1-p_0)^{2k}\left\{1 + p_0\left(2k - \frac{2r_0}{S}\right)\right\} \\ &= 1 - (1-p_0)^{2k}\left\{1 + p_0\left(2k - \frac{W}{p_0 S}\right)\right\} \quad (5.6)\end{aligned}$$

(2) $(2k+1)S/2 \leqq r_0 < (k+1)S$ の場合 ($(2k+1)p_0 S \leqq W < 2(k+1)p_0 S$ の場合)

  (i) $0 \leqq x < (k+1)S - r_0$ あるいは $r_0 - kS < x \leqq S$ の目標に対する掃引回数は $2k+1$ 回で, 探知確率は

$$P_1(x) = 1 - (1-p_0)^{2k+1}$$

  (ii) $(k+1)S - r_0 \leqq x \leqq r_0 - kS$ の目標に対する掃引回数は $2(k+1)$ 回で, 探知確率は

$$P_3(x) = 1 - (1-p_0)^{2(k+1)}$$

以上から, 期待探知確率として次式を得る。

$$P(S) = \frac{1}{S}\left[\int_0^{(k+1)S-r_0} P_1(x)dx + \int_{(k+1)S-r_0}^{r_0-kS} P_3(x)dx\right.$$
$$\left. + \int_{r_0-kS}^{S} P_1(x)dx\right]$$
$$= 1 - (1-p_0)^{2k+1}\left\{1 + p_0\left(2k+1 - \frac{2r_0}{S}\right)\right\}$$
$$= 1 - (1-p_0)^{2k+1}\left\{1 + p_0\left(2k+1 - \frac{W}{p_0 S}\right)\right\} \tag{5.7}$$

〔3〕 逆三乗センサーによる探知確率　式 (4.15) から，横距離 $|x - iS|$ の探知ポテンシャルは $F(|x - iS|) = 2k^3/(v|x - iS|^2)$ であるから，これを式 (5.2) に代入して探知確率を求める．まずは，全体の探知ポテンシャルは

$$F = \sum_{i=-\infty}^{\infty} \frac{2k^3}{v|x - iS|^2} = \frac{2k^3\pi^2}{vS^2}\sum_{i=-\infty}^{\infty}\frac{1}{|\pi x/S - i\pi|^2}$$

であるが，さらに簡単な式とするため，つぎの三角関数の級数展開の公式を用いる．

$$\frac{1}{\sin^2 y} = \csc^2 y = \sum_{i=-\infty}^{\infty}\frac{1}{|y - i\pi|^2} \tag{5.8}$$

式 (5.8) を適用すれば

$$F = \frac{2k^3\pi^2}{vS^2}\csc^2\frac{\pi x}{S}$$

であるから，式 (5.2) から

$$P(S) = 1 - \frac{1}{S}\int_0^S \exp\left(-\frac{2k^3\pi^2}{vS^2}\csc^2\frac{\pi x}{S}\right)dx$$
$$= 1 - \frac{2}{\pi}\int_0^{\pi/2}\exp\left(-\lambda\csc^2\theta\right)d\theta \tag{5.9}$$

となる．ただし，最終式への変形では

$$\lambda \equiv \frac{2k^3\pi^2}{vS^2}, \quad \theta \equiv \frac{\pi x}{S} \tag{5.10}$$

5.1 区域捜索のモデル

によるパラメータの置き換えおよび変数変換を行い，さらに関数 $\csc\theta \equiv 1/\sin\theta$ が $\theta = \pi/2$ に対し対称であることを使った。

ここで，式 (5.9) 右辺の積分を λ の関数と見なしてつぎのように置く。

$$\psi(\lambda) \equiv \int_0^{\pi/2} \exp(-\lambda \csc^2 \theta) d\theta$$

つぎに上式の解析的な式を求めていく。まずこの関数を微分すると

$$\frac{d\psi(\lambda)}{d\lambda} = -\int_0^{\pi/2} \exp(-\lambda \csc^2 \theta) \csc^2 \theta d\theta \tag{5.11}$$

となるが，ここで $x = \sqrt{2\lambda}\cot\theta$ の変数変換を行い，$(\cot\theta)' = -\csc^2\theta$, $\csc^2\theta = 1 + \cot^2\theta$ を利用すると

$$\text{式 (5.11)} = -\frac{1}{\sqrt{2\lambda}} \exp(-\lambda) \int_0^\infty \exp\left(-\frac{x^2}{2}\right) dx = -\frac{\sqrt{\pi}}{2\sqrt{\lambda}} \exp(-\lambda)$$

となる。これを λ で積分して $\psi(\lambda)$ を求めるが，その際 $\lambda = y^2/2$ の変数変換と初期条件 $\psi(0) = \pi/2$ を利用する。

$$\begin{aligned}
\psi(\lambda) &= -\frac{\sqrt{\pi}}{2} \int_0^\lambda \frac{1}{\sqrt{\lambda}} \exp(-\lambda) d\lambda + \frac{\pi}{2} \\
&= -\sqrt{\frac{\pi}{2}} \int_0^{\sqrt{2\lambda}} \exp\left(-\frac{y^2}{2}\right) dy + \frac{\pi}{2} \\
&= \frac{\pi}{2} \left[1 - \frac{1}{\sqrt{2\pi}} \int_{-\sqrt{2\lambda}}^{\sqrt{2\lambda}} \exp\left(-\frac{y^2}{2}\right) dy\right]
\end{aligned}$$

これを式 (5.9) に代入すれば，逆三乗センサーによる探知確率は正規分布の積分として次式で求められる。

$$P(S) = \frac{1}{\sqrt{2\pi}} \int_{-\sqrt{2\lambda}}^{\sqrt{2\lambda}} \exp\left(-\frac{y^2}{2}\right) dy$$

有効捜索幅の式 (4.19) から，$\sqrt{2\lambda} = \sqrt{4k^3\pi^2/(vS^2)} = \sqrt{\pi/2}\cdot W/S$ と書けるから

$$P(S) = \frac{1}{\sqrt{2\pi}} \int_{-\sqrt{\pi/2}\cdot W/S}^{\sqrt{\pi/2}\cdot W/S} \exp\left(-\frac{y^2}{2}\right) dy \tag{5.12}$$

となって，標準正規分布の積分の式が得られる．この式にさらに近似を施し，解析的な式を求めよう．

式 (5.12) にコーヒーブレイク「ウィリアムスの近似式」を適用した結果が次式である．

$$P(S) \approx \sqrt{1 - \exp\left\{-\left(\frac{W}{S}\right)^2\right\}} \tag{5.13}$$

ここで，式 (5.3) を使って S を搜索時間 t で置き換えれば，次式となる．

$$P(S) \approx \sqrt{1 - \exp\left\{-\left(\frac{vWt}{A}\right)^2\right\}} \tag{5.14}$$

vWt は有効搜索率 $Q = vW$ の搜索ビークルによる時間 t での搜索面積であるから，上式の指数関数の中にある式は，全体の区域搜索面積に対するこの搜索面積の比（**カバレッジ・ファクター**（coverage factor）という）の平方である．

5.1.2 ランダム捜索

目標存在領域をしらみつぶしに探す場合には，航法が容易なことや，捜索済みの領域を認識しやすくして搜索領域の重複を避けるために，平行捜索のような定型的な搜索パターンを設定することが多い．しかし，敵対する目標に対しては逆にこの捜索パターンが先読みされ，その対応行動によって目標探知が困難になる場合がある．あるいは航法誤差が大きな場合，捜索経路が予定した平

コーヒーブレイク

ウィリアムスの近似式[2)]

確率モデルにとって正規分布は大変重要であり，式 (5.12) のような積分も頻繁に出現する．残念ながらこの積分に関する解析的な式は得られないため，数値積分の結果は数表として確率論の多くのテキストに掲載されている．同種のつぎの積分も**誤差関数**（error function）という名称をもつ．

$$\mathrm{erf}(x) \equiv \frac{2}{\sqrt{\pi}} \int_0^x \exp(-y^2) dy$$

5.1 区域捜索のモデル

ここでは計算の実用性を目指し，正規分布に関するつぎの積分に関するウィリアムスの近似式を導出する．

$$C = \frac{1}{\sqrt{2\pi}\sigma} \int_{-a}^{a} \exp\left(-\frac{x^2}{2\sigma^2}\right) dx$$

C を平方し，(x, y) 座標上での二重積分に変換したものが次式である．

$$C^2 = \frac{1}{2\pi\sigma^2} \int_{-a}^{a} \int_{-a}^{a} \exp\left(-\frac{x^2+y^2}{2\sigma^2}\right) dxdy$$

このとき，正方形の積分範囲 $(x,y) \in [-a, a] \times [-a, a]$ を，これと同じ面積をもつ円形の積分領域で近似する．図は，二つの積分領域を対比したものである．円形積分領域の半径 R は，$\pi R^2 = 4a^2$ から，$R = 2a/\sqrt{\pi}$ となる．

二次元平面での積分を極座標で行う公式 (2.32) を思い出していただければ，円形領域での積分は極座標では容易に実行でき

$$C^2 = \frac{1}{2\pi\sigma^2} \int_{0}^{2\pi} \int_{0}^{R} \exp\left(-\frac{r^2}{2\sigma^2}\right) r dr d\theta = \left[-\exp\left(-\frac{r^2}{2\sigma^2}\right)\right]_{0}^{R}$$
$$= 1 - \exp\left(-\frac{R^2}{2\sigma^2}\right) = 1 - \exp\left(-\frac{2a^2}{\pi\sigma^2}\right)$$

となるから，つぎのウィリアムスの近似公式を得る．

$$C = \frac{1}{\sqrt{2\pi}\sigma} \int_{-a}^{a} \exp\left(-\frac{x^2}{2\sigma^2}\right) dx \approx \sqrt{1 - \exp\left(-\frac{2a^2}{\pi\sigma^2}\right)}$$

本来の積分領域では正規分布関数の値が小さい正方形の角部分が，近似の円形領域では値の大きな領域に代わっているため，ウィリアムスの近似式の方が真値よりやや大きい値を与える．

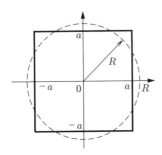

図　積分領域の変更

行捜索パターンからずれて不規則な捜索経路となる場合がある。このような捜索のモデルが**ランダム捜索**(random search)である。その名の通り,捜索地点がランダムに選ばれて行われる捜索である。例えば,水上に出された潜水艦のマストやスノーケル筒(ディーゼルエンジンの空気取り入れ筒)を発見するために対潜航空機はレーダー捜索を行うが,ときおり行われるレーダー波の発振は,そのパターンを潜水艦に予想されないように,ランダムな地点を選んで行われる。このようなランダム捜索をモデル化するため,つぎを仮定する。

　仮定 R1:初期時点や捜索途中において,目標は捜索領域内で一様に分布する。

　仮定 R2:捜索者の捜索地点はランダムに決定される。

　捜索領域の面積を A,捜索者の有効捜索率を Q とし,時刻 0 から実施するランダム捜索の捜索時間に対する目標探知確率を求めよう。時間 $[0,t]$ 間の捜索で目標を探知しない確率(非探知確率)を $q(t)$ とする。時間 $[0, t+\Delta t]$ 間での非探知確率 $q(t+\Delta t)$ は,$[0,t]$ 間で非探知,かつ $[t, t+\Delta t]$ 間で非探知である確率であるが,前者の確率は定義から $q(t)$ である。4.3 節での有効捜索率の定義を思い出せば,$[t, t+\Delta t]$ 間の探知確率は,目標が一様分布している面積 A の領域内の任意の場所に,確実に探知できる面積 $Q\Delta t$ を設定した場合の探知確率であるから,$Q\Delta t/A$ となり,非探知確率は $1 - Q\Delta t/A$ である。以上から

$$q(t+\Delta t) = q(t)\left(1 - \frac{Q\Delta t}{A}\right) \tag{5.15}$$

となるが,これを変形した式 $\{q(t+\Delta t)-q(t)\}/\Delta t = -q(t)Q/A$ で極限 $\Delta t \to 0$ をとれば,つぎの微分方程式を得る。

$$\frac{dq(t)}{dt} = -q(t)\frac{Q}{A}$$

　式 (4.7) の導出と同様に,初期条件 $q(0)=1$ を考慮してこの変数分離型の微分方程式を解けば次式が得られ,$[0,t]$ 間でのランダム捜索の探知確率 $p(t)$ も導出できる。指数関数の中には,全面積に対する有効捜索面積の比(カバレッジ・ファクター)が入っている。

$$q(t) = \exp\left(-\frac{Qt}{A}\right), \quad p(t) = 1 - \exp\left(-\frac{Qt}{A}\right) \tag{5.16}$$

ランダム捜索に関しては，もう一つの興味深いモデルがある．それを説明しよう．有効捜索率 Q の捜索者は，$[0,t]$ 間では面積 Qt の領域を捜索でき，その中に目標が存在すれば確実に探知ができる．これをいわば面積 Qt の紙であるとし，これを n 分割して Qt/n の面積をもつ小片を作る．つぎに，総面積 A の捜索領域上にこの n 枚の小片をランダムにばらまき，撒いた小片の下に目標があったならば探知ということにする．1枚1枚の小片は捜索領域内のランダムな場所に落ちるから，小片1枚の投下はランダム位置での1回の捜索に相当する．

1枚の小片が目標上に落ちる確率は $(Qt/n) \times (1/A)$ であるから，n 枚の投下による探知確率は $1 - (1 - Qt/(nA))^n$ である．ここで $n \to \infty$ の極限を考えれば，連続時間 $[0,t]$ において微小時間区間での1回のランダム捜索が連続して行われる場合の探知確率を近似することができ，その極限の結果は

$$\begin{aligned} p(t) &= \lim_{n \to \infty} \left[1 - \left(1 - \frac{Qt}{nA}\right)^n\right] \\ &= \lim_{n \to \infty} \left[1 - \left(1 - \frac{Qt}{nA}\right)^{(nA/Qt)(Qt/A)}\right] = 1 - \exp\left(-\frac{Qt}{A}\right) \end{aligned}$$

となり，式 (5.16) が再び得られる．上式で用いた極限による指数関数の定義は，コーヒーブレイク「極限によるオイラー数の定義」に示す．

ランダム捜索と対比させるため，面積 Qt の紙を小片に切り分けないで，その

コーヒーブレイク

極限によるオイラー数の定義

次式は，極限による**オイラー数**（Euler's number），あるいは**ネイピア数**（Napier's constant）と呼ばれる定数 $e = 2.71828\cdots$ の定義式である．

$$e = \lim_{x \to \infty}\left(1 + \frac{1}{x}\right)^x, \quad \frac{1}{e} = \lim_{x \to \infty}\left(1 - \frac{1}{x}\right)^x$$

まま捜索領域内に投下する場合を考えよう．$Qt < A$ であれば探知確率は Qt/A となり，式 (5.5) と一致し，捜索要領の中でこれが一番効率的である．実際，指数関数のマクローリン展開により

$$1 - \exp\left(-\frac{Qt}{A}\right) = 1 - \left\{1 - \frac{Qt}{A} + \frac{1}{2}\left(\frac{Qt}{A}\right)^2 - \cdots\right\} < \frac{Qt}{A}$$

となる．鋭敏な読者はすでにおわかりのように，ランダム捜索の非効率性は，小片を何度か投下する際に生じる小片の重なりによって起こる．

ランダム捜索を行った場合の目標を探知する時刻を確率変数 T とすれば，探知確率 $p(t)$ は分布関数 $P(T \leqq t)$ にほかならないから，式 (5.16) は T が指数分布することを表している．つまり，パラメータを $\lambda = Q/A$ とする式 (2.17) を確率密度関数にもつ．2 章の章末問題【4】で解いたように，指数分布の期待値は $E[T] = 1/\lambda = A/Q$ であり，全面積を有効捜索率で割った値，すなわち全領域の掃引が完了する時間が期待探知時間である．

5.1.3 区域捜索法の比較

これまで区域捜索に対するいくつかの捜索法による探知確率を求めた．ここではそれらを比較しよう．探知確率の評価式 (5.4), (5.5), (5.14) および (5.16) は，すべて有効捜索幅と掃引幅の比 $W/S = Qt/A$ に依存している．横軸にカバレッジ・ファクター Qt/A をとり各捜索法による探知確率を比較したのが図 **5.5** で

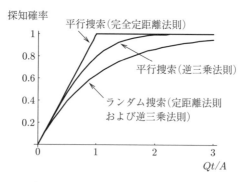

図 **5.5** 平行捜索とランダム捜索の比較

ある。

　図からわかる通り，平行捜索におけるセンサーの発見法則の差異および平行捜索とランダム捜索の優劣を，探知確率の高い順に並べれば，完全定距離センサーによる平行捜索，逆三乗センサーによる平行捜索，ランダム捜索の順となる。5.1.2 項で述べたように，ランダム捜索の非効率性は捜索領域の重複によるものである。ランダム捜索は，意図的に行うことも，航法誤差などのために捜索経路が乱れて起こることもあるが，どちらにしても，効率性を企図して実施するさまざまな捜索法の下限の探知確率を与えてくれており，その利用価値は小さくない。

5.2 デイタム捜索のモデル

　信頼性が高く，情報取得後の経過時間が短い新鮮なデイタム位置情報がある場合，デイタム点を中心に行うデイタム捜索が効果的である。目標の真の位置と報告されたデイタム位置のずれは探知センサーの計測誤差などによるものであるため，目標位置をデイタム点を原点 $(0,0)$ とした円形正規分布として与えることが普通である。つまり，目標位置の確率密度関数を，二次元直交座標系では

$$f(x,y) = \frac{1}{2\pi\sigma^2} \exp\left(-\frac{x^2+y^2}{2\sigma^2}\right) \tag{5.17}$$

により，極座標系では

$$f(r,\theta) = \frac{1}{2\pi\sigma^2} \exp\left(-\frac{r^2}{2\sigma^2}\right) \tag{5.18}$$

により与えることにする。またこれまでと同様，捜索者は，速度 v と有効捜索幅 W の有効捜索率 $Q = vW$ をもつとして，以下ではいくつかのデイタム捜索法の探知確率を求める。

5.2.1 規則的なデイタム捜索

　目標存在確率密度は原点から徐々に低くなるから，捜索は原点からはじめ，

有効捜索幅 W で領域を円形に重複なく掃引していくことを考える。このとき，捜索者の経路は，原点から半径 $(2k-1)W/2, k = 1, 2, \cdots$ の円を描く。捜索者の速度が v，捜索時間が t の場合，掃引される円の半径 R を nW と置けば，この円内での総経路長は次式を満たす。

$$vt = \sum_{k=1}^{n} 2\pi \frac{(2k-1)W}{2} = \pi W(n(n+1) - n) = n^2 \pi W$$

したがって，半径 $R = nW = \sqrt{vt/(\pi W)}W = \sqrt{vWt/\pi}$ が得られる。有効捜索幅の定義により，掃引した領域にいる目標は必ず探知されると考えれば，目標探知確率はこの半径 R の円内の目標存在確率であり，式 (5.18) から

$$\begin{aligned} p(t) &= \int_0^{2\pi} \int_0^R f(r, \theta) r dr d\theta \\ &= 1 - \exp\left(-\frac{R^2}{2\sigma^2}\right) = 1 - \exp\left(-\frac{vWt}{2\pi\sigma^2}\right) \end{aligned} \quad (5.19)$$

となる。もちろん，$n = \sqrt{vt/(\pi W)}$ の値が自然数となる場合のみ掃引の終了した領域が半径 nW の円形領域となり，それ以外の捜索時間では円形とはならないため，上記の半径 R は近似的な値であり，したがって探知確率 $p(t)$ も近似式である。そもそも，有効捜索幅 W 内での目標との会的が確実な探知を生むとすること自体が近似的な想定であるので，数学的な厳密性はない。式 (5.19) から，5.1.2 項でのランダム捜索と同じく，この場合も目標の探知時間はパラメータ $\lambda = vW/(2\pi\sigma^2)$ の指数分布をもつ。

5.2.2 ランダム・デイタム捜索

捜索パターンの航法誤差などにより幅 W での円形の捜索が困難な場合，原点からの半径 R を適当に設定した円形領域内をランダム捜索することも行われる。原点を中心とする円形正規分布の目標存在確率を仮定しているのであるから，このランダム捜索の実施領域を原点近くの円形領域に設定することは合理的であろう。

特定の目標位置 (x, y) がこの半径 R の円領域にあれば，そこで実施されるラ

5.2 デイタム捜索のモデル

ンダム捜索による探知確率は，5.1.2 項とほぼ同じ要領により，つぎのように求められる．有効捜索率 Q をもつ捜索者による時間 $[0,t]$ 間での非探知確率を $q(t)$ とすれば，時間 $[0,t+\Delta t]$ での非探知確率 $q(t+\Delta t)$ は，$[0,t]$ 間で非探知であり，かつ $[t,t+\Delta t]$ で非探知となる確率として両非探知確率の積で与えられる．前者は $q(t)$ であり，ランダム捜索による後者の非探知確率は，目標位置 (x,y) がどこにあろうと $1 - Q\Delta t/(\pi R^2)$ である．したがって

$$q(t+\Delta t) = q(t)\left(1 - \frac{Q\Delta t}{\pi R^2}\right)$$

となり，関係式 (5.15) と同形の式が得られるから，式 (5.16) で $A = \pi R^2$ と置いた次式が，円領域内に目標位置 (x,y) が与えられた場合の $[0,t]$ 間での探知確率である．

$$p(t|(x,y)) = 1 - \exp\left(-\frac{vWt}{\pi R^2}\right)$$

(x,y) が円領域になければ，探知確率は $p(t|(x,y)) = 0$ である．また，目標分布の式 (5.18) から，目標位置 (x,y) が半径 R の円領域にある確率は $1 - \exp(-R^2/(2\sigma^2))$ である．したがって，この捜索法による探知確率は次式で求められる．

$$\begin{aligned}p(t) &= \int_{-\infty}^{\infty}\int_{-\infty}^{\infty} p(t|(x,y))f(x,y)dxdy \\ &= \left\{1 - \exp\left(-\frac{vWt}{\pi R^2}\right)\right\}\int_0^{2\pi}\int_0^R f(r,\theta)rdrd\theta \\ &= \left\{1 - \exp\left(-\frac{vWt}{\pi R^2}\right)\right\}\left\{1 - \exp\left(-\frac{R^2}{2\sigma^2}\right)\right\} \quad (5.20)\end{aligned}$$

$p(t)$ は，極限 $\lim_{R\to 0} p(t) = \lim_{R\to\infty} p(t) = 0$ をもち，また半径 R が大きくなれば式 (5.20) の第一項は増加するが第二項は減少する R に対する単峰関数であるから，半径 R には最適な値が存在する．

半径 R の設定に関して，規則的なデイタム捜索と同じく，捜索時間 t における有効捜索面積 vWt と同じ広さの円形捜索領域をとり，$\pi R^2 = vWt$ となる $R = \sqrt{vWt/\pi}$ と置いてみよう．これを式 (5.20) に代入すれば

$$p(t) = \{1 - \exp(-1)\}\left\{1 - \exp\left(-\frac{vWt}{2\pi\sigma^2}\right)\right\}$$
$$\approx 0.632\left\{1 - \exp\left(-\frac{vWt}{2\pi\sigma^2}\right)\right\} \tag{5.21}$$

となり,無限の捜索時間 $t \to \infty$ でも探知確率は 0.632 にしかならない.すなわち,規則的なデイタム捜索の探知確率の式 (5.19) の 0.632 倍である.これに対し,円領域の最適な半径は,式 (5.20) の探知確率 $p(t)$ に対する問題 $\max_{R^2} p(t)$ により求められ,式 (5.20) の第一項と第二項を等しくした $vWt/(\pi R^2) = R^2/(2\sigma^2)$ から求めた

$$\pi R^{*2} = \sqrt{2\pi\sigma^2 vWt}, \quad p(t) = \left\{1 - \exp\left(-\sqrt{\frac{vWt}{2\pi\sigma^2}}\right)\right\}^2 \tag{5.22}$$

となる.この場合は $t \to \infty$ での探知確率は 1 に収束する.

5.2.3 デイタム捜索法の比較

本項では,5.2.1 項と 5.2.2 項で議論した三つのデイタム捜索法((1) 規則的なデイタム捜索,(2) 最適な領域を設定したランダム・デイタム捜索,および (3) 捜索面積を (1) と同じにした領域でのランダム・デイタム捜索)を比較してみる.横軸に $vWt/(2\pi\sigma^2)$ をとって,三つの捜索法 (1),(2) および (3) による探知確率の式 (5.19),(5.22) および (5.21) を比較したのが,図 **5.6** である.

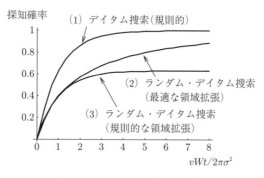

図 **5.6** デイタム捜索法の比較

捜索法 (1) と (3) の差異は大きい。もともとは (1) の規則的なデイタム捜索を目指して捜索を実施したにもかかわらず，航法誤差などにより捜索がランダム捜索になった場合が後者の (3) である。このような捜索は一度開始してしまうとなかなか捜索法を修正しにくいことから，上の差異は肝に銘じておくべきである。捜索が規則的に実施しにくい状況であれば，捜索領域の広さを捜索時間 t に比例させた式 (5.21) による $\pi R^2 = vWt$ ではなく，式 (5.22) による $\pi R^{*2} = \sqrt{2\pi\sigma^2 vWt}$ のように $\sqrt{t}$ に比例させ，捜索時間に対する捜索領域の拡大を抑え気味にした計画を立てるべきである。

章 末 問 題

【1】 5.2.2 項のランダム・デイタム捜索において，式 (5.20) の探知確率 $p(t)$ に対し問題 $\max_{R^2} p(t)$ を解いて，最適な R^2 が式 (5.22) により与えられることを確認せよ。

6 移動目標に対する捜索モデルとその評価

　本章では，一定速度で移動する目標を考え，5章で静止目標に対して行った区域捜索，デイタム捜索のほか，一定方向への移動が予想される目標に対するバリヤー哨戒の探知確率を評価する。

6.1 区域捜索と動的増分係数

　5.1節での静止目標に対する区域捜索では，目標分布は一様であるとした。ここでの議論でも一様分布が基本であるが，それは目標が以下のような移動を行うことにより一様性が形成されているとするからである。本節では，目標の動きが捜索センサーの有効捜索率にどのように影響を与えるかを考えよう[1),2)]。

仮定D1：目標は速度 u で，長航程ランダム運動を行う。長航程ランダム運動とは，針路を $[0, 2\pi]$ から一様分布で選んだ後，センサーの探知距離に比較して十分長い距離の直進運動をすることである。

仮定D2：目標は長航程ランダム運動を繰り返すことにより，面積 A の捜索領域における目標存在確率はつねに一様分布となる。

仮定D3：捜索者も速度 v の長航程運動により捜索するが，目標運動のランダム性により，目標を相対的に静止させた場合の捜索者の相対運動は，静止目標に対するランダム捜索の状況となる。

目標が移動するため，目標に対する捜索者の相対運動は，図5.2の平行捜索のような規則的な間隔をもった直線経路とはならない。したがって，区域捜索による評価は，仮定D3によるランダム捜索を考える。捜索者と目標の運動を加

味した有効捜索率を $Q(u,v)$ とすれば，時間 t 内でのランダム捜索による探知確率は，式 (5.16) のように

$$p(t) = 1 - \exp\left(\frac{Q(u,v)t}{A}\right) \qquad (6.1)$$

で評価されるが，以下で $Q(u,v)$ について考えよう．

図 **6.1** は 1 回の会的において交角 θ をなす目標の速度ベクトル $\boldsymbol{u}$ と捜索者の速度ベクトル $\boldsymbol{v}$ の図であり，目標を相対的に止めた捜索者の相対運動は，点線矢印のように，目標から横距離 x の直線経路上を動いている．このときの捜索者の相対速度は，速度比を $\xi \equiv u/v$ と書けば

$$w(\theta) = \sqrt{v^2 + u^2 - 2uv\cos\theta} = v\sqrt{\xi^2 + 1 - 2\xi\cos\theta} \qquad (6.2)$$

であり，目標への最近接時点を時点 0 とすれば，時点 t での目標からの捜索者の距離は $r(t,\theta) = \sqrt{x^2 + (w(\theta)t)^2}$ となる．したがって，連続センサーに対する横距離探知確率および有効捜索幅は

$$PL(x|\theta) = 1 - \exp\left(-2\int_0^\infty b(r(t,\theta))dt\right) \qquad (6.3)$$

$$W(\theta) = \int_{-\infty}^\infty PL(x|\theta)dx \qquad (6.4)$$

で評価できる．捜索者と目標の針路の交角 θ はランダムだとすれば，有効捜索率の期待値は次式で計算できる．

$$Q(u,v) = \frac{1}{2\pi}\int_0^{2\pi} w(\theta)W(\theta)d\theta$$

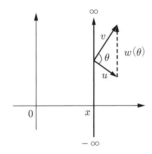

図 **6.1** 移動目標に対する相対運動

ここで、$u=0$ の場合の静止目標に対する有効捜索幅を W_0 とすると、速度 u の移動目標に対する有効捜索率はつぎの係数倍だけ増加する。この係数を有効捜索率の**動的増分係数**(factor of dynamic enhancement) と呼ぶ。

$$\eta(\xi) = \frac{Q(u,v)}{vW_0} = \frac{1}{2\pi v W_0} \int_0^{2\pi} w(\theta)W(\theta)d\theta \tag{6.5a}$$

$$= \frac{1}{2\pi W_0} \int_0^{2\pi} \sqrt{\xi^2 + 1 - 2\xi\cos\theta}$$

$$\times \left[\int_{-\infty}^{\infty} \left\{ 1 - \exp\left(-2\int_0^{\infty} b(r(t,\theta))dt\right) \right\} dx \right] d\theta \tag{6.5b}$$

以下では、4.2.2項〔1〕および〔3〕で議論した完全距離および逆三乗の連続スキャンセンサーに関する動的増分係数を求めてみよう。

〔1〕 **完全距離センサー** 式 (4.18) から $W(\theta) = 2R_0 = W_0$ であるから、式 (6.5a) より次式を得る。

$$\eta(\xi) = \frac{1}{2\pi} \int_0^{2\pi} \sqrt{\xi^2 + 1 - 2\xi\cos\theta}\, d\theta \tag{6.6}$$

〔2〕 **逆三乗センサー** 式 (4.19) から $vW_0 = 2\sqrt{2\pi k^3 v}$, $w(\theta)W(\theta) = 2\sqrt{2\pi k^3 w(\theta)}$ であるから、これを式 (6.5a) に代入すれば次式を得る。

$$\eta(\xi) = \frac{1}{2\pi} \int_0^{2\pi} (\xi^2 + 1 - 2\xi\cos\theta)^{1/4} d\theta \tag{6.7}$$

式 (6.6), (6.7) の被積分項を考えると、$u < 2v$ (すなわち $\xi < 2$) の場合は、$0 \leq \theta \leq \theta_0 \equiv \cos^{-1}(\xi/2) = \cos^{-1}(u/(2v))$ および $2\pi - \theta_0 \leq \theta \leq 2\pi$ では $2\xi\cos\theta \geq \xi^2$ となって被積分項が 1 以下となるが、それ以外の $\theta_0 < \theta < 2\pi - \theta_0$ では 1 より大きくなる。つまり、被積分項が 1 以下となる θ の区間長は $2\theta_0 \leq \pi$ で、1 以上になる区間長は $2(\pi - \theta_0) \geq \pi$ であり、一様分布の θ に対する被積分項は平均的には 1 以上となると考えられる。他方、$u \geq 2v$ (すなわち $\xi \geq 2$) の場合は、被積分項はつねに 1 以上となる。これを式 (6.2) で考えれば、相対速度 $w(\theta)$ は平均的には捜索者の速度 v 以上になるということである。このように、目標が移動することにより、平均的には相対速度が増加し、これが捜索効率を上げることになる。

6.2 移動目標と捜索者の会的

ここでは，一定速度 v の捜索者と速度 u の目標の会的に焦点を絞る。つぎの 6.2.1 項では，目標側が捜索者に会的するため，あるいは回避するための運動について記述し，6.2.2 項では，偶然の会的がどの方位で起こりやすいかについて議論する[1]。

6.2.1 近接可能領域

道路を車で走ることに慣れた現代社会では，海上において会的しようとする運動はあまり経験しないかと思う。しかし，ある漁場で会的しようとする漁船群の例，異なる母港を出発した艦隊が数日を要して会合し隊列を形成しようとする例，船団への攻撃を意図して水中からつけ狙う潜水艦の例など，二次元平面上での自由な運動による会的は検討する価値がある。

$u < v$ である劣勢な速度（劣速）の目標が，一定速度ベクトルで移動する捜索者に会的するには，時間を要することはもちろんのこと，目標の初期位置も限定される。真後ろから捜索者を追い掛けても追いつけるはずがないからである。会的の条件を少し緩め，将来の捜索者の位置を含むある領域 A 内に入れば会的成功としよう。時間 $t = 0$ での領域 A 内のある地点 P_1 から捜索者の速度ベクトル方向に vt だけ移動した時間 t 後の位置 P_2 に目標が占位できるためには，初期時点 $t = 0$ で将来位置 P_2 から半径 ut の円内にいればよい。したがって，$[0, t]$ 間で P_1 の将来位置に占位できる目標の初期位置領域は，図 **6.2**(a) の網掛け部分であり，P_1 を起点とする捜索者速度ベクトルの左右 $\sin^{-1}(u/v)$ の角度の直線で囲まれたソフトクリームコーン形の領域である。これを領域 A のすべての点 P_1 について描けば領域 B となる。

B を**近接可能領域**（feasible approach region），$\sin^{-1}(u/v)$ を**近接限度角**というが，近接可能領域は A に接する角度 $\sin^{-1}(u/v)$ の直線を境界線としてもっており，この線を**近接限度線**と呼ぶ。劣速の目標の場合，どんなに時間を掛け

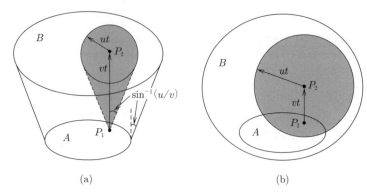

図 **6.2** 近接可能領域

ても近接限度線の外からは捜索者には会的できない。

一方 $u > v$ で優速である目標は，時間を掛ければいつかは捜索者に会的できるが，限られた時間 t 内で会的するためには，時刻 t での図 (a) のソフトクリームコーン形の領域を組み合わせることで図 (b) のように近接可能領域を描くことができる．近接可能領域によって，船団を狙うことのできる潜水艦の領域がわかり，船団護衛の艦船および航空機の哨戒や見張り員の重点監視方位の計画立案に利用できる．

つぎに，一定速度ベクトルで近接してくる捜索者からの会的を逃れようとする目標の運動を考えてみる．この場合，将来の目標位置から距離 R 内に捜索者が入れば会的されたことにする．この問題は，4.3 節の図 4.7，あるいは 4 章の章末問題【4】ですでに考察した問題であり，捜索者の近接を察知する距離 L がどうであれ，目標が逃げる方向は水平方向に対し角度 $\theta = \sin^{-1}(u/v)$ が最適であることを示した．そこでは，図 **6.3** のように，地点 P_1 にいた捜索者が距離 L だけ移動して地点 P_2 に来た際に，目標が P_2 から半径 R の円外にちょうど出ることができれば会的から逃れられる．このとき，目標の移動距離は $u \cdot L/v = L\sin\theta$ であるから，会的されてしまう目標は点 P_2 から距離 $R - L\sin\theta$ 以内にいた目標である．その領域は，点 P_1 での半径 R の円から角度 θ で引いた接線の内側にある領域であるから，さまざまな L に対する目標の会的回避が不可能な領域（会的回避不能領域）も，近接限度角 θ をもった図の網掛け領域で表される．

6.2 移動目標と捜索者の会的　91

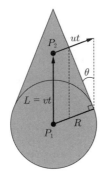

図 **6.3** 会的回避不能領域

6.2.2 探知方位の分布

一定針路で捜索する捜索者に対し，6.1 節の仮定 D1 のようにランダムに変針する目標は，捜索者からどの方位で探知されやすいかについて考えてみよう。捜索者の探知センサーは探知距離 R の完全定距離連続スキャンセンサーとする。図 **6.4** は，北を向いた捜索者の速度ベクトルと目標の速度ベクトルが交角 θ をなし，目標が相対速度 $w(\theta) = \sqrt{v^2 + u^2 - 2uv\cos\theta}$ でセンサーの探知距離内に入ってくる様子を描いたものである。真北から角度 α 方位の微小

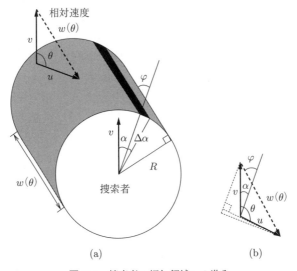

図 **6.4** 捜索者の探知領域への進入

角 $\Delta\alpha$ に単位時間に入ってくる目標は,黒く色を塗った領域に存在した目標であり,α 方向の射線と相対速度との交角を φ とすれば,この部分の面積は $R\Delta\alpha\cos\varphi\cdot w(\theta)$ である.したがって,仮定 D2 により,面積 A の網掛け領域の目標存在領域における目標分布の一様性を仮定すれば,黒色の領域に存在する確率は $g(\alpha|\theta)\Delta\alpha \equiv Rw(\theta)\cos\varphi\Delta\alpha/A$ となる.$g(\alpha|\theta)$ は,目標および捜索者の速度ベクトルの交角が θ であるという条件で,目標が方位 α の微小角 $\Delta\alpha$ で探知される確率密度である.ただし,図 (b) を参考にすれば,交角 φ と α および θ の関係は次式で求められる.

$$w(\theta)\cos\varphi = v\cos\alpha + u\cos(\pi - (\theta - \alpha)) = v\cos\alpha - u\cos(\theta - \alpha)$$

ここで,交角 θ の一様分布性を考慮して,$g(\alpha|\theta)$ の期待値をとれば

$$\begin{aligned} g(\alpha) &= \frac{1}{2\pi}\int_0^{2\pi} g(\alpha|\theta)d\theta \\ &= \frac{R}{2\pi A}\int_{\{\theta\in[0,2\pi]|\cos\varphi\geq 0\}} \{v\cos\alpha - u\cos(\theta-\alpha)\}d\theta \end{aligned}$$

となる.この確率を,探知した場合という条件付き確率に変形するため,単位時間のランダム捜索の探知確率 $Q_0\eta(\xi)/A = 2Rv\eta(\xi)/A$ で割れば

$$f(\alpha) = \frac{1}{4\pi\eta(\xi)}\int_{\{\theta\in[0,2\pi]|\cos\varphi\geq 0\}} \{\cos\alpha - \xi\cos(\theta-\alpha)\}d\theta \quad (6.8)$$

となる.ただし $\xi = u/v$ であり,$\eta(\xi)$ は式 (6.6) で与えられる動的増分係数である.この $f(\alpha)$ が,探知が起きた場合に,捜索者の針路から角度 α の単位角内で目標を探知する確率となる.式 (6.8) の積分を実行すれば,次式となる.

(1) $\xi \geq 1$ の場合

$$f(\alpha) = \frac{1}{2\pi\eta(\xi)}\left\{\cos^{-1}\left(-\frac{\cos\alpha}{\xi}\right)\cos\alpha + \sqrt{\xi^2 - \cos^2\alpha}\right\}$$

(2) $\xi < 1$ の場合

$$-\cos^{-1}\xi \leq \alpha \leq \cos^{-1}\xi \text{ の場合}: f(\alpha) = \frac{\cos\alpha}{2\eta(\xi)} \quad (6.9)$$

$-\cos^{-1}(-\xi) \leqq \alpha \leqq -\cos^{-1}\xi$ または

$\cos^{-1}\xi \leqq \alpha \leqq \cos^{-1}(-\xi)$ の場合：

$$f(\alpha) = \frac{1}{2\pi\eta(\xi)}\left\{\cos^{-1}\left(-\frac{\cos\alpha}{\xi}\right)\cos\alpha + \sqrt{\xi^2 - \cos^2\alpha}\right\} \quad (6.10)$$

$\alpha < -\cos^{-1}(-\xi)$ または $\alpha > \cos^{-1}(-\xi)$ の場合：$f(\alpha) = 0 \quad (6.11)$

図 6.5 は，$f(\alpha)$ を円に似た曲線で表示した図である．図中には，速度比 $1/\xi = v/u$ を $1/4$，$1/2$，1，2 および $u = 0$ と変化させた閉曲線が描かれている．中央やや下に位置する円の中心が原点であり，原点から α 方向の射線と閉曲線との交点の原点からの長さが $f(\alpha)$ の値を表す．$f(\alpha)$ を測る目盛りとして，原点を中心として半径 0.1，0.2，$\cdots$，0.5 の同心円が描かれている．$u > v$（つまり $1/\xi < 1$）の場合であれば，後方から捜索者の探知円に飛び込んでくる目標もありうることが図から読み取れる．そのような場合であっても目標を前方で

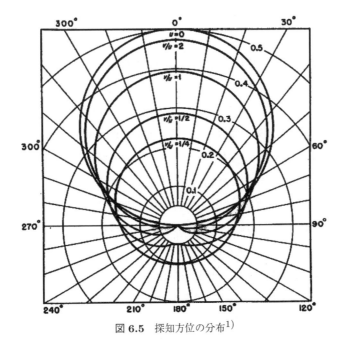

図 6.5 探知方位の分布[1)]

探知する確率は高く，遭難者の発見や船同士の衝突などに備える見張りは，前方重視が鉄則であることが理解できる．

6.3 デイタム捜索

デイタム捜索は，ある時点における目標位置を基点に行われる捜索である．目標位置という重要な情報があるので，最大限活用したいところであるが，時間の経過とともに瞬く間に移動目標の存在分布は拡散し，その重要性は衰える．極端な例として，目標位置が報告された直後に遅れ時間なくその場所を捜索できるならば，なんなく目標を発見できるであろうが，遅れ時間が長ければ，目標はどこにいったか皆目わからず，捜索する範囲も拡大せざるを得なくなる．本節では，捜索開始時間の遅れや目標速度，あるいはデイタム情報の不確実性が，デイタム捜索による探知確率にどのように影響するかを分析しよう．目標が定針・定速で直進運動をする場合とランダムウォークを行う場合の二つのケースを考える．

6.3.1 定針・定速目標に対するデイタム捜索

時刻 $t=0$ で得られたデイタム点は確実な目標位置であるが，捜索者は遅れ時間 t_0 の後捜索を開始するものとする．デイタム点を原点とする座標で考える．

〔1〕 **目標速度が既知の場合** 目標速度 u が既知であるが針路についてはわからない場合，速度 v（ただし $v>u$）の捜索者が確実に目標に会的できる捜索経路がある．捜索開始時点 t_0 では，目標はデイタム点から距離 ut_0 の場所にいるはずだから，原点からの適当な針路 θ_0 方向のこの距離の場所をまず捜索する．もし会的できなければ，微小時間 Δt だけ移動した後には，少し異なる針路 $\theta_0+\Delta\theta$ をとった目標を探すため，デイタム点から方位 $\theta_0+\Delta\theta$ 上の距離 $u(t+\Delta t)$ の点を探す．この移動法を続けていけば，最初の捜索点から原点の周りに1回転する間には必ず目標と出会うことができる．この捜索者の航跡はらせん状となり，この捜索を**スパイラル捜索**（spiral search），あるいは**対数らせん捜索**と呼ぶ．

6.3 デイタム捜索　　　95

極座標 (r, θ) による上述の航跡の式を求めるため，一般性を失うことなく，最初に捜索する地点を偏角 $\theta_0 = 0$ 上の動径 $r_0 = ut_0$ の地点としよう．以後，捜索者が反時計回りに $0 \leq \theta \leq 2\pi$ で移動する場合は図 **6.6** のようになる．微小な時間 Δt での運動を考えれば，$(r\Delta\theta)^2 + (u\Delta t)^2 = (v\Delta t)^2$ が成り立ち

$$\frac{rd\theta}{dt} = \sqrt{v^2 - u^2} \tag{6.12}$$

が求められる．また $dr/dt = u$ であるから，これらの 2 式からつぎの変数分離型の微分方程式を得る．

$$\frac{1}{r}\frac{dr}{d\theta} = \frac{u}{\sqrt{v^2 - u^2}}$$

上式を解けば $r(\theta) = A\exp(u\theta/\sqrt{v^2 - u^2})$ （A は積分定数）を得るが，初期条件 $r(0) = ut_0$ から $A = ut_0$ となる．時計回りの運動（$\theta \in [0, -2\pi]$）も考えれば，スパイラル捜索の軌跡は次式で表される．

$$r = ut_0 \exp\left(\pm\frac{u}{\sqrt{v^2 - u^2}}\theta\right) \tag{6.13}$$

残念ながら，上述の捜索が現実に実行可能であるのは，捜索者が目標に比較してかなり優速である場合に限られるが，それを確かめるために，スパイラルの軌跡を 1 周するのにどれだけの時間を要するかを求めてみよう．

式 (6.12) の r に反時計回りの式 (6.13) を代入すれば

$$\frac{dt}{d\theta} = \frac{ut_0}{\sqrt{v^2 - u^2}} \exp\left(\frac{u}{\sqrt{v^2 - u^2}}\theta\right)$$

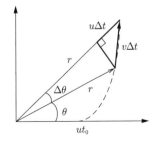

図 **6.6**　スパイラルサーチの軌道

を得るが，時刻 t_0 で $\theta = 0$ であるから，時刻 t のときの偏角を θ とすれば両者の関係は

$$t - t_0 = \frac{ut_0}{\sqrt{v^2 - u^2}} \int_0^\theta \exp\left(\frac{u}{\sqrt{v^2 - u^2}}\theta\right) d\theta$$
$$= t_0 \left[\exp\left(\frac{u}{\sqrt{v^2 - u^2}}\theta\right) - 1\right]$$

となり，θ に対し指数関数で増加する。1周するのに要する時間は，$\theta = 2\pi$ を右辺に代入すればよい。例えば捜索者が目標の2倍優速の場合の全周時間は $36.7t_0$，3倍優速では $8.31t_0$ となり，捜索者がかなり優速でなければこの捜索は実行できない。この時間が現実的でないほど大きくなれば，複数の捜索者で全周をいくつかの象限に分割，分担してスパイラル捜索を実施しなければならない。同じ速度の n 人の捜索者で分担するのであれば，上式に $\theta = 2\pi/n$ を代入して捜索時間が計算できる。

〔2〕 **目標速度分布が三角速度分布の場合**　3.2.1項で，定針・定速目標の任意時点での存在分布を一様化する速度分布として，式 (3.7) で与えられる三角速度分布 $g(u) = 2u/u_0^2$ を紹介した。最大速度は u_0 であるから，時間 t とともに目標存在の円領域の半径は $u_0 t$ で広がるが，目標は円内で一様分布するから，その存在確率密度は円内であればどこでも $1/(\pi u_0^2 t^2)$ である。このような移動目標を有効捜索率 Q の捜索者が捜索時間 $[t_0, t_E]$ で捜索する場合の探知確率を考える。

この問題の捜索空間として，**スピード・サークル**（speed circle）と呼ばれる目標の速度ベクトル空間を利用するのが便利である。この二次元空間における極座標 (u, θ) の点は，目標が速度および針路を u および θ に選択したことを示す。スピード・サークル上の点 (u, θ) を時刻 t で捜索することは，実空間ではデイタム点を原点とする極座標 (ut, θ) の点を探すことに対応する。また，実空間上で異なる時間 t, t' に異なる2地点 (r, θ), (r', θ) を捜索したとしても，$r/t = r'/t'$ であればスピード・サークル上では同じ点，すなわち同じ針路・速度を選択した目標を二度探したことになる。定針・定速目標はスピード・サー

クル上での分布が時間によって変化しない静止目標として扱うことができ，探知確率の評価が容易となる。

まず，目標存在確率の実空間上での一様性がスピード・サークル上でも成り立っていることを，つぎのように確認できる。目標は針路を一様分布で選択し，速度は三角速度分布で選ぶ。したがって，針路を微小な区間 $[\theta, \theta + d\theta]$ に，速度を区間 $[u, u + du]$ にとる確率は

$$g(u)du\frac{1}{2\pi}d\theta = \frac{1}{\pi u_0^2}ududd\theta$$

であるが，これはまさしく，スピード・サークルの極座標 (u, θ) で，面積 πu_0^2 をもつ半径 u_0 の円内の一様分布を示している。

つぎに，実空間上では一定である有効捜索率 Q がスピード・サークル上ではどうなるかを考える。有効捜索率は実空間上で単位時間当りに捜索可能な面積を表す。実空間の距離はスピード・サークル上では時点 t で割られるから，時点 t での有効捜索率はスピード・サークルでは Q/t^2 となる。以上のことに注意して，規則的な捜索法とランダムな捜索法による探知確率を求めよう。

(1) **規則的なデイタム捜索**　スピード・サークル上での捜索領域を重複しないように設定する捜索法では，時間 $[t_0, t_E]$ 間でのスピード・サークル上の捜索面積 $A(t_0, t_E)$ は

$$A(t_0, t_E) = \int_{t_0}^{t_E} \frac{Q}{t^2}dt = Q\left(\frac{1}{t_0} - \frac{1}{t_E}\right)$$

となる。有効捜索率の定義から，捜索した領域内の目標は確実に探知されることになるから，時間 $[t_0, t_E]$ での探知確率は次式で与えられる。

$$p(t_0, t_E) = \begin{cases} \dfrac{A(t_0, t_E)}{\pi u_0^2} = \dfrac{Q}{\pi u_0^2}\left(\dfrac{1}{t_0} - \dfrac{1}{t_E}\right), & A(t_0, t_E) < \pi u_0^2 \text{の場合} \\ 1, & A(t_0, t_E) \geqq \pi u_0^2 \text{の場合} \end{cases}$$

(6.14)

(2) **ランダムなデイタム捜索**　上述の規則的な捜索パターンがなんらか

の要因で乱れ，ランダム捜索となる場合を考える．5.1.2 項での評価法を踏襲しよう．$[t_0, t]$ 間での非探知確率を $q(t)$ とすれば，時間 t での有効捜索率は Q/t^2 であり，$[t_0, t + \Delta t]$ での非探知確率は $q(t + \Delta t) = q(t)\{1-(Q/t^2)\Delta t/(\pi u_0^2)\}$ と書けるから，微分方程式 $dq(t)/dt = -q(t)Q/(\pi u_0^2 t^2)$ を得る．この微分方程式を初期条件 $q(t_0) = 1$ を使って解き，時間 $[t_0, t_E]$ での探知確率を求めると次式となる．

$$p(t_0, t_E) = 1 - \exp\left\{-\frac{Q}{\pi u_0^2}\left(\frac{1}{t_0} - \frac{1}{t_E}\right)\right\} \tag{6.15}$$

$\lim_{t_E \to \infty} A(t_0, t_E) = Q/t_0 < \pi u_0^2$ の場合，探知確率の式 (6.14) も式 (6.15) も無限時間の捜索によって探知確率は 1 にはならない．これは，実空間上での目標存在領域が t^2 に比例して広がるのに比べ，捜索領域は時間 t に比例してしか拡大できないからである．式 (6.14), (6.15) から，探知確率に最もクリティカルに効くのが目標速度 u_0 であり，つぎに捜索開始の遅れ時間 t_0 ということがわかる．現実の捜索においては，経験的にもこれらの要素が重要であることは認識されており，非合法的船舶は大馬力の推力をもつものが多い．一方の捜索側は，いかにしてタイムロスを小さくし，早く捜索を開始できるかが課題となる．

　報告されたデイタム点が不確実な場合，一般的にはデイタム点を中心にした正規分布を目標存在の確率密度とする．目標速度が一定で既知である場合と三角速度分布により速度を選択する場合の目標存在確率分布の時間変化は，3.2.2 項の図 3.6 および図 3.7 で示した．それによれば，前者は，デイタム点から目標速度で周囲に広がる波紋のような形状となり，後者は，広がる目標存在領域の中心部分での確率密度が平らな形状をもつ．したがって，前者の目標に対しては波紋（目標分布）の高い部分を狙った捜索がよく，捜索法として，本項〔1〕で述べたスパイラル捜索が適当である．一方，後者の目標に対しては，〔2〕で解説したデイタム捜索法 (1) と (2) による評価が可能となる．

6.3.2 ランダムウォーク目標に対するデイタム捜索

3.3 節では，針路を一様分布で選択し，速度および直進移動時間をそれぞれある確率分布から選択して定針・定速運動を繰り返すランダムウォーク目標の存在確率分布を求めた．結果は式 (3.12) で与えられ，時間 t に比例する分散をもつ円形正規分布となり，時間とともに分布の稜線がなだらかとなっていく．本項では，この移動目標に対する捜索を考える．目標分布は原点対称であるから，極座標 (r, θ) における正規分布として，その確率密度関数を次式で表す．

$$f_t(r, \theta) = \frac{1}{2\pi\sigma^2 t} \exp\left(-\frac{r^2}{2\sigma^2 t}\right) \tag{6.16}$$

ただし，直進時間分布の平均と分散を μ_t, σ_t^2，速度分布の平均と分散を μ_u, σ_u^2 とすれば，$\sigma^2 \equiv (\sigma_t^2 + \mu_t^2)(\sigma_u^2 + \mu_u^2)/(2\mu_t)$ である．

前項の移動目標と同様，この場合も時間とともに目標分布が変化するから，スピード・サークルと似たアイデアを利用して静止目標問題に変換することを考える．そのための変換が $z = r/\sqrt{t}$ である．式 (6.16) から，極座標上の微小領域 $[r, r+dr]$, $[\theta, \theta+d\theta]$ での目標存在確率は，次式に変形できる．

$$\begin{aligned} f_t(r,\theta) r dr d\theta &= \frac{1}{2\pi\sigma^2 t} \exp\left(-\frac{z^2 t}{2\sigma^2 t}\right) \sqrt{t} z \cdot \sqrt{t} dz d\theta \\ &= \frac{1}{2\pi\sigma^2} \exp\left(-\frac{z^2}{2\sigma^2}\right) z dz d\theta \equiv f_t(z,\theta) z dz d\theta \end{aligned}$$

上式に示す通り，動径を r から z に変換した極座標 (z, θ) 上で，時間 t を含まない円形正規分布 $f_t(z, \theta)$ に変換できた．6.3.1 項でのスピード・サークルの議論の類推から，(r, θ) 空間上での有効捜索率 Q は (z, θ) 空間では Q/t とすべきことに注意して，5.2 節の静止目標に対するデイタム捜索の評価式を適用することにより探知確率が求められる．

〔1〕規則的なデイタム捜索 　(z, θ) 空間では時間 $[t_0, t_E]$ での捜索面積は $\int_{t_0}^{t_E}(Q/t)dt = Q\log(t_E/t_0)$ となるので，この捜索面積を存在確率密度の高い原点付近から重複なく敷き詰めていく捜索法を考える．上記の捜索面積が円面積 πZ^2 と一致する半径

$$Z = \sqrt{\frac{Q}{\pi} \log \frac{t_E}{t_0}}$$

の円内の捜索により，その円形領域内にいる目標は確実に探知できるので，$f_t(z, \theta)$ を $z \in [0, Z]$ で積分して探知確率を出せば，次式を得る．

$$p(t_0, t_E) = 1 - \left(\frac{t_0}{t_E}\right)^{Q/2\pi\sigma^2} \tag{6.17}$$

〔2〕 **ランダムなデイタム捜索**　(z, θ) 空間上に半径 Z の円形領域を設定し，その中をランダム捜索することを考える．この場合も，5.2.2 項の評価法と同様にすれば，探知確率は

$$p_Z(t_0, t_E) = \left\{1 - \exp\left(-\frac{Z^2}{2\sigma^2}\right)\right\} \left\{1 - \exp\left(-\frac{Q}{\pi Z^2} \log \frac{t_E}{t_0}\right)\right\} \tag{6.18}$$

となる．この探知確率を最大にする最適な半径 Z^* は

$$Z^* = \left(\frac{2Q\sigma^2}{\pi} \log \frac{t_E}{t_0}\right)^{1/4}$$

であり，最大探知確率は次式で与えられる．

$$p^*(t_0, t_E) = \left\{1 - \exp\left(-\sqrt{\frac{Q}{2\pi\sigma^2} \log \frac{t_E}{t_0}}\right)\right\}^2 \tag{6.19}$$

式 (6.14) や式 (6.15) と異なり，探知確率の式 (6.17)，(6.19) では無限の捜索時間 $t_E \to \infty$ で確率 1 に収束する．ランダムウォーク目標の存在領域の面積は t に比例して拡大するが，同じく t に比例した捜索面積をもつ捜索者の捜索能力でカバーできるからである．

6.4 バリヤー哨戒

目標の任務や地理的制約から，目標の運動方向が限定される場合，目標を待ち受ける哨戒（パトロール）が行われる．目標の運動が限定される典型的な例としては，潜水艦による海峡の通過（通峡）や潜水艦が船団を攻撃するために艦艇による護衛線を突破しようとする場合が挙げられる．本節では，8 の字哨

戒と往復哨戒という典型的な二つのバリヤー哨戒法の探知確率を評価する[1],[3]。評価にあたって，捜索状況をつぎのように設定する．目標は速度 u で，幅 L の通路を突破しようとしており，哨戒者は速度 v で，有効捜索幅 W のセンサーにより通過目標の哨戒にあたる．哨戒速度 v は目標速度 u に比べ優速である．

6.4.1 8の字哨戒

図 **6.7**(a) で示すように，8の字哨戒を行う哨戒者は，実空間上の幅 L の通路を起点 A_1 から $\theta = \sin^{-1}(u/v)$ の針路で捜索領域を横切る．その後，対岸近くの点 B_1 から点 B_2 に遡上し，点 B_2 を起点として逆方向からの横断・遡上運動を行い点 A_3 に到達するパターンで捜索する．以後は，同じ哨戒パターンを繰り返す．

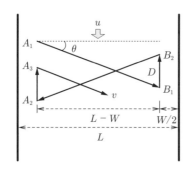 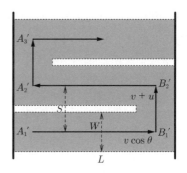

　(a)　地理空間の哨戒経路　　　　(b)　相対運動空間の哨戒経路

図 **6.7**　8の字哨戒

起点 A_1 および B_1，B_2 および A_2 は岸から $W/2$ 離れているが，遡上経路 B_1B_2 で経路の端を通過しようとする目標は探知できる．点 A_1 から針路 $\theta = \sin^{-1}(u/v)$ で哨戒者が通路横断をする間に，点 A_1 から横幅方向に引いた点線上から速度 u で同時に移動を開始する目標とは必ず会的するはずである．もちろん，目標探知には会的する必要はなく，有効捜索幅 W 内での会的で十分である．このことを明確にするため，目標に対する哨戒者の相対運動を描いたのが，図 (b) である．目標の速度ベクトル $\boldsymbol{u}$，哨戒者のそれを $\boldsymbol{v}$ とすれば，この空間では哨戒者の移

動は相対速度ベクトル $\boldsymbol{v}-\boldsymbol{u}$ で描かれており，横方向の相対速度は $\sqrt{v^2-u^2}$，縦方向の相対遡上速度は $v+u$ である．この空間では目標は静止しており，いつ，どこから海域への侵入を開始するか不明であるため，目標はこの空間で一様分布しているとする．図(a)の点 A_1 から点 A_3 までの移動が，図(b)の相対運動空間では点 A_1' から点 A_3' までの掃引幅 S の平行運動となる．したがって，バリヤー哨戒の探知確率には，5.1.1項で述べた平行捜索の評価式が適用できる．

上述した哨戒法の運動に特有の特性値を以下にまとめる．点 A_1 から点 B_1 間の横断時間は $(L-W)/\sqrt{v^2-u^2}$ であり，点 B_1 と点 B_2 間の遡上距離を D とすればその遡上時間は D/v である．したがって，相対運動空間での遡上距離は $S=D(v+u)/v$ であり，点 A_1 から点 A_3 までの1回の哨戒パターンには時間 $2\{(L-W)/\sqrt{v^2-u^2}+D/v\}$ を要する．このバリヤー哨戒では遡上距離 D が捜索者の決定要素であり，点 A_3 を元の起点 A_1 に戻すように計画すれば捜索経路は哨戒エリア内で停止したものとなるが，このときの遡上距離 D は次式で与えられる．

$$D=(L-W)\tan\theta=\frac{(L-W)(u/v)}{\sqrt{1-(u/v)^2}}$$
$$=(L-W)\frac{u}{\sqrt{v^2-u^2}}=(L-W)\frac{\xi}{\sqrt{1-\xi^2}}$$

ただし，ξ は速度比 $\xi=u/v$ である．また，ほかの D を選択すれば，哨戒パターンはエリア内で前進したり，逆に後退したりするが，D の設定は，通常目標探知確率に関する要求値や哨戒オペレーションの容易さを勘案して決定される．探知確率に関する要求値が達成されない場合には，阻止線を複数のビークルで分担して，パトロールすることになる．

前進型バリヤー： $D>(L-W)\dfrac{\xi}{\sqrt{1-\xi^2}}$ のとき

対称型バリヤー： $D=(L-W)\dfrac{\xi}{\sqrt{1-\xi^2}}$ のとき

後退型バリヤー： $D<(L-W)\dfrac{\xi}{\sqrt{1-\xi^2}}$ のとき

6.4 バリヤー哨戒

前進型あるいは後退型バリヤーではバリヤーが哨戒エリア外に出ないようにときおり調整が必要となるから，対称型バリヤーが現実的には実行しやすい。哨戒者の捜索能力に余裕がある場合は前進型となり，休止時間などを挟むことで対称型にすることができる。対称型バリヤー哨戒は，実空間上で8の字（または蝶ネクタイ型）を描くので，**8の字哨戒**（crossover barrier patrol, bow-tie type barrier patrol）と呼ばれる。

8の字哨戒による探知確率を求めるには，平行捜索の評価式を利用すればよい。完全定距離センサーには式 (5.4) および式 (5.5) を，不完全定距離センサーには式 (5.6) および式 (5.7) を，さらに逆三乗センサーには式 (5.13) を適用する。その際，8の字哨戒の相対運動空間における掃引幅 S は次式であることに注意する。

$$S = \frac{v+u}{v}D = (L-W)\frac{u}{v}\sqrt{\frac{v+u}{v-u}} = (L-W)\xi\sqrt{\frac{1+\xi}{1-\xi}} \qquad (6.20)$$

また，以下の評価式では，$\lambda = L/W$，$\xi = u/v$ と置いた。

〔1〕 完全定距離センサーによる探知確率

$$P = \begin{cases} 1, & \dfrac{1}{(\lambda-1)\xi}\sqrt{\dfrac{1-\xi}{1+\xi}} \geq 1 \text{ の場合} \\[2ex] \dfrac{1}{(\lambda-1)\xi}\sqrt{\dfrac{1-\xi}{1+\xi}}, & \dfrac{1}{(\lambda-1)\xi}\sqrt{\dfrac{1-\xi}{1+\xi}} < 1 \text{ の場合} \end{cases} \qquad (6.21)$$

5.1.1 項の平行捜索では，捜索の特徴から，平行な捜索経路と比較し経路端での折り返し経路部分は短いとして，これを無視した。経路端での運動はバリヤー哨戒にあっては遡上部分にあたり，有効捜索幅 W が L に比較して小さくない場合，遡上部分における探知への寄与も無視できない。以下ではこの寄与を正確に考慮した場合を述べる。8の字哨戒と相対運動空間上での哨戒パターンの半周期分を描いたのが，図 **6.8** である。この間の探知確率は，全体の面積 $L \times S$ に対する網掛け部分の面積の比で求められる。

$$P = \frac{(L-W)W + WS}{LS} = \frac{\lambda-1}{\lambda}\frac{W}{S} + \frac{1}{\lambda}$$

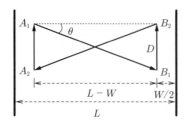
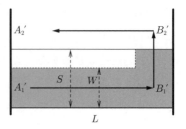

(a) 地理空間の哨戒経路　　　　(b) 相対運動空間の哨戒経路

図 **6.8**　対称型バリヤー哨戒

$$= \frac{\lambda-1}{\lambda}\frac{1}{(\lambda-1)\xi}\sqrt{\frac{1-\xi}{1+\xi}}+\frac{1}{\lambda}=\frac{1}{\lambda}\left(1+\frac{1}{\xi}\sqrt{\frac{1-\xi}{1+\xi}}\right)$$

もちろん $W \geqq S$ ならば探知確率は 1 であるから，次式にまとめられる。

$$P = \begin{cases} 1, & \frac{1}{(\lambda-1)\xi}\sqrt{\frac{1-\xi}{1+\xi}} \geqq 1 \text{ の場合} \\ \frac{1}{\lambda}\left(1+\frac{1}{\xi}\sqrt{\frac{1-\xi}{1+\xi}}\right), & \frac{1}{(\lambda-1)\xi}\sqrt{\frac{1-\xi}{1+\xi}} < 1 \text{ の場合} \end{cases} \quad (6.22)$$

〔**2**〕**不完全定距離センサーによる探知確率**　　遡上距離 D の設定（掃引幅 S の設定）にあたっては，S を有効捜索幅 W より極端に小さく計画することは現実的ではないから，式 (5.6) および式 (5.7) を適用するのは $k=0$ のケースのみとする。

$$P = \begin{cases} \frac{1}{(\lambda-1)\xi}\sqrt{\frac{1-\xi}{1+\xi}}, & \frac{1}{(\lambda-1)\xi}\sqrt{\frac{1-\xi}{1+\xi}} < p_0 \text{ の場合} \\ p_0^2 + (1-p_0)\frac{1}{(\lambda-1)\xi}\sqrt{\frac{1-\xi}{1+\xi}}, \\ & p_0 \leqq \frac{1}{(\lambda-1)\xi}\sqrt{\frac{1-\xi}{1+\xi}} < 2p_0 \text{ の場合} \end{cases} \quad (6.23)$$

〔**3**〕**逆三乗センサーによる探知確率**　　式 (5.13) より，次式が求められる。

$$P = \sqrt{1-\exp\left(-\frac{1-\xi}{(\lambda-1)^2\xi^2(1+\xi)}\right)} \quad (6.24)$$

6.4.2 往復哨戒

哨戒速度 v が目標速度 u に比べそれほど優速でない場合は，哨戒者による見越し角 θ をもった横断および遡上といった運動はもはや不可能となる．そのような場合は，幅 L の阻止線に沿って往復し哨戒することとなる．図 **6.9** は実地理空間における往復哨戒と相対運動空間における哨戒パターンを示したものである．矩形 $A_1 A_2 B_2 B_1$ の中に描かれた相対運動は地理空間における右から左への片道の横断の状況であり，8 の字哨戒と同様，哨戒者の移動開始は端から距離 $W/2$ の点からはじまり，目標が一様分布している空間を見越し角 $\theta = \tan^{-1}(u/v)$ ($\tan\theta = u/v = \xi$) で横断する．ここでも，記号 $\lambda = L/W$, $\xi = u/v$ を用いて探知確率を求める．

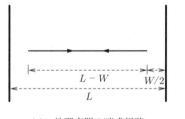 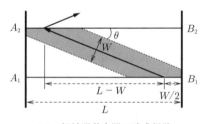

(a) 地理空間の哨戒経路 　　　　(b) 相対運動空間の哨戒経路

図 **6.9** 往復哨戒

〔1〕 **完全定距離センサーによる探知確率** 　　目標との会的で有効捜索幅 W 以内で確実に探知する完全定距離センサーを用いた場合の探知確率は，矩形 $A_1 B_1 B_2 A_2$ の面積に対する網掛け部分の面積の比で与えられる（図 6.9(b)）．前者の面積は $L(L-W)\tan\theta$ である．後者の面積は，全体の面積から，左下および右上にある二つの直角三角形の面積 $\{L - W/2 - W/(2\sin\theta)\}^2 \tan\theta$ を引いて求められる．また，網掛け部分が全空間を被覆してこの直角三角形が消えるのは $L \leq W/2 + W/(2\sin\theta)$ の場合であることに注意すれば，探知確率はつぎのようになる．

(1) $1/\xi \geqq 2\sqrt{\lambda(\lambda-1)}$ の場合：$P = 1$
(2) $1/\xi < 2\sqrt{\lambda(\lambda-1)}$ の場合：

$$P = 1 - \frac{1}{4\lambda(\lambda-1)}\left(2\lambda - 1 - \frac{1}{\xi}\sqrt{1+\xi^2}\right)^2$$

〔**2**〕 **不完全定距離センサーによる探知確率** この不完全定距離センサーでは探知距離 r_0 以内で目標と会的すれば確率 p_0 で目標を探知するとし,〔1〕の結果を利用した近似を用いる.有効捜索幅は $W = 2r_0 p_0$ であるが,相対移動空間内での網掛け部分の幅は $2r_0$ となる(図 6.9(b)).〔1〕の完全定距離センサーでの計算では網掛け部分の幅を W としていたので,その評価式の λ をここでは $L/(2r_0) = L/W \cdot p_0 = \lambda p_0$ と置換し,また網掛け部分での探知確率を 1 から p_0 に置き換えることで,つぎの探知確率の評価式を得る.

(1) $1/\xi \geqq 2\sqrt{\lambda p_0(\lambda p_0 - 1)}$ の場合:$P = p_0$
(2) $1/\xi < 2\sqrt{\lambda p_0(\lambda p_0 - 1)}$ の場合:

$$P = p_0\left\{1 - \frac{1}{4\lambda p_0(\lambda p_0 - 1)}\left(2\lambda p_0 - 1 - \frac{1}{\xi}\sqrt{1+\xi^2}\right)^2\right\}$$

〔**3**〕 **逆三乗センサーによる探知確率** このセンサーは,(不)完全定距離センサーとは異なり,有効探知距離は限定されないから,**図 6.10** のように,相対運動空間では無限の哨戒経路を考えなければならない.またこの空間での相対速度は $w = \sqrt{u^2 + v^2}$ であり,式 (4.19) から,有効捜索幅は次式で与えられる.

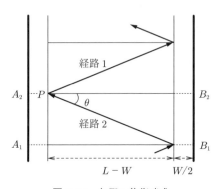

図 **6.10** 無限の往復哨戒

$$W = 2\sqrt{\frac{2\pi k^3}{w}} \tag{6.25}$$

図の矩形 $A_1A_2B_2B_1$ の中の任意の点 (x,y) にある目標の探知確率を考える．理論上は図に描いた往復哨戒経路の任意の地点から目標探知が可能であり，5.1.1 項の平行捜索における近似の要領を用い，無限直線による横距離探知確率で近似する．点 P を原点とすると，交角 2θ で交差する二つの相対経路は，$i = \cdots, -1, 0, 1, \cdots$ に対し，$y = \tan\theta \cdot x + 2(L-W)\tan\theta \cdot i$ の直線経路 1 と $y = -\tan\theta \cdot x + 2(L-W)\tan\theta \cdot i$ の直線経路 2 で表される．点 (x,y) と直線経路 1 および 2 との横距離は，それぞれ次式で表される．

$$\frac{|y - x\tan\theta - 2(L-W)\tan\theta \cdot i|}{\sqrt{1+\tan^2\theta}}$$
$$= |y\cos\theta - x\sin\theta - 2(L-W)\sin\theta \cdot i|$$
$$\frac{|y + x\tan\theta - 2(L-W)\tan\theta \cdot i|}{\sqrt{1+\tan^2\theta}}$$
$$= |y\cos\theta + x\sin\theta - 2(L-W)\sin\theta \cdot i|$$

したがって，式 (4.15) から，逆三乗センサーによる探知ポテンシャルは，それぞれの経路に対し

$$\text{経路 1：} \quad \frac{2k^3}{w\{y\cos\theta - x\sin\theta - 2(L-W)\sin\theta \cdot i\}^2}$$

$$\text{経路 2：} \quad \frac{2k^3}{w\{y\cos\theta + x\sin\theta - 2(L-W)\sin\theta \cdot i\}^2}$$

となる．探知ポテンシャルの加法性により，これらをすべて合計して全探知ポテンシャルを求めれば，(x,y) にある目標に対する探知確率は次式で求められる．

$$p(x,y) = 1 - \exp\left(-\sum_{i=-\infty}^{\infty} \frac{2k^3}{w\{a(x,y)-iS\}^2} - \sum_{i=-\infty}^{\infty} \frac{2k^3}{w\{b(x,y)-iS\}^2}\right)$$
$$= 1 - \exp\left\{-\frac{2k^3\pi^2}{wS^2}\left(\csc^2\frac{\pi a(x,y)}{S} + \csc^2\frac{\pi b(x,y)}{S}\right)\right\} \tag{6.26}$$

ただし，記号

$$a(x,y) \equiv y\cos\theta - x\sin\theta, \quad b(x,y) \equiv y\cos\theta + x\sin\theta, \quad S \equiv 2(L-W)\sin\theta$$

と恒等式 $\csc^2 x = \sum_{i=-\infty}^{\infty} \{1/(x-i\pi)^2\}$ 用いた．つぎに，面積 $A = L(L-W)\tan\theta$ の矩形領域 $A_1A_2B_2B_1$ における目標位置 (x,y) の一様分布性により期待値をとれば，目標探知確率 P は次式で評価できる．

$$P = \iint p(x,y)\frac{dxdy}{A}$$
$$= \int_0^{(L-W)\tan\theta} \int_{-W/2}^{L-W/2} p(x,y)\frac{1}{L(L-W)\tan\theta}dxdy$$

6.4.3　8の字哨戒と往復哨戒の比較

ここでは，8の字哨戒と往復哨戒のどちらが探知確率に関して優っているかを比較してみる[1),4)]．発見法則については，完全定距離センサーと逆三乗センサーの場合を検討する．図 **6.11** は，横軸に $1/\xi = v/u$ を，縦軸に $\lambda = L/W$ をとった空間で，完全定距離センサーと逆三乗センサーの優劣分岐線を，それぞれ点線と実線で表したものである．哨戒者の速度が優速になればなるほど8の字哨戒が有利であるから，点線および実線の右側の領域が8の字哨戒の優っている領域，左側が往復哨戒が推奨される領域である．探知の効果が有効探知距離内に限定される完全定距離センサーの場合は，相対移動空間上で行きと帰

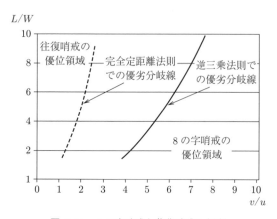

図 **6.11**　8の字哨戒と往復哨戒の優劣

りの捜索領域ができるだけ重ならないように，図 6.9(b) よりは図 6.8(b) の軌跡の方が探知効率がよく，8 の字哨戒の有利な領域が広くなるが，逆三乗センサーでは，捜索領域が重複することのデメリットはそれほど大きくないから，往復哨戒の有利な領域が広がる。

章 末 問 題

【1】 式 (6.8) の積分を，$\{\theta|\cos\varphi \geqq 0\} = \{\theta|\cos\alpha - \xi\cos(\theta - \alpha) \geqq 0\}$ に留意して計算し，式 (6.9)〜(6.11) を導出せよ。

【2】 6.3.1 項の〔2〕で求めたスピード・サークル上でのランダムなデイタム捜索による探知確率は，実空間上でも評価できる。時間 t とともに面積 $A(t)$ で変化する存在領域でつねに一様分布をしている目標に対し，これも時間依存の有効捜索率 $Q(t)$ のセンサーを用いて時間 $[t_0, t]$ に捜索を実施した場合の非探知確率を $q(t)$ とする。時間 $[t_0, t + \Delta t]$ 間での非探知確率を考えることにより，$q(t)$ の満たすべき微分方程式を求め，それを解いて探知確率 $p(t_0, t_E)$ を求めよ。

またこれを適用して，$A(t) = \pi(u_0 t)^2$，$Q(t) = Q$（一定）の場合には，式 (6.15) が得られることを確認せよ。

【3】 探知確率の式 (6.17) を導出せよ。

【4】 式 (6.18) および (6.19) を導出せよ。

【5】 式 (6.21)，(6.23) および (6.24) を導出せよ。

7 最適化理論

　最適化理論は，その名の通り，なにかを最適化するための数学的手法である．そのなにかとは，システムの要因であったり条件であったりする．人間の意思決定に絡めていえば，最適化するに際し意志決定者が設定，変更できるなにかがなければ，問題は単なる現象の観測にすぎないから，まず，意志決定者の自由に設定できるものが必要であり，それを**決定変数**（または単に**変数**, decision variable）と呼ぶ．また，なにを評価尺度にして最適化するかも必要である．例えば，利益を大きくしたい，コストを小さくしたいなどの問題では，利益，コストが評価尺度であり，決定変数の関数として定義したこの評価尺度を**目的関数**（objective function）という．さらに現実問題では，決定変数はさまざまな制約を受け，自由に決めることはできないであろう．したがって，決定変数にはどんな**制約条件**（または単に**制約**, constraint condition, constraint）があるのかも明示されなくてはならない．最適化問題の定式化は，これら決定変数，目的関数および制約条件を明記することからはじまるが，その結果の目的関数や制約条件式の関数形により解法が異なるから，最適理論は問題をいくつかの形式に分類する．その中の線形計画問題，非線形計画問題および変分問題を，本章では取り上げる．ただし，変分問題では，意志決定者が決定するのは，変数の値でなく関数である．関数によって値が変化する関数を**汎関数**（functional）と呼び，これが変分問題の目的関数である．以上三つに分類された問題に対する解法が，**線形計画法**（linear programming method），**非線形計画法**（nonlinear programming method）および**変分法**（variational calculus）である．線形計画法には単体法や内点法，非線形計画法には最急降下法やニュートン法といった

数値計算アルゴリズムが開発されており，汎用的なソルバーとしてコンピュータ上で容易に利用できる．残念ながら，本章では，これらの計算アルゴリズムに関しての解説は省略し，理論についてのみその概要を述べるにとどめる．また，その他の最適化手法として動的計画法と呼ばれる手法も取り上げるが，これはある特定の形の問題に対する手法ではなく，問題の構造に着目した解法であり，場合によっては，ある線形計画問題，非線形計画問題あるいは変分問題を動的計画法によって解くことができる．以下では，線形計画法[1),2)]，非線形計画法[3)～5)]，動的計画法[6)]および変分法[7)]の順に解説を進めていく．

7.1 線 形 計 画 法

7.1.1 線形計画問題による定式化

目的関数，制約条件が決定変数の一次式で表現される問題が線形計画問題である．一次式（線形式ともいう）とは，変数に係数を掛けて足したり引いたりする式で，定数項も含む．一般性を失うことなく，変数を n 次元の実数値ベクトル $\boldsymbol{x} = (x_1, \cdots, x_n) \in \boldsymbol{R}^n$ で表す．等式や不等式の制約条件式を，変数を含む式と定数項を等号あるいは不等号で分離して，$\sum_{j=1}^{n} a_j x_j \geqq b$ または $\sum_{j=1}^{n} a_j x_j = b$ のように表す．最適化問題の標準的な定式化の表現法として，目的関数の前に max か min を書いて，目的関数を最大化するのか，最小化するのかを明示する．変数が自明でなければ，この記号の下に変数を書く．制約条件式は記号 s.t.（「subject to」の略で，邦訳では「～の制約のもとで」の意味）の後に置く．下記の定式化の例は，m 本の不等式制約と l 本の等式制約をもつ最大化の線形計画問題である．最小化問題 $\min f(\boldsymbol{x})$ は，同値な最大化問題 $\max (-f(\boldsymbol{x}))$ を考えればよいから，以下では最大化問題と最小化問題を区別なく用いていく．

$$(P) \max_{\boldsymbol{x}} f(\boldsymbol{x}) = \sum_{j=1}^{n} c_j x_j \qquad (7.1)$$

s.t. $\displaystyle\sum_{j=1}^{n} a_{ij}x_j \leqq b_i,\ i=1,\cdots,m$ \hfill (7.2)

$\displaystyle\sum_{j=1}^{n} d_{ij}x_j = e_i,\ i=1,\cdots,l$ \hfill (7.3)

$x_j \geqq 0,\ j=1,\cdots,n$ \hfill (7.4)

上の定式化 (P) は，行列 $\boldsymbol{A}=(a_{ij})$ と $\boldsymbol{D}=(d_{ij})$，列ベクトル $\boldsymbol{c}=(c_j)$, $\boldsymbol{b}=(b_j)$ および $\boldsymbol{e}=(e_j)$ を使えば，つぎのようにきわめて簡便に表記できる．ただし，「t」はベクトルや行列の転置を表す．

$(P')\ \max_{\boldsymbol{x}}\ \boldsymbol{c}^{\mathrm{t}}\boldsymbol{x}\ \ \text{s.t.}\ \ \boldsymbol{Ax}\leqq\boldsymbol{b},\quad \boldsymbol{Dx}=\boldsymbol{e},\quad \boldsymbol{x}\geqq\boldsymbol{0}$ \hfill (7.5)

すべての制約を満たす点 $\boldsymbol{x}$ を**実行可能解**（feasible solution，あるいは**許容解**，または単に**解**）と呼び，実行可能解全体の集合を**実行可能領域**（feasible region）と呼ぶ．実行可能領域を F で表すと，問題 (P) の**最適解**（optimal solution）$\boldsymbol{x}^* \in F$ とは，$f(\boldsymbol{x}^*) = \max_{\boldsymbol{x}\in F} f(\boldsymbol{x})$ を満たす解のことである．以上の用語は，7.2 節で扱う非線形計画問題に対しても共通して用いられる．

線形計画問題の定義からすれば，高校数学で学ぶ放物線の最大値問題

$\max_{x}\ (-x^2+2x-1)\ \ \text{s.t.}\ \ 0\leqq x \leqq 5$

は，目的関数が変数の二次式であるから，線形計画問題よりも難しい問題といえる．しかし，社会生活で役立つ多くの最適化問題は線形計画問題で定式化できる．例えば，工場の生産管理に関するつぎの問題を線形計画問題に定式化してみよう．

例題 7.1（**生産管理**）　ある工場で 2 種類の製品 $j=1,2$ を生産している．生産には電力，原材料といった 2 種類の資源 $i=1,2$ を必要とする．製品 $j=1$ を 1 トン生産するために資源 1 を 2 トン，資源 2 を 10 トン消費する．製品 $j=2$ の 1 トンの生産により，資源 1 は 8 トン，資源 2 は 2 トン消費する．ただし，資源 1 の手持ちの総量は 32 トンで，資源 2 は 35

トンである。製品 1, 2 の 1 トン当りの生産による利益は，それぞれ 20 万円と 10 万円であるとき，手持ちの資源を使って最も利益を得るための各製品 $j = 1, 2$ の生産量を求めよ。

【定式化】 求めたい製品 $j = 1, 2$ の生産量をそのまま変数 x_1, x_2 としよう。各製品の利益率を考えれば，全体の利益は $20x_1 + 10x_2$ と表されるから，これを目的関数として最大化する。また，製品 1, 2 の生産で消費される資源 $i = 1$ の全体量は $2x_1 + 8x_2$ であり，資源 $i = 2$ は $10x_1 + 2x_2$ であるから，これから手持ち資源量の制約式を作ればよい。しかし，暗黙のうちに変数は実数であることが仮定されているから，問題の記述にない制約として，生産量は負でない（**非負**，nonnegative）値であることが必要である。以上を考慮した最終的な定式化は，以下のようになる。

$$\max_{x_1, x_2} 20x_1 + 10x_2$$
$$\text{s.t.} \quad 2x_1 + 8x_2 \leq 32, \ 10x_1 + 2x_2 \leq 35, \ x_1, x_2 \geq 0$$

◇

例題 7.1 のような簡単な線形計画問題であっても，利益を最大にする製品の最適な生産量 x_1^*, x_2^* はすぐにはわからないであろう。製品 1 は製品 2 に比べ利益率が高いから，これを目一杯作ればよいというわけにはいかない。製品 1 は資源 2 の消費率が高いから，製品 1 ばかり生産すればすぐに資源 2 が枯渇してしまうからである。資源 1, 2 を無駄なく使い，製品 1, 2 をバランスよく生産することで，大きな利益を上げることができる。この問題の最適解は，$x_1^* \approx 2.84$, $x_2^* \approx 3.29$ であり，最大利益は約 89.7 万円である。

特定のパラメータをもつこのような小さなサイズの問題を議論しても拡張性がないから，つぎのような一般性のある問題を考えて，同じタイプのすべての問題に適用できる定式化を求める方がよい。

例題 7.2（一般的な生産管理） ある工場で n 種類の製品 $j = 1, \cdots, n$ を生産している。生産には電力，原材料といった m 種類の資源 $i = 1, \cdots, m$ を必要とする。製品 j を 1 トン生産するために資源 i を a_{ij} トン消費するものとする。ただし，資源 i の手持ちの総量は b_i トンである。製品 j の 1 トン

当りの利益を c_j 円とするとき，手持ちの資源を使って最も利益を得るための各製品の生産量を求めよ．a_{ij}, b_i や c_j はすべて既知のパラメータである．

【定式化】 例題 7.1 と同じように，製品 j の生産量を x_j とすれば，この問題はつぎの線形計画問題に一般的に定式化できる．

$$\max_{x_j} \sum_{j=1}^{n} c_j x_j$$
$$\text{s.t.} \quad \sum_{j=1}^{n} a_{ij} x_j \leqq b_i, \ i=1,\cdots,m, \ x_j \geqq 0, \ j=1,\cdots,n$$

◇

線形問題を解く一般解法としては単体法（シンプレックス法）や内点法といった解法アルゴリズムが提案されており，これが組み込まれた汎用ソルバーもコンピュータ上で容易に利用できる．実際，定式化された線形計画問題の最適解を導出するのは，正確さの点からも速さの点からもコンピュータに任せればよいが，上で例題として記述したような問題を線形計画問題に定式化するのは，2018年現在では人間にしかできない．もちろん，現場から問題を発掘し，記述された意思決定問題の形で提示することは，それ以上に人間の知恵を必要とする．

さて，一般的には線形計画問題における変数は連続実数値変数とする．これが，例えば 0 か 1 であったり，整数であったりと離散値しかとらない変数を含む最適化は**離散最適化**（discrete optimization）と呼ばれ，その解法は線形計画法とは異なるものの，見た目の定式化が似ている場合が多い．例えば，例題 7.2 で製品数を個数で数える場合は，変数を実数でなく非負の整数で扱わなければいけない．上述したように実際の解法はコンピュータに任せ，人間は問題の定式化だけに注力するという現実路線から，離散最適化問題による定式化もここで取り上げる．つぎの例題を考えよう．

例題 7.3（割当て問題） 機種の異なる n 機の航空機の整備を同数の n 人の整備員で 1 人 1 機を受けもって行う．機種に対する技術能力に依存して，整備員 $i=1,\cdots,n$ の航空機 $j=1,\cdots,n$ に対する整備時間は a_{ij} である．

7.1 線形計画法

整備に掛かる総時間を最小にするように,各整備員を各航空機に割り当てよ.

【定式化】 これまでの例題 7.1, 7.2 とは異なり,例題 7.3 は最適な実数値変数を決める問題ではなく,整備員を割り当てる問題である.このような問題では,よく 0 か 1 をとる変数(**0–1 変数**(0–1 variable)という)を用いた定式化を行う.変数 x_{ij} は,整備員 i を航空機 j に割り当てる場合は 1 を,そうでなければ 0 をとる 0–1 変数とする.0–1 変数であることは $x_{ij} \in \{0,1\}$ で表す.x_{ij} の定義から,総整備時間は $\sum_{i=1}^{n} \sum_{j=1}^{n} a_{ij} x_{ij}$ と書ける.なぜなら,x_{ij} は 0 か 1 であるから,この式では割り当てられた整備員 i と航空機 j の整備時間 a_{ij} だけが足され,割り当てられていない場合の整備時間はゼロとなるからである.つぎは制約条件である.特定の整備員 i が必ずどれかの機体に割り当てられることは,$\sum_{j=1}^{n} x_{ij} = 1$ で表現できる.なぜなら,この等式が成り立つためには,ある一つの航空機 j に対して $x_{ij} = 1$ となり,その他のすべての航空機 j' に対しては $x_{ij'} = 0$ とならなくてはいけないからである.もちろん,この制約 $\sum_{j=1}^{n} x_{ij} = 1$, $i = 1, \cdots, n$ だけでは,同じ機体に対し整備時間の小さな整備員が複数人割り当てられる状況も発生するから,各航空機 j も必ずだれか 1 人の整備員に整備される条件 $\sum_{i} x_{ij} = 1$ を入れる必要がある.

以上のことを考慮した定式化は以下の通りである.

$$\min_{x_{ij}} \sum_{i=1}^{n} \sum_{j=1}^{n} a_{ij} x_{ij}$$

$$\text{s.t.} \quad \sum_{j=1}^{n} x_{ij} = 1, \ i = 1, \cdots, n, \quad \sum_{i=1}^{n} x_{ij} = 1, \ j = 1, \cdots, n$$

$$x_{ij} \in \{0,1\}, \ i, j = 1, \cdots, n$$

◇

このように 0–1 変数による最適化問題は **0–1 整数計画問題**(0–1 integer programming problem)と呼ばれる.このような離散変数だけでなく,これまでの連続実数値変数も含まれる問題は**混合整数計画問題**(mixed integer programming problem)と呼ばれるが,一般的にいえば,問題の解法では連続変数よりも離散変数の最適値を決定する方が難しく,どちらの問題も離散最適化の分野に含まれる.

7.1.2 双対理論

次式で定式化された標準形の最大化線形計画問題 (P) を考える。

$$(P) \max_{\boldsymbol{x}} \sum_{j=1}^{n} c_j x_j$$
$$\text{s.t.} \quad \sum_{j=1}^{n} a_{ij} x_j \leqq b_i, \ i = 1, \cdots, m \tag{7.6}$$
$$x_j \geqq 0, \ j = 1, \cdots, n$$

一方,上式の係数 a, b, c がつぎのように入れ替わった,変数 $\boldsymbol{y} = (y_i, i = 1, \cdots, m)$ をもつ最小化問題 (D) を考える。

$$(D) \min_{\boldsymbol{y}} \sum_{i=1}^{m} b_i y_i$$
$$\text{s.t.} \quad \sum_{i=1}^{m} a_{ij} y_i \geqq c_j, \ j = 1, \cdots, n \tag{7.7}$$
$$y_i \geqq 0, \ i = 1, \cdots, m$$

両問題に関し,つぎの定理が成り立つ。

定理 7.1(弱双対定理) 問題 (P) および (D) の任意の実行可能解 $\boldsymbol{x} = (x_j)$, $\boldsymbol{y} = (y_j)$ に対し,次式が成立する。

$$\sum_{j=1}^{n} c_j x_j \leqq \sum_{i=1}^{m} b_i y_i \tag{7.8}$$

【証明】 x_j, y_i の非負性と条件式 (7.7), (7.6) より

$$\sum_{j=1}^{n} c_j x_j \leqq \sum_{j=1}^{n} \left(\sum_{i=1}^{m} a_{ij} y_i \right) x_j = \sum_{i=1}^{m} \left(\sum_{j=1}^{n} a_{ij} x_j \right) y_i \leqq \sum_{i=1}^{m} b_i y_i \tag{7.9}$$

が成り立つ。

$\diamond$

最適化問題の無限解とは,最大化問題であれば,無限に大きな目的関数値を与える実行可能解のことであり,最小化問題であれば,無限に小さな目的関数

値を与える実行可能解のことである．上の定理 7.1 から，無限解に関するつぎの系が得られる．

系 7.1 問題 (P) が無限解をもてば，問題 (D) は実行可能解をもたない．逆に問題 (D) が無限解をもてば，問題 (P) は実行可能解をもたない．

【証明】 問題 (D) が実行可能解 y をもてば有限な目的関数値をもつはずであるが，もし前半の仮定が成り立てば，定理 7.1 から $\infty \leq \sum_{i=1}^{m} b_i y_i$ となって矛盾する．系の後半も同様に証明できる．
◇

系 7.2 問題 (P) および (D) のある実行可能解 $\boldsymbol{x}^* = (x_j)$, $\boldsymbol{y}^* = (y_j)$ が

$$\sum_{j=1}^{n} c_j x_j^* = \sum_{i=1}^{m} b_i y_i^* \tag{7.10}$$

を満たせば，$\boldsymbol{x}^*$, $\boldsymbol{y}^*$ は最適解である．

【証明】 定理 7.1 と式 (7.10) から，問題 (P) の任意の実行可能解 $\boldsymbol{x}$ に対し

$$\sum_{j=1}^{n} c_j x_j \leq \sum_{i=1}^{m} b_i y_i^* = \sum_{j=1}^{n} c_j x_j^*$$

が成立するから，$\boldsymbol{x}^*$ は問題 (P) の最大値を与える最適解である．同様に，問題 (D) の任意の実行可能解 $\boldsymbol{y}$ に対し

$$\sum_{i=1}^{m} b_i y_i \geq \sum_{j=1}^{n} c_j x_j^* = \sum_{i=1}^{m} b_i y_i^*$$

であるから，$\boldsymbol{y}^*$ は問題 (D) の最小値を与える最適解である．

系 7.1 のように，無限解をもつ場合や実行可能解のない場合のような例外を除けば，系 7.2 で仮定した等式 (7.10) を満たす実行可能解 $\boldsymbol{x}^*$, $\boldsymbol{y}^*$ はじつは必ず存在する．つぎの定理は**双対定理** (dual theorem) と呼ばれる．

定理 7.2（双対定理） 問題 (P) が最適解をもてば問題 (D) も最適解をもち，問題 (P) の最大値と問題 (D) の最小値は一致する．

証明には最適解の数値計算アルゴリズムに関する知識を必要とするため，双対定理の証明は，線形計画問題の専門書に譲って省略する．

以上のように，問題 (P) と (D) は問題の表と裏の関係にあり，前者を**主問題** (primal problem)，後者を主問題に対する**双対問題** (dual problem) という．双対問題の変数は双対変数という．逆に問題 (D) を主問題と見れば，問題 (P) は双対問題である．系 7.1 と定理 7.2 により，線形計画問題が実行不可能である場合や無限解をもつ場合，有限の最適値をもつ場合のすべての場合を網羅したが，現実の問題では有限な最適値があると明らかにわかるケースが多く，その場合は心配することなく最適解，最適値をもつとして双対定理が利用できる．

さて，主問題から双対問題へは，**表 7.1** の変換表を書けば容易に変換できる．表を用いた場合，主問題 (P) はつぎのように作る．第一行の変数ベクトル $\boldsymbol{x}$ と第 i 行のベクトル $a_{ij},\ j=1,\cdots,n$ を要素ごと掛けて和をとり，最終列の b_i と不

表 7.1 主問題と双対問題との変換表

			0		0		0		
			∧|		∧|		∧|		
			x_1	$\cdots$	x_j	$\cdots$	x_n		
0	≦	y_1	a_{11}	$\cdots$	a_{1j}	$\cdots$	a_{1n}	≦	b_1
		$\vdots$	$\vdots$		$\vdots$		$\vdots$		$\vdots$
0	≦	y_i	a_{i1}	$\cdots$	a_{ij}	$\cdots$	a_{in}	≦	b_i
		$\vdots$	$\vdots$		$\vdots$		$\vdots$		$\vdots$
0	≦	y_m	a_{m1}	$\cdots$	a_{mj}	$\cdots$	a_{mn}	≦	b_m
			|∨		|∨		|∨		min
			c_1	$\cdots$	c_j	$\cdots$	c_n	max	

等式を作れば，制約条件式 (7.6) ができる．また，$\boldsymbol{x}$ と最終行の $c_j, j = 1, \cdots, n$ との内積が目的関数であり，その最大化は最終行，最終列にある max で示す．x_j の非負性は第一行で示されている．

同じ作業を列について行えば双対問題ができる．つまり，第一列の双対変数 $\boldsymbol{y}$ と各 j 列のベクトル $a_{ij}, i = 1, \cdots, m$ との内積により条件式 (7.7) が，最終列 $b_i, i = 1, \cdots, m$ との内積により双対問題の目的関数ができ，その下に目的関数の最小化を示す min を配置している．第一列目には $y_i \geq 0$ も表現されている．

以上からわかるように，双対変数は主問題の各制約条件 1 本に対応して一つ定義される．その対応関係にはつぎの**相補性** (complementary slackness) と呼ばれる性質がある．

定理 7.3（相補スラック定理） $\boldsymbol{x}^*$ および $\boldsymbol{y}^*$ がそれぞれ問題 (P), (D) の最適解である必要十分条件は，つぎの条件が成立することである．

$$x_j^* \left(\sum_{i=1}^{m} a_{ij} y_i^* - c_j \right) = 0, \ j = 1, \cdots, n \tag{7.11}$$

$$y_i^* \left(\sum_{j=1}^{n} a_{ij} x_j^* - b_i \right) = 0, \ i = 1, \cdots, m \tag{7.12}$$

【証明】 （十分性）条件式 (7.11) の両辺を j について総和をとり，また条件式 (7.12) の両辺を i について総和をとれば，それぞれ

$$\sum_{j=1}^{n} c_j x_j^* = \sum_{j=1}^{n} \sum_{i=1}^{m} a_{ij} x_j^* y_i^*, \quad \sum_{i=1}^{m} \sum_{j=1}^{n} a_{ij} x_j^* y_i^* = \sum_{i=1}^{m} b_i y_i^*$$

となるから，$\sum_{j=1}^{n} c_j x_j^* = \sum_{i=1}^{m} b_i y_i^*$ となる．したがって，系 7.2 から，$\boldsymbol{x}^*$ および $\boldsymbol{y}^*$ は最適解である．

（必要性）$\boldsymbol{x}^*$ および $\boldsymbol{y}^*$ が最適解であれば，弱双対定理における不等式 (7.9)

$$\sum_{j=1}^{n} c_j x_j^* \leq \sum_{j=1}^{n} \left(\sum_{i=1}^{m} a_{ij} y_i^* \right) x_j^* \leq \sum_{i=1}^{m} b_i y_i^* \tag{7.13}$$

で左辺と右辺が一致するから，左の不等式では等号が成立し，それを変形すれば

$$\sum_{j=1}^{n} x_j^* \left(\sum_{i=1}^{m} a_{ij} y_i^* - c_j \right) = 0$$

となる．条件式 (7.7) と $x_j \geqq 0$ から左辺の各項は非負であるため，上式が成立するにはそれぞれの項がゼロとならなければならず，式 (7.11) が成り立つ．式 (7.12) は，式 (7.13) の右の不等号を使って同様に証明すればよい．

この性質は，不等式制約とそれに対応する双対変数に関し，等式制約が成り立つか双対変数がゼロとなるかのどちらかが成立するということである．

表 7.1 の変換表は標準形の問題 (P) と双対問題 (D) について書いたものであるが，制約には等式制約もあれば，変数には非負でないものもあり，それらさまざまな形式をもつ一般形の線形計画問題に関する変換表を**表 7.2** に示す．

表 7.2 行列表現による変換表

(a) 標準形の変換表

			0	
			∧‖	
			x	
$0 \leqq y$		A	$\leqq b$	
		‖∨	min	
		c	max	

(b) 一般形の変換表

		0		
		∧‖		
		x_1	x_2	
$0 \leqq y_1$		A_{11}	A_{12}	$\leqq b_1$
	y_2	A_{21}	A_{22}	$= b_2$
		‖∨	‖	min
		c_1	c_2	max

簡便に示すため，式 (7.5) の定式化 (P') で示したように，行列 A，ベクトル c, b および変数ベクトル x と y を使う．行列およびベクトル表現を用いた表 7.2(a) は変換表 7.1 と同じであることに注意し，一般形の線形計画問題の変換表である表 7.2(b) を理解してもらいたい．主問題での不等式制約に対応する双対変数には非負条件が課されるが，等式制約に対応する双対変数は非負とならないことに注意してほしい．

7.2 非線形計画法

目的関数または制約条件の中に決定変数の非線形の式が含まれる問題は，非線形計画問題と呼ばれる．7.1節と同様，変数を n 次元ベクトル $\boldsymbol{x} = (x_1, \cdots, x_n) \in \boldsymbol{R}^n$ で表す．不等号のある不等式制約では，すべての式を左辺に移項すれば $g(\boldsymbol{x}) \leqq 0$ または $g(\boldsymbol{x}) \geqq 0$ となるが，後者は $-g(\boldsymbol{x}) \leqq 0$ とできるから，前者の形を標準形としよう．また，目的関数 $f(\boldsymbol{x})$ の最大化は $-f(\boldsymbol{x})$ の最小化にほかならないから，ここでは最小化の問題を標準とし，つぎの問題を標準形として議論していく．

$$(P) \quad \min_{\boldsymbol{x}} \; f(\boldsymbol{x}) \tag{7.14}$$

$$\text{s.t.} \quad g_i(\boldsymbol{x}) \leqq 0, \; i = 1, \cdots, m \tag{7.15}$$

$$h_j(\boldsymbol{x}) = 0, \; j = 1, \cdots, l \tag{7.16}$$

この問題の実行可能領域を

$$S = \{\boldsymbol{x} \in \boldsymbol{R}^n \mid g_i(\boldsymbol{x}) \leqq 0, \; i = 1, \cdots, m, \quad h_j(\boldsymbol{x}) = 0, \; j = 1, \cdots, l\}$$

で表せば，問題 (P) を解くことは，つぎを満たす実行可能解 $\boldsymbol{x}^* \in S$ を求めることにほかならない．

$$f(\boldsymbol{x}^*) \leqq f(\boldsymbol{x}), \quad \forall \, \boldsymbol{x} \in S$$

これを**最適解**または**大域的最適解**（global optimal solution）といい，$f(\boldsymbol{x}^*)$ を**最適値**（optimal value）という．実行可能解のすべてに対してでなく，ある点の近く（近傍）の点の中で一番小さい $f(\boldsymbol{x})$ の値をとる点は，局所的に最適であるという意味で，**局所最適解**（local optimum）と呼ばれる．

以下では局所最適解の満たすべき条件を議論していくが，事前準備としていくつかの事項に関する知識が必要となる．まず，微分可能な関数 $f(\boldsymbol{x})$ の**勾配**

ベクトル (gradient vector) とヘッセ行列 (Hessian matrix, Hessian) は，次式で定義される．

$$\nabla f(\boldsymbol{x}) \equiv \left(\frac{\partial f}{\partial x_1}, \frac{\partial f}{\partial x_2}, \cdots, \frac{\partial f}{\partial x_n}\right)^t$$

$$\nabla^2 f(\boldsymbol{x}) \equiv \begin{pmatrix} \dfrac{\partial^2 f}{\partial x_1^2} & \cdots & \dfrac{\partial^2 f}{\partial x_1 \partial x_n} \\ \vdots & & \vdots \\ \dfrac{\partial^2 f}{\partial x_n \partial x_1} & \cdots & \dfrac{\partial^2 f}{\partial x_n^2} \end{pmatrix}$$

すなわち，$\nabla f(\boldsymbol{x})$ はその第 i 成分が $\partial f(\boldsymbol{x})/\partial x_i$ である n 次元ベクトル，$\nabla^2 f(\boldsymbol{x})$ は (i,j) 成分が $\partial^2 f(\boldsymbol{x})/\partial x_i \partial x_j$ の $n \times n$ 行列である．

つぎに平均値の定理を説明しよう．ただし，C^k は k 回連続微分可能な関数族である．

定理 7.4（平均値の定理） $f \in C^1$ ならば，ある $\theta \in [0,1]$ による $\boldsymbol{x}' = \boldsymbol{x} + \theta \Delta \boldsymbol{x}$ に対し次式が成り立つ．ただし，中点「·」はベクトルの内積を表す．

$$f(\boldsymbol{x} + \Delta \boldsymbol{x}) - f(\boldsymbol{x}) = \nabla f(\boldsymbol{x}') \cdot \Delta \boldsymbol{x} \tag{7.17}$$

1 変数の関数 $f(x)$ に関する式 (7.17) は，$x \leqq x' \leqq x + \Delta x$ なるある x' に対し $f(x + \Delta x) - f(x) = df(x')/dx \cdot \Delta x$ となるが，その意味は図 **7.1** から明らかであろう．

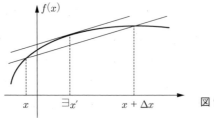

図 **7.1** 平均値の定理

7.2 非線形計画法

つぎに**全微分** (total derivative) を説明する.変数ベクトル $\boldsymbol{x} = (x_1, x_2, \cdots, x_n)$ の関数 $f(x_1, x_2, \cdots, x_n)$ の全微分 df とは,各変数 x_i $(i=1,\cdots,n)$ が微小量 Δx_i だけ増加した場合の関数の増加量 Δf の $\Delta x_i \to 0$ での極限である.全微分に関する公式

$$df = \sum_{i=1}^{n} \frac{\partial f(\boldsymbol{x})}{\partial x_i} dx_i \tag{7.18}$$

は,つぎのように導かれる.

$$\begin{aligned}
\Delta f &= f(x_1 + \Delta x_1, x_2 + \Delta x_2, \cdots, x_{n-1} + \Delta x_{n-1}, x_n + \Delta x_n) \\
&\quad - f(x_1, x_2, \cdots, x_{n-1}, x_n) \\
&= \{f(x_1 + \Delta x_1, x_2 + \Delta x_2, \cdots, x_{n-1} + \Delta x_{n-1}, x_n + \Delta x_n) \\
&\quad - f(x_1 + \Delta x_1, x_2 + \Delta x_2, \cdots, x_{n-1} + \Delta x_{n-1}, x_n)\} \\
&\quad + \cdots + \{f(x_1 + \Delta x_1, x_2, \cdots, x_n) - f(x_1, x_2, \cdots, x_n)\} \\
&= \frac{\partial f(x_1 + \Delta x_1, x_2 + \Delta x_2, \cdots, x_{n-1} + \Delta x_{n-1}, x'_n)}{\partial x_n} \Delta x_n \\
&\quad + \frac{\partial f(x_1 + \Delta x_1, x_2 + \Delta x_2, \cdots, x'_{n-1}, x_n)}{\partial x_{n-1}} \Delta x_{n-1} \\
&\quad + \cdots + \frac{\partial f(x'_1, x_2, \cdots, x_{n-1}, x_n)}{\partial x_1} \Delta x_1
\end{aligned}$$

最終式への変形には各変数 x_k ごとに $x'_k \in [x_k, x_k + \Delta x_k]$ による平均値の定理の式 (7.17) を用いた.ここで,すべての i について $\Delta x_i \to 0$ とすることで $x'_k \to x_k$ となり,式 (7.18) を得る.これによって,例えば,変数ベクトル $\boldsymbol{x}$ の各成分 x_i が媒介変数 t の関数である合成関数 $f(\boldsymbol{x}(t))$ に対し,公式

$$\frac{df}{dt} = \sum_{i=1}^{n} \frac{\partial f}{\partial x_i} \frac{dx_i(t)}{dt} \tag{7.19}$$

が得られる.

全微分の知識を用いると,上で定義した勾配ベクトル $\nabla f(\boldsymbol{x})$ が,この関数の等高線 $f(\boldsymbol{x}) = C$ (定数) の値 C を大きくする方向への法線ベクトルであることが理解できる.なぜなら,$\boldsymbol{x}$ と微小量離れている同じ等高線上の点 $\boldsymbol{x} + d\boldsymbol{x}$ に

対して，$d\boldsymbol{x} \to 0$ ならば，全微分の式 (7.18) から

$$0 = f(\boldsymbol{x}+d\boldsymbol{x}) - f(\boldsymbol{x}) = \nabla f(\boldsymbol{x})^t \, d\boldsymbol{x}$$

であるが，$d\boldsymbol{x}$ は点 x での等高線の接線ベクトルであるから，上式は $\nabla f(\boldsymbol{x})$ が接線と直交していることを意味する。また上式で $d\boldsymbol{x} = \nabla f(\boldsymbol{x})$ と置けば

$$f(\boldsymbol{x}+d\boldsymbol{x}) - f(\boldsymbol{x}) = |\nabla f(\boldsymbol{x})|^2 \geq 0$$

であるから，この法線ベクトルは関数 $f(\boldsymbol{x})$ の値を大きくする方向を向いている。

つぎに，1変数関数に関するテイラー展開の公式

$$f(x) = f(a) + f'(a)(x-a) + \cdots + \frac{f^{(k)}(a)}{k!}(x-a)^k + \cdots$$

が，多次元変数の場合にはどのように拡張されるかを見てみよう。媒介変数 θ とベクトル $\boldsymbol{h} \in \boldsymbol{R}^n$，定数 $\boldsymbol{a} \in \boldsymbol{R}^n$ による関数

$$F(\theta) = f(a_1+\theta h_1, \cdots, a_n+\theta h_n) = f(\boldsymbol{a}+\theta\boldsymbol{h})$$

を考える。$F(\theta)$ を $\theta = 0$ でテイラー展開（すなわちマクローリン展開）してみる。式 (7.19) から

$$\begin{aligned}
\left.\frac{dF}{d\theta}\right|_{\theta=0} &= \sum_{i=1}^n h_i \frac{\partial}{\partial x_i} f(\boldsymbol{a}) \\
\left.\frac{d^2 F}{d\theta^2}\right|_{\theta=0} &= \sum_{j=1}^n h_j \frac{\partial}{\partial x_j}\left(\sum_{i=1}^n h_i \frac{\partial f}{\partial x_i}\right)\bigg|_{\theta=0} \\
&= \sum_{i=1}^n h_i^2 \frac{\partial^2}{\partial x_i^2} f(\boldsymbol{a}) + 2\sum_{i<j} h_i h_j \frac{\partial^2}{\partial x_i \partial x_j} f(\boldsymbol{a}) \\
&= \left(\sum_{i=1}^n h_i \frac{\partial}{\partial x_i}\right)^2 f(\boldsymbol{a})
\end{aligned}$$

となる。最終式にある二乗は，偏微分の演算子 $\partial/\partial x_i$ をそのままの形で展開した後，関数 $f(\boldsymbol{x})$ に作用させることを意味する。同様に考えた $F(\theta)$ の高次の常微分より，$F(\theta)$ のマクローリン展開は次式となる。

$$F(\theta) = \sum_{k=0}^{\infty} \frac{1}{k!} \frac{d^k F}{d\theta^k}\bigg|_{\theta=0} \theta^k = \sum_{k=0}^{\infty} \frac{1}{k!} \left(\sum_{i=1}^{n} h_i \frac{\partial}{\partial x_i}\right)^k f(\boldsymbol{a})\theta^k$$

以上の結果を $x_i = a_i + h_i$ (つまり $h_i = x_i - a_i$) の定義に適用すれば，$F(1) = f(\boldsymbol{x})$ であり，多次元変数のテイラー展開に関するつぎの公式を得る．

$$f(\boldsymbol{x}) = F(1) = \sum_{k=0}^{\infty} \frac{1}{k!} \left(\sum_{i=1}^{n} (x_i - a_i)\frac{\partial}{\partial x_i}\right)^k f(\boldsymbol{a})$$
$$= f(\boldsymbol{a}) + \nabla f(\boldsymbol{a})^t(\boldsymbol{x}-\boldsymbol{a}) + \frac{1}{2}(\boldsymbol{x}-\boldsymbol{a})^t \nabla^2 f(\boldsymbol{a})(\boldsymbol{x}-\boldsymbol{a}) + \cdots$$
(7.20)

ちなみに，上式で $\boldsymbol{a}$ を $\boldsymbol{x}$ とし，$\boldsymbol{x}$ を $\boldsymbol{x}+d\boldsymbol{x}$ として，関数の増加量 $f(\boldsymbol{x}+d\boldsymbol{x})-f(\boldsymbol{x})$ に関する $d\boldsymbol{x}$ の一次式までとれば，全微分の式 (7.18) と一致することがわかる．

最後に，関数の形に関する凸，凹の概念を説明しよう．まず凸関数について説明する．$f(\boldsymbol{x})$ が変数 $\boldsymbol{x}$ に関し**凸** (convex) であるとはつぎのことをいう．

定義 7.1（凸関数） 任意の $\boldsymbol{x}, \boldsymbol{y} \in R^n$ と任意の係数 $\theta \in (0,1)$ に対し次式が成立つとき，関数 $f(\boldsymbol{x})$ は凸であるという．

$$f((1-\theta)\boldsymbol{x} + \theta\boldsymbol{y}) \leq (1-\theta)f(\boldsymbol{x}) + \theta f(\boldsymbol{y}) \tag{7.21}$$

上式で真の不等号が成り立つとき，関数 $f(\boldsymbol{x})$ は**狭義凸関数** (strictly convex function) であるという．

図 **7.2** に描いた曲線が，一次元変数 $x \in \boldsymbol{R}$ の凸関数 $f(x)$ の例である．

次式で定義される Δ^{p-1} は，$p-1$ 次元の**単位単体** (unit simplex) と呼ばれる．

$$\Delta^{p-1} \equiv \left\{ \theta = (\theta_1, \cdots, \theta_p) \in \boldsymbol{R}^p \,\bigg|\, \sum_{i=1}^{p} \theta_i = 1, \ \theta_i \geq 0, \ i=1, \cdots, p \right\}$$

定義 7.1 から，関数 $f(\boldsymbol{x})$ が凸であるさまざまな必要十分条件が以下のように

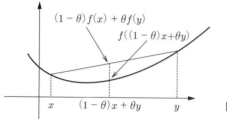

図 7.2 凸関数

求められている。

(1) 任意の自然数 p と任意の $\theta \in \Delta^{p-1}$ および $\boldsymbol{x}_i \in \boldsymbol{R}^n, i = 1, \cdots, p$ に対し

$$f\left(\sum_{i=1}^{p} \theta_i \boldsymbol{x}_i\right) \leq \sum_{i=1}^{p} \theta_i f(\boldsymbol{x}_i) \tag{7.22}$$

(2) 任意の $\boldsymbol{x}, \boldsymbol{y} \in R^n$ に対し

$$f(\boldsymbol{y}) \geq f(\boldsymbol{x}) + \nabla f(\boldsymbol{x})^t (\boldsymbol{y} - \boldsymbol{x}) \tag{7.23}$$

(3) 任意の $\boldsymbol{x}, \boldsymbol{y} \in R^n$ に対し

$$(\nabla f(\boldsymbol{y}) - \nabla f(\boldsymbol{x}))^t (\boldsymbol{y} - \boldsymbol{x}) \geq 0 \tag{7.24}$$

(4) 関数 $f(\boldsymbol{x})$ のヘッセ行列が**非負定値** (nonnegative-definite) である。すなわち，任意の $\boldsymbol{z}, \boldsymbol{x} \in \boldsymbol{R}^n$ に対し次式が成り立つ。

$$\boldsymbol{z}^t \nabla^2 f(\boldsymbol{x}) \boldsymbol{z} \geq 0 \tag{7.25}$$

凸関数 $f_i(\boldsymbol{x}), i = 1, \cdots, l$ を非負係数 $\alpha_i \geq 0, i = 1, \cdots, l$ により一次結合させた関数 $\sum_{i=1}^{l} \alpha_i f_i(\boldsymbol{x})$ も凸関数になることは自明であろう。

関数 $-f(\boldsymbol{x})$ が凸（狭義凸）であるとき，$f(\boldsymbol{x})$ を**凹関数** (concave function)（**狭義凹関数** (strictly concave function)）であるという。定義 7.1 から，凹関数は次式で定義できる。

任意の $\boldsymbol{x}, \boldsymbol{y} \in R^n$ と任意の係数 $\theta \in (0, 1)$ に対し

$$f((1-\theta)\boldsymbol{x} + \theta\boldsymbol{y}) \geq (1-\theta)f(\boldsymbol{x}) + \theta f(\boldsymbol{y}) \tag{7.26}$$

が成り立つこと，あるいは

$$f(\boldsymbol{y}) \leq f(\boldsymbol{x}) + \nabla f(\boldsymbol{x})^t(\boldsymbol{y}-\boldsymbol{x}) \tag{7.27}$$

となる関数である．これらの不等式で真の不等号が成り立つ関数は狭義凹関数である．

集合に関しても**凸集合**（convex set）がつぎのように定義される．

定義 7.2（凸集合） $S \subseteq R^n$ が凸であるとは，任意の $\boldsymbol{x}, \boldsymbol{y} \in S$ と任意の $\theta \in [0,1]$ に対し次式が成り立つ場合をいう．

$$(1-\theta)\boldsymbol{x} + \theta\boldsymbol{y} \in S \tag{7.28}$$

凸集合は，集合内の任意の2点を結んだ線分上の点もすべて集合内にある集合である．

以上の準備のもと，非線形計画の最適化問題に関する議論の手始めとして，標準形の問題 (P) で $m=0$, $l=0$ の場合，つまり制約条件のない場合の最適化問題を取り上げよう．議論を容易にするため，問題に現れる関数はすべて何回でも微分可能であるとする．

7.2.1 制約条件のない最適化問題

ここで議論するのはつぎの問題であり，変数 $\boldsymbol{x}$ には制約がない．

$$\min\ f(\boldsymbol{x}) \quad \text{s.t.} \quad \boldsymbol{x} \in R^n \tag{7.29}$$

1変数 x の場合に，横軸に x をとった関数 $f(x)$ の極小点前後のグラフを考える．局所最適解 x^* では接線の傾きがゼロとなるから $df(x^*)/dx = 0$ であり，また x^* の前後で x の増加とともに接線の傾きはしだいに増加する（もっと正確にいえば単調非減少性）から $d^2f(x^*)/dx^2 \geq 0$ であることはよく知られている．これを多次元に拡張した場合の局所最適解の必要条件を求めよう．そのため，テイラー展開の式 (7.20) を用いる．

極小解を $\boldsymbol{x}^*$ とし，$\boldsymbol{x}^*$ にきわめて近い距離の点 $\boldsymbol{x}$ について考える．$|\boldsymbol{x}-\boldsymbol{x}^*|$

はきわめて小さいから，テイラー展開における三次以上の高次の項を無視した

$$f(\boldsymbol{x}) = f(\boldsymbol{x}^*) + \nabla f(\boldsymbol{x}^*)^t(\boldsymbol{x}-\boldsymbol{x}^*) + \frac{1}{2}(\boldsymbol{x}-\boldsymbol{x}^*)^t \nabla^2 f(\boldsymbol{x}^*)(\boldsymbol{x}-\boldsymbol{x}^*)$$

を考える．第二項は $\nabla f(\boldsymbol{x}^*)^t(\boldsymbol{x}-\boldsymbol{x}^*) = \sum_{i=1}^{n}(\partial f(\boldsymbol{x}^*)/\partial x_i)(x_i - x_i^*)$ であるが，ある i において $\partial f(\boldsymbol{x}^*)/\partial x_i \neq 0$ であれば，$x_i - x_i^*$ の正負によって $f(\boldsymbol{x})$ は $f(\boldsymbol{x}^*)$ より大きくも，小さくもなる．これは $\boldsymbol{x}^*$ が極小点であることに反するから，$\nabla f(\boldsymbol{x}^*) = \boldsymbol{0}$ である必要がある．また，$f(\boldsymbol{x}^*)$ が極小値となり近傍の任意の $\boldsymbol{x}$ に対して $f(\boldsymbol{x}) \geq f(\boldsymbol{x}^*)$ となるためには，どんな $\boldsymbol{x} - \boldsymbol{x}^*$ に対しても第三項はつねに非負である必要がある．つまり，行列 $\nabla^2 f(\boldsymbol{x}^*)$ が非負定値である必要がある．以上の二つの必要条件は，**一次の必要条件**（first-order necessary condition），**二次の必要条件**（second-order necessary condition）と呼ばれる．

定理 7.5（一次の必要条件） $\boldsymbol{x}^*$ が問題（式 (7.29)）の局所最適解であるならば，次式が成り立つ．

$$\nabla f(\boldsymbol{x}^*) = \boldsymbol{0} \tag{7.30}$$

定理 7.6（二次の必要条件） $\boldsymbol{x}^*$ が問題（式 (7.29)）の局所最適解であるならば，ヘッセ行列 $\nabla^2 f(\boldsymbol{x}^*)$ は非負定値である．すなわち，任意の $\boldsymbol{y} \in \boldsymbol{R}^n$ に対し次式が成り立つ．

$$\boldsymbol{y}^t \nabla^2 f(\boldsymbol{x}^*) \boldsymbol{y} \geq 0 \tag{7.31}$$

定理 7.5, 7.6 は極小点の必要条件であるから，これを満たせば大域的最小解とは必ずしもいえないが，大域的最小解は必ずこれらの条件を満たすから，これらの必要条件を満たす局所最小解が有限個しかなく，かつ簡単に見つけられるならば，それらの中から目的関数値を最も小さくするものを求めれば，それ

が大域的最適解である。

7.2.2 等式制約をもつ最適化問題とラグランジュの未定乗数法

簡単な例を考えることで，この場合の解法を与えるラグランジュの未定乗数法について説明しよう。いま三次元変数 $\boldsymbol{x} = (x, y, z)$ に関する 1 本の等式制約 $h(x, y, z) = 0$ のもとで関数 $f(x, y, z)$ を最小化することを考える。7.2.1 項とは異なり，等式制約に縛られ，変数 x, y, z を個別に変化させることはできない。すなわち，各変数の変化量 dx, dy, dz は，全微分の式 (7.18) から

$$h(x+dx, y+dy, z+dz) - h(x,y,z) = dh$$
$$= \frac{\partial h(x,y,z)}{\partial x}dx + \frac{\partial h(x,y,z)}{\partial y}dy + \frac{\partial h(x,y,z)}{\partial z}dz = 0$$

を満たすから，変化量 dz は dx, dy に依存する形でしか設定できず

$$dz = -\frac{1}{\partial h(x,y,z)/\partial z}\left(\frac{\partial h(x,y,z)}{\partial x}dx + \frac{\partial h(x,y,z)}{\partial y}dy\right)$$

である。ここで目的関数 $f(x, y, z)$ の変化を考えると，同じ全微分の式から

$$\begin{aligned}df &= f(x+dx, y+dy, z+dz) - f(x,y,z) \\ &= \frac{\partial f(x,y,z)}{\partial x}dx + \frac{\partial f(x,y,z)}{\partial y}dy + \frac{\partial f(x,y,z)}{\partial z}dz \\ &= \frac{\partial f(x,y,z)}{\partial x}dx + \frac{\partial f(x,y,z)}{\partial y}dy \\ &\quad - \frac{\partial f(x,y,z)/\partial z}{\partial h(x,y,z)/\partial z}\left(\frac{\partial h(x,y,z)}{\partial x}dx + \frac{\partial h(x,y,z)}{\partial y}dy\right) \\ &= \left(\frac{\partial f(x,y,z)}{\partial x} + \lambda\frac{\partial h(x,y,z)}{\partial x}\right)dx \\ &\quad + \left(\frac{\partial f(x,y,z)}{\partial y} + \lambda\frac{\partial h(x,y,z)}{\partial y}\right)dy \end{aligned} \qquad (7.32)$$

となる。ただし

$$\lambda \equiv -\frac{\partial f(x,y,z)/\partial z}{\partial h(x,y,z)/\partial z} \qquad (7.33)$$

と置いた。式 (7.32) では dz を dx および dy で置き換えたが，dx と dy は制

約がなく自由に変えることができるから，(x,y,z) が局所最適解であれば，式 (7.32) の dx および dy の係数はゼロでなければならない．これに定義式 (7.33) を加えると，つぎの三式を得る．

$$\frac{\partial f(x,y,z)}{\partial x} + \lambda \frac{\partial h(x,y,z)}{\partial x} = 0, \quad \frac{\partial f(x,y,z)}{\partial y} + \lambda \frac{\partial h(x,y,z)}{\partial y} = 0$$

$$\frac{\partial f(x,y,z)}{\partial z} + \lambda \frac{\partial h(x,y,z)}{\partial z} = 0$$

上の三式はあたかも関数 $L(x,y,z;\lambda) \equiv f(x,y,z) + \lambda\, h(x,y,z)$ に関する制約条件なしの極値問題における必要条件 $\nabla L = \mathbf{0}$ とまったく同じである．この λ を**ラグランジュの未定乗数**（Lagrange multiplier）と呼び，目的関数と等式制約とで作った新しい関数 L を**ラグランジュ関数**（Lagrangian function）と呼ぶ．3 変数と 1 本の等式制約をもつ極値問題に関する以上の解法を整理すると，まず，ラグランジュ乗数 λ を導入して，目的関数 f と等式条件の関数 h からラグランジュ関数 L を作成し，L に関する条件なし最適化問題に対する局所最適解の一次の必要条件

$$\frac{\partial L}{\partial x} = 0, \quad \frac{\partial L}{\partial y} = 0, \quad \frac{\partial L}{\partial z} = 0$$

および等式制約 $h(x,y,z) = 0$ の四つの連立方程式により，四つの変数 x, y, z および λ を決定すれば，その中に局所最適解がある．以上の解法を**ラグランジュの未定乗数法**（method of Lagrange multiplier）と称する．

このやり方は，多変数 $\boldsymbol{x} \in \boldsymbol{R}^n$ で複数の等式制約をもつつぎの問題の解法にも容易に拡張できる．

$$\min_{\boldsymbol{x}} f(\boldsymbol{x}) \quad \text{s.t.} \quad h_j(\boldsymbol{x}) = 0,\ j = 1,\cdots,m \tag{7.34}$$

この問題に対して，ラグランジュ乗数 $\{\lambda_j,\ j = 1,\cdots,m\}$ を導入して，以下によりラグランジュ関数 L を定義する．

$$L(\boldsymbol{x};\lambda) \equiv f(\boldsymbol{x}) + \sum_{j=1}^{m} \lambda_j h_j(\boldsymbol{x}) \tag{7.35}$$

つぎに，原問題の局所最適解 $\boldsymbol{x}^* = (x_1^*,\cdots,x_n^*)$ および最適なラグランジュ乗

数 λ_j^*, $j=1,\cdots,m$ の計 $n+m$ 個の変数を,以下の $n+m$ 本の等式条件からなる連立方程式を解いて決定する.

$$\frac{\partial L}{\partial x_i} = \frac{\partial f(x)}{\partial x_i} + \sum_{j=1}^{m} \lambda_j \frac{\partial h_j(x)}{\partial x_i} = 0, \quad i=1,\cdots,n \tag{7.36}$$

$$h_j(\boldsymbol{x}) = 0, \quad j=1,\cdots,m \tag{7.37}$$

7.2.3 不等式制約をもつ最適化問題と Karush-Kuhn-Tucker 条件

等式制約をもつ最適化問題に関しては,制約条件をラグランジュ関数の形で目的関数に組み込むことにより,制約なし問題と同様の解法で解かれることがわかった.ここでは,不等式制約のみをもつつぎの**基準形非線形計画問題**(canonical nonlinear programming problem)の解法を考える.

$$(CP) \quad \min_{\boldsymbol{x}} f(\boldsymbol{x}) \tag{7.38}$$

$$\text{s.t.} \quad g_i(\boldsymbol{x}) \leqq 0, \ i=1,\cdots,m \tag{7.39}$$

変数の実行可能領域は $S = \{\boldsymbol{x} \in R^n \mid g_i(\boldsymbol{x}) \leqq 0, \ i=1,\cdots,m\}$ である. $\boldsymbol{x} \in S$ に対し $g_i(\boldsymbol{x}) = 0$ となる制約式を**有効な制約式**(active constraint)といい,その制約条件の添字の集合をつぎで定義しておく.

$$I(\boldsymbol{x}) \equiv \{i \in \{1,\cdots,m\} \mid g_i(\boldsymbol{x}) = 0\} \tag{7.40}$$

全微分の説明に際して述べたように,$\nabla g_i(\boldsymbol{x})$ は有効な制約によって表される曲線 $g_i(\boldsymbol{x}) = 0$ の法線ベクトルであるが,これと鈍角をなすつぎのようなベクトルの集合を考える.

$$G(\boldsymbol{x}) \equiv \{\boldsymbol{y} \in \boldsymbol{R}^n \mid \nabla g_i(\boldsymbol{x})^t \boldsymbol{y} < 0, \ i \in I(\boldsymbol{x})\}$$

$\boldsymbol{y} \in G(\boldsymbol{x})$ と有効な制約条件式 $i \in I(\boldsymbol{x})$ に対しては,平均値の定理の式 (7.17) から,微小な $\varepsilon > 0$ と,ある $0 \leqq \theta \leqq 1$ に対し

$$g_i(\boldsymbol{x}+\varepsilon\boldsymbol{y}) = g_i(\boldsymbol{x}) + \varepsilon \nabla g_i(\boldsymbol{x}+\theta\varepsilon\boldsymbol{y})^t \boldsymbol{y} \leqq g_i(\boldsymbol{x}) = 0$$

であり,有効でない制約条件 $i \notin I(\boldsymbol{x})$ では $g_i(\boldsymbol{x}) < 0$ となっているから,十分

小さい $\varepsilon > 0$ によって $g_i(\boldsymbol{x} + \varepsilon \boldsymbol{y}) \leqq 0$ とできる。つまり，このベクトル方向 $\boldsymbol{y} \in G(\boldsymbol{x})$ は，$\boldsymbol{x}$ から実行可能領域を外れないように変化できる方向である。この意味で，$G(x)$ の要素は**許容方向ベクトル** (feasible direction vector) と呼ばれる。

同様に，目的関数値 $f(\boldsymbol{x})$ を減少させる方向をもつベクトルの集合は

$$F(\boldsymbol{x}) \equiv \{\boldsymbol{y} \in R^n \mid \nabla f(\boldsymbol{x})^t \boldsymbol{y} < 0\}$$

で与えられる。以上から，$G(\boldsymbol{x}) \cap F(\boldsymbol{x}) \neq \emptyset$ であれば，点 $\boldsymbol{x}$ の近傍に，制約条件を満たし，かつ目的関数も小さくできる点が存在することになり，x は局所最適でないことになる。つまり，$\boldsymbol{x}^* \in S$ が問題 (CP) の局所最適解ならば，つぎの条件が成り立つ。

$$G(\boldsymbol{x}^*) \cap F(\boldsymbol{x}^*)$$
$$\equiv \{\boldsymbol{y} \in \boldsymbol{R}^n \mid \nabla f(\boldsymbol{x}^*)^t \boldsymbol{y} < 0,\ \nabla g_i(\boldsymbol{x}^*)^t \boldsymbol{y} < 0,\ i \in I(\boldsymbol{x}^*)\} = \emptyset \quad (7.41)$$

局所最適解に関するこの必要条件を **Karush-Kuhn-Tucker（KKT）条件** (KKT condition) と呼ばれる有名な条件に昇華させるために，つぎに **Farkas の補題** (Farkas' lemma) と **Gordan の定理** (Gordan's theorem) を紹介しよう。

補題 7.1（Farkas の補題） $m \times n$ 行列 $\boldsymbol{A}$ とベクトル $\boldsymbol{b} \in R^m$ に関して次式で定義される集合 $X(\boldsymbol{A}, \boldsymbol{b})$ と $Y(\boldsymbol{A}, \boldsymbol{b})$ は，どちらか一方のみが空集合となる。

$$X(\boldsymbol{A}, \boldsymbol{b}) = \{\boldsymbol{x} \in R^n | \boldsymbol{A}\boldsymbol{x} = \boldsymbol{b},\ \boldsymbol{x} \geqq \boldsymbol{0}\} \quad (7.42)$$
$$Y(\boldsymbol{A}, \boldsymbol{b}) = \{\boldsymbol{y} \in R^m | \boldsymbol{y}^t \boldsymbol{A} \geqq \boldsymbol{0}^t,\ \boldsymbol{y}^t \boldsymbol{b} < 0\} \quad (7.43)$$

【証明】 $\boldsymbol{x} \in X(\boldsymbol{A}, \boldsymbol{b}) \neq \emptyset$ であるとすると，任意の $\boldsymbol{y} \in Y(\boldsymbol{A}, \boldsymbol{b})$ に対し $\boldsymbol{y}^t \boldsymbol{b} = \boldsymbol{y}^t \boldsymbol{A} \boldsymbol{x} \geqq 0$ となり，$\boldsymbol{y}^t \boldsymbol{b} < 0$ に矛盾する。逆の証明，すなわち，$X(\boldsymbol{A}, \boldsymbol{b}) = \emptyset$ な

らば $y \in Y(A, b)$ なる y が存在することの証明は，非線形計画法に関する専門書に譲り，ここでは省略する．

◇

図 7.3 による幾何学的な説明により，Farkas の補題の正しさがおおむね理解できるであろう．行列 A が 2 本の列ベクトル a_1, a_2 からなるとき，$X(A, b) \neq \emptyset$ は，ベクトル b が a_1, a_2 の非負の係数による一次結合で表されることを意味するから，ベクトル a_1, a_2 と鋭角をなすベクトル y は，ベクトル b とも鋭角をなすはずである．ところが，集合 $Y(A, b) \neq \emptyset$ の意味するところは，ベクトル a_1, a_2 と鋭角をなし，かつ b とは鈍角をなすベクトル y が存在するということであり，両者は矛盾するのである．

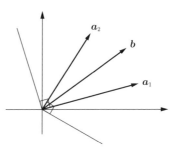

図 7.3　$X(A, b) \neq \emptyset$ の説明図

定理 7.7（Gordan の定理）　実数値の $m \times n$ 行列 A に対して，つぎのいずれか一方が成り立つ．

(1) $0 \neq x \geq 0$ なるある $x \in R^n$ に対して，$Ax = 0$ となる．

(2) ある $y \in R^m$ に対し，$y^t A < 0$ となる．

【証明】　(1) が成立しているとする．(2) を満たす y が存在し，ベクトル $y^t A$ のすべての要素が負となれば，各要素が非負である $0 \neq x \geq 0$ なる任意の x に対し $y^t Ax < 0$ となるが，$Ax = 0$ なる x は任意の y に対し $y^t Ax = 0$ を成立させるはずであり，両者は矛盾する．つぎに，(1) を満たす x が存在しないとしよう．単位ベクトル $e \in R^n$ に対し，$A2x = 0$ および $e^t x = 1$ を満たす $x \in R^n$ は存在しない．したがって

$$\left\{ x \in R^n \middle| \begin{pmatrix} A \\ e^t \end{pmatrix} x = \begin{pmatrix} 0 \\ 1 \end{pmatrix},\ x \geq 0 \right\} = \emptyset$$

であるから，Farkas の補題 7.1 において $b = (0, 1)^t$ とし，$u \in R^m, \alpha \in R$ なるある $y^t = (u^t, \alpha)$ を考えれば，式 (7.43) から，$u^t A + \alpha e^t \geq 0$ かつ $\alpha < 0$ が満たされる．したがって，$-u^t A \leq \alpha e^t < 0$ なる $-u \in R^m$ が存在する．つまり，

(2) を満たす y が存在する。

$\diamondsuit$

本題の問題 (CP) に戻ろう。この問題の局所最適解が $x^* \in S$ ならば，条件式 (7.41) が成り立つが，これは，$\nabla f(x^*)$ と $\{\nabla g_i(x^*), i \in I(x^*)\}$ を縦ベクトルとして合成した $n \times (|I(x^*)|+1)$ 行列である A に対し，Gordan の定理 (2) が成り立たないことを示している。したがって，(1) を満たす $0 \neq \xi \geq 0$ なる $\xi \in R^{(|I(x^*)|+1)}$ が存在する。この係数ベクトルの成分 $\{\xi_i, i \in I(x^*)\}$ に，$j \notin I(x^*)$ に対しては $\xi_j = 0$ とした要素を組み入れた $\xi = (\xi_0, \xi_1, \cdots, \xi_m)$ を考えれば，局所最適解の条件としてつぎの定理を得る。

定理 7.8（**F.John の条件**）　　問題 (CP) の局所最適解が $x^* \in S$ ならば，次式を満たす乗数 $\xi \in R^{(m+1)}$ が存在する。

$$\xi_0 \nabla f(x^*) + \sum_{i=1}^{m} \xi_i \nabla g_i(x^*) = 0 \tag{7.44}$$

$$\xi_i g_i(x^*) = 0, \ i = 1, \cdots, m \tag{7.45}$$

$$g_i(x^*) \leq 0, \ i = 1, \cdots, m \tag{7.46}$$

$$0 \neq \xi = (\xi_0, \xi_1, \cdots, \xi_m) \geq 0 \tag{7.47}$$

式 (7.44)〜(7.47) は **F.John 条件**（F.John condition）と呼ばれ，局所最適解の条件を 1 組の等式・不等式制約系の乗数の存在に結び付けたものとして歴史的に重要な意味をもつ。また，ξ は **F.John 乗数ベクトル**（F.John's multiplier vector）と呼ばれる。ここで，F.John の定理において $\xi_0 \neq 0$ であれば，$\lambda_i = \xi_i/\xi_0$ と置き直すことによって，つぎの定理が導かれる。

定理 7.9（**Karush-Kuhn-Tucker 条件**）　　問題 (CP) の局所最適解 x^* に対し $\{\nabla g_i(x^*), \ i \in I(x^*)\}$ が一次独立ならば，つぎの条件を満足する乗数 $\{\lambda_i, \ i = 1, \cdots, m\}$ が存在する。

$$\nabla f(\boldsymbol{x}^*) + \sum_{i=1}^{m} \lambda_i \nabla g_i(\boldsymbol{x}^*) = \boldsymbol{0} \tag{7.48}$$

$$\lambda_i g_i(\boldsymbol{x}^*) = 0, \ i = 1, \cdots, m \tag{7.49}$$

$$g_i(\boldsymbol{x}^*) \leqq 0, \ i = 1, \cdots, m \tag{7.50}$$

$$\lambda_i \geqq 0, \ i = 1, \cdots, m \tag{7.51}$$

式 (7.48)〜(7.51) が有名な Karush-Kuhn-Tucker 条件（KKT 条件）である。条件式 (7.49) は**相補性条件**（complementary slackness condition）と呼ばれる。また, 乗数 λ_i を **Karush-Kuhn-Tucker 乗数ベクトル** (Karush-Kuhn-Tucker multiplier vector) という。ここで，7.2.2 項で述べたラグランジュ関数として

$$L(\boldsymbol{x}; \lambda) \equiv f(\boldsymbol{x}) + \sum_{i=1}^{m} \lambda_i g_i(\boldsymbol{x}) \tag{7.52}$$

を作れば，式 (7.48) はわかりやすい式 $\nabla L(\boldsymbol{x}; \lambda) = \boldsymbol{0}$ で表現できる。

以上述べたように，基準形非線形計画問題 (CP) の局所最適解の必要条件として F.John の条件が得られ，その特殊な場合が KKT 条件である。F.John 条件の式 (7.44) で $\xi_0 = 0$ となれば，目的関数 $f(\boldsymbol{x})$ が含まれない形で必要条件が述べられるが，そのような特殊なケースはまれである。現実的な多くの問題では，最適解は目的関数と制約条件との両方で決まり，KKT 条件を用いて最適解を探すことで十分である。KKT 乗数ベクトルの存在を保証するための制約条件を**制約想定**（constraint qualification）と呼ぶ。上の定理 7.9 における $\nabla g_i(\boldsymbol{x}^*)$ の一次独立性もその一つである。制約想定に関しては，このほかにもさまざまな条件の研究がなされているが，ここでは割愛する。

最後に，基準形非線形計画問題 (CP) では除外した等式制約をつぎのように加味した場合の KKT 条件を記載する。

$$(NLP) \quad \min_{\boldsymbol{x}} \ f(\boldsymbol{x})$$
$$\text{s.t.} \quad g_i(\boldsymbol{x}) \leqq 0, \ i = 1, \cdots, m \tag{7.53}$$
$$h_j(\boldsymbol{x}) = 0, \ j = 1, \cdots, l \tag{7.54}$$

この問題の KKT 条件を導出するにあたっては，7.2.2 項でのラグランジュの未定乗数法から考えてもよいし，基準形非線形計画問題の中で $h_j(\boldsymbol{x}) \leq 0$ および $-h_j(\boldsymbol{x}) \leq 0$ の 2 本の不等式制約で等式制約を表現して考えてもよい．以下に，結果だけを記述する．

制約条件式 (7.53) にはラグランジュ乗数 λ_i を，式 (7.54) には μ_j を対応させて作成したラグランジュ関数

$$L(\boldsymbol{x}; \lambda, \mu) = f(\boldsymbol{x}) + \sum_{i=1}^{m} \lambda_i g_i(\boldsymbol{x}) + \sum_{j=1}^{l} \mu_j h_j(\boldsymbol{x}) \tag{7.55}$$

に対し，KKT 条件はつぎの条件式系で与えられる．

$$\nabla L(\boldsymbol{x}; \lambda, \mu) = \nabla f(\boldsymbol{x}) + \sum_{i=1}^{m} \lambda_i \nabla g_i(\boldsymbol{x}) + \sum_{j=1}^{l} \mu_j \nabla h_j(\boldsymbol{x}) = \boldsymbol{0}, \tag{7.56}$$

$$\lambda_i g_i(\boldsymbol{x}) = 0, \ i = 1, \cdots, m \tag{7.57}$$

$$\lambda_i \geq 0, \ i = 1, \cdots, m \tag{7.58}$$

$$g_i(\boldsymbol{x}) \leq 0, \ i = 1, \cdots, m \tag{7.59}$$

$$h_j(\boldsymbol{x}) = 0, \ j = 1, \cdots, l \tag{7.60}$$

この KKT 条件には，乗数 μ_j の非負性はない．

これまで基準形非線形計画問題 (CP) の関数 $f(\boldsymbol{x})$, $g_i(\boldsymbol{x})$ を一般的な関数としてきたが，これらが凸関数であるとき，この問題を**凸計画問題** (convex programming problem) と呼ぶ．凸計画問題に関しては，KKT 条件は最適解の必要十分条件となるため，解法にとってはきわめて重要となる．この説明に入る前に，凸計画問題の実行可能領域の凸性をつぎのように確認しておく．$\boldsymbol{x}, \boldsymbol{y} \in S \equiv \{\boldsymbol{x} \in R^n \mid g_i(\boldsymbol{x}) \leq 0, \ i = 1, \cdots, m\}$ とする．$g_i(\boldsymbol{x}), g_i(\boldsymbol{y}) \leq 0$ であるから，任意の $\theta \in [0, 1]$ に対し

$$g_i(\theta \boldsymbol{x} + (1-\theta)\boldsymbol{y}) \leq \theta g_i(\boldsymbol{x}) + (1-\theta)g_i(\boldsymbol{y}) \leq 0$$

となり，$\theta \boldsymbol{x} + (1-\theta)\boldsymbol{y} \in S$ である．

凸計画問題に関しては，つぎの定理が成り立つ．

定理 7.10 凸計画問題の局所最適解は大域的最適解である。

【証明】 $x^* \in S$ が大域的最適解ではない局所最適解とすると，x^* の近傍の任意の点 $x \in S$ に対し，$f(x^*) \leqq f(x)$ である。いま，x^* とは異なる大域的最適解 $\widehat{x}$ が存在すると仮定すれば，$f(\widehat{x}) < f(x^*)$ である。任意の $\theta \in (0,1)$ に対し，$x' = \theta \widehat{x} + (1-\theta) x^*$ を作れば，$x' \in S$ であり

$$f(x') = f(\theta \widehat{x} + (1-\theta) x^*) \leqq \theta f(\widehat{x}) + (1-\theta) f(x^*) < f(x^*)$$

が成り立つ。したがって，$\theta \to 0$ とすれば，x^* より目的関数を小さくする x' が x^* の S 内の近傍に存在することになり，その局所最適性に反する。したがって，x^* は大域的最適解である。

最後につぎの定理を提示して，凸計画問題における KKT 条件の有用性を示す。

定理 7.11 f, g_i が凸であれば，制約領域 S において KKT 条件を満たす実行可能解 x^* は大域的最適解である。

【証明】 λ^* を最適な乗数ベクトルとし，$x^* \in S$ は KKT 条件を満たしているとする。f, g_i は凸関数で，$\lambda_i^* \geqq 0$ であるから，式 (7.52) のラグランジュ関数 $L(x; \lambda^*) = f(x) + \sum_{i=1}^{m} \lambda_i^* g_i(x)$ はやはり凸関数である。そこで式 (7.23) から任意の x に対して次式が成り立つ。

$$L(x; \lambda^*) \geqq L(x^*; \lambda^*) + \nabla L(x^*; \lambda^*)^t (x - x^*)$$

条件式 (7.48) から $\nabla L(x^*; \lambda^*) = 0$ であり，相補条件式 (7.49) から $\sum_{i=1}^{m} \lambda_i^* g_i(x^*) = 0$ であるから，上式の右辺は $f(x^*)$ にほかならない。整理すると

$$f(x) + \sum_{i=1}^{m} \lambda_i^* g_i(x) \geqq f(x^*)$$

となるが，$x \in S$ ならば $g_i(x) \leqq 0$ であるから，結局 $f(x) \geqq f(x^*)$ となり，x^* の最適性が証明された。

7.3 動的計画法

動的計画法 (dynamic programming, DP) は大変ユニークな手法である．これが適用できる問題の多様性は，ほかの数理計画手法よりも格段に大きい．この解法の手順を解説するために，つぎの問題を考える．

例題 7.4（分割問題） $x_1 + x_2 + x_3 + x_4 = 50$ を満たす非負の実数値変数 $x_1, \cdots, x_4$ により，$\sum_{i=1}^{4} x_i^2$ を最小化せよ．

この問題にわかりやすい解釈を与えると，全体で 50 の量を四つにうまく分割して，それぞれの平方の和を最小にせよ，という問題である．この問題をラグランジュの未定乗数法で解くことは容易である．動的計画法では，問題の構造を変えずに，より容易に解ける問題に分解してもとの問題の解を求める．上の問題の構造は，全体の量 $v = 50$ と分割数 $n = 4$ の二つの要素をもつ．そこで一般的な問題「全体の量 v を n 個に分割して，それぞれの分割量の平方の和の最小値 $f_n(v)$ を求めよ」という問題を考える．最初の問題では $f_4(50)$ を求めたいのであるが，もし x_4 が与えられたとすると，平方の和 $\sum_{i=1}^{4} x_i^2$ を最小にするには，x_4^2 の項を除いた $\sum_{i=1}^{3} x_i^2$ を x_4 以外の残りの量 $50 - x_4$ を最適に三つに分割して最小にすべきである．したがって，x_4 が既知である四分割問題の最適値は $f_3(50 - x_4) + x_4^2$ により計算できる．もちろん，最終的には，いま既知としていた x_4 も $0 \leq x_4 \leq 50$ の範囲で最適にすべきであるから

$$f_4(50) = \min_{0 \leq x_4 \leq 50} \{f_3(50 - x_4) + x_4^2\} \tag{7.61}$$

が成立するはずである．このように，サイズは異なるが同じ構造をもつ関数（ここでは $f_n(v)$) 間の関係式を**漸化式** (recurrence equation) という．この漸化式により $f_4(50)$ が計算できたわけではないが，その構造，サイズがよりシンプル

な問題 $f_3(50-x_4)$ の議論に落とし込めたことが漸化式の効果である．同様に

$$f_3(v_3) = \min_{0 \leq x_3 \leq v_3} \{f_2(v_3 - x_3) + x_3^2\}$$
$$f_2(v_2) = \min_{0 \leq x_2 \leq v_2} \{f_1(v_2 - x_2) + x_2^2\} \qquad (7.62)$$

が得られるが，最後の式に含まれる最適値 $f_1(v_2-x_2)$ はいわば分割のない問題にほかならないから $f_1(v_2-x_2) = (v_2-x_2)^2$ である．

さて，このような自明な最適値が得られたならば，よりサイズの大きな問題へその最適値を挿入することで，漸化式のブレークダウンを逆にたどりながら最適値をつぎつぎに計算していく．このようにして，四分割問題の最適値 $f_4(50)$ が最終的に求まれば，最初の問題が解けたことになる．

実際に，式 (7.62) の漸化式を用いて $f_2(v_2)$ を計算してみよう．

$$f_2(v_2) = \min_{0 \leq x_2 \leq v_2} \{f_1(v_2 - x_2) + x_2^2\} = \min_{0 \leq x_2 \leq v_2} \{(v_2 - x_2)^2 + x_2^2\}$$
$$= \min_{0 \leq x_2 \leq v_2} \left\{2\left(x_2 - \frac{v_2}{2}\right)^2 + \frac{v_2^2}{2}\right\} = \frac{v_2^2}{2}$$

最終式は $x_2 = v_2/2$ のとき，つまり，$x_1 = x_2 = v_2/2$ として全量 v_2 を等分割することで得られる．同様に，$f_3(v_3)$ に関する漸化式に $f_2(v_3-x_3) = (v_3-x_3)^2/2$ を代入して最小化問題を解けば $f_3(v_3)$ が得られるが，ここまでくれば，どの分割数による分割でも最適解は全量を等分割して得られると推測できる．この推測が真実であることは証明を必要とするが，上記のような逐次的な計算を可能にする動的計画法の漸化式は，数学的帰納法による証明との相性が抜群である．

7.3.1 最適性の原理

例題 7.4 に用いた解法は，動的計画法の創始者であるベルマン[6]によって提案されたつぎの**最適性の原理**（principle of optimality）を適用したものである．

> 「最適政策は，最初の状態および最初の決定がなんであっても，残りの決定は最初の決定から生じる状態に関して最適政策を構成しなければならない」

140   7. 最 適 化 理 論

　上述した分割問題では，最初の状態は全体の総量が50である状態であり，最初の決定はその中で x_4 だけを与えたという決定である．その結果生じた全体の総量 $50 - x_4$ の状態に対して最適政策を実施しなくてはならないから，残量 $50 - x_4$ の三分割量の平方の和は最適値 $f_3(50 - x_4)$ でなければならない．この関係は，最初の決定 x_4 がなんであっても成り立つ．この関係性を見出すことが，動的計画法による解法で最も重要な点である．この関係式から漸化式 (7.61) や (7.62) が導出できる．上述した最適分割のような数学的な問題に，最適性の原理で述べられている「最適政策」という大上段に構えた言葉は似合わないように思われるかもしれないが，動的計画法の広範な適用性を知れば，納得していただけるだろう．そのために，次項ではタイプの異なるほかの問題も取り上げる．

　例題7.4で例示したが，動的計画法による解法の一般的な手順はつぎの通りである．

　手順1：取り扱う問題の最適値を，問題の状態やサイズに対し定義する．

　手順2：その最適値と，より小さなサイズや状態の同じ構造をもつ問題の最適値との関係を漸化式として表す．

　手順3：初期条件として最適解が自明であるサイズや状態の問題の最適値を求め，上の漸化式を利用して逐次的によりサイズが大きく複雑な状態の問題の最適値，最適解を計算していく．この逐次計算を，所定のサイズや状態の問題の最適値に到達するまで実施する．

　動的計画法による定式化の漸化式では，問題に固有のなんらかの最適化演算が行われる必要がある．そうでなければ，意思決定の必要のない単なる計算式ということになる．例えば，フィボナッチ数列として知られる数列 $1, 1, 2, 3, 5, 8, 13, \cdots$ は，$f_1 = f_2 = 1$ の初期値から漸化式 $f_{n+2} = f_{n+1} + f_n$, $n = 1, 2, \cdots$ により計算できるが，この漸化式は単なる計算手順を示すものであり，最適化演算は含まれないから，動的計画法には分類されない．

7.3.2 動的計画法による定式化とさまざまな最適政策

本項では，最適性の原理で述べられている最適政策と呼ぶにふさわしい問題を考えてみよう。

〔1〕 **ファイナルアンサー問題**　つぎのようなゲームショーを考える。

最初は1番目のクイズに答える権利を得ている段階である。解答者は報酬 g_1 を得て帰ることができるし，この報酬 g_1 を支払って第一のクイズにトライできる。このクイズに正解すれば，つぎの段階に進むことができるが，正解しなかったら報酬を得ることなく終了となる。一般に第 k 番目のクイズに答える権利を得ている段階では，報酬 g_k を得て帰るか，これを掛けてこのクイズにトライできる。それに正解すればさらに上の段階に進めるが，不正解だとなにも報酬を得ずに終了となる。

全部で $n-1$ 問のクイズがあり，最後のクイズに正解すれば賞金 g_n を得て終了する。報酬はしだいに大きくなり，$g_1 < g_2 < \cdots < g_{n-1} < g_n$ である。また，解答者が k 番目のクイズに正解する確率は p_k と見積もられるが，しだいに難しい問題となるため $p_1 > p_2 > \cdots > p_{n-1}$ である。解答者は各段階でどう決断すべきか（それまでの賞金をもらって帰るか，つぎのクイズにトライするか）の最適政策を求める問題を考える。

最適政策は，クイズの各段階で，それまで獲得した賞金をもらって「バイバイする」か，つぎのクイズに「トライ」するかを選択することである。クイズの正答・不正答は確率的であるから，この問題で獲得できる報酬は確率的となり，参加者は報酬の期待値を最大にするように行動することが合理的である。したがって，動的計画法の手順1 (7.3.1項) として，i 番目のクイズに答える権利を得ている段階 i で，以後最適政策をとった場合に得られる最大の期待報酬を V_i と置くことからはじめる。もちろん，知りたいのは最初の段階での V_1 と以後の最適選択である。

つぎに，V_i とつぎの段階での最適値 V_{i+1} との関係を表す漸化式を作成しよう。もし「バイバイ」すれば，確定した賞金 g_i を得て帰ることなる。では，「トライ」した場合に以後得られる最大の期待賞金額はどう表されるか。確率 p_i で

クイズに正答すればつぎの段階にいくが，それ以降で得られる最大期待報酬は V_{i+1} である。また確率 $1-p_i$ で不正答なら報酬はゼロである。つまり，トライにより得られる最大の期待報酬は $p_i V_{i+1}$ である。「バイバイ」か「トライ」かのベストな選択は，上記の二つの賞金額を比較して大きな方を選ぶべきであろう。したがって，得られる漸化式は次式となる。

$$V_i = \max\{g_i,\ p_i V_{i+1}\},\ i = 1, \cdots, n-1 \tag{7.63}$$

これが動的計画法の手順2である。

つぎに，この漸化式を用いて逐次計算を実施していくが，その出発点は，最終クイズに正解を出した段階 n では最終賞金 g_n をもらって帰るという $V_n = g_n$ である。あとは，漸化式 (7.63) を使って $i = n-1, n-2, \cdots, 1$ と逆順に V_i を計算し，V_1 が求められたら終了である。これが手順3である。その際，式 (7.63) の V_i が右辺の max の中の第一項で与えられれば，この段階 i では「バイバイ」が最適な選択であり，第二項で与えられれば「トライ」が最適な選択となる。

〔2〕 **最短経路問題**　　グラフ・ネットワーク理論でおなじみのこの問題は，動的計画法による解法アルゴリズムの適用できるよい例である。

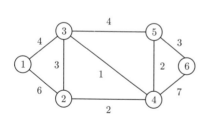

図 **7.4**　最短経路問題

図 **7.4** には，六つのノードと9本の無向アーク（どちらの方向にも移動可能なアーク）からなる無向ネットワークが描かれている。アークの横にはそのアークの走行距離が付記されている。ノード1~6まで最も短い距離で到達する経路を見つける問題が，**最短経路問題**（shortest path problem）と呼ばれる問題である。

ノードの集合 N，無向アークの集合 A からなる一般的な無向ネットワークを考える。ノード i の隣接ノードの集合を $N(i)$，ノード i と j の間のアークの距離を $l_{ij} \geq 0$ とする。このネットワークにおけるノード1からほかのノード

への最短経路問題に対し，動的計画法による定式化が重要な解法へのアプローチを提供する．まず，ノード1からノードiへの最短距離を$d(i)$で表す．$j \neq 1$であるノードjまでの最短経路は，隣接ノード$N(j)$のあるノード$i \in N(j)$を経由しているはずである．では，ノードjまでの最短経路の一部分であるノード1からノードiまでの経路はどのような経路であろうか．もちろん，最短になっているはずである．そうでなければ，ノードiまでをその最短経路で置き換えれば，ノードjまで従来の経路より短い距離で到達できることになり，最短経路であることに矛盾するからである．つまり，$d(j) = d(i) + l_{ij}$である．そのような経由ノードiを見つけるためには，隣接ノードの中で比較して一番短い距離のものを選択すればよい．つまり，ノードjと隣接ノード$i \in N(j)$の最短距離の間にはつぎの漸化式が成り立つ．

$$d(j) = \min_{i \in N(j)} \{d(i) + l_{ij}\} \tag{7.64}$$

また，この漸化式の計算を開始する初期値として，出発点であるノード1までの自明な最短距離$d(1) = 0$を使えばよい．とはいえ，漸化式(7.64)を使用するためには，すべての隣接ノード$N(j)$までの最短距離$\{d(i), i \in N(j)\}$が得られていなければ計算できない．その部分を解決するやり方に応じ，さまざまな最短経路アルゴリズムが考案されている．最も著名なアルゴリズムは，ダイクストラ法である．また，アークの距離l_{ij}が負である場合でも最短経路を求めるアルゴリズムとしてベルマン・フォード法があるが，これらの詳細は，グラフ・ネットワーク理論の専門書に譲る．

〔3〕**秘書問題**（secretary problem）　つぎの手順で面接をして秘書を採用する問題を考える．

前提1：秘書1人を採用すべく求人広告を出した．この求人に対しn人の応募があり，1人ずつ面接に訪れる．

前提2：n人の応募者には順位を付けることができるが，最も優れた順位1位の応募者からn位の応募者までの出現順序はランダムである．すなわち，1位からn位までの応募者の$n!$通りの出現順列は等確率で

起こる．

前提3：採用者は，面接に訪れた応募者に対し過去の応募者の中での相対順位を評価でき，それに基づいて，その場で採用・不採用を決める．一度採用を決定した場合はプロセスは終了する．また，最終面接者は必ず採用しなければならないし，すでに断った過去の面接者を後になって採用することはできない．

前提4：絶対順位 i の応募者を採用した場合の損失を $q(i)$ とし，採用者は期待損失を最小にする採用法をとりたい．例として，つぎのような評価尺度が考えられる．

ベスト選択尺度：$q(1) = 0, \ q(i) = 1, \ i \neq 1$

k 以内の選択尺度：$q(1) = \cdots = q(k) = 0, \ q(i) = 1, \ i > k$

順位最小化尺度：$q(i) = i$

前提3は，採用のためのジョブインタビューとしては不自然である．そのため，この問題を「秘書問題」でなく，「**結婚問題**（marriage problem）」と呼ぶ研究者もいる．

さて，採用者が認識できる状態は，現在の応募者の面接の順番 r とそれまでの応募者中での相対順位 s である．問題は，状態 (r,s) を知ってその時点で面接者を採用するか否かを決めることである．採用を決めた場合には，その応募者の絶対順位により損失が決まるのであるから，状態 (r,s) の現在の応募者が絶対順位 i である確率 $p_i(r,s)$ が重要であり，これを後ほど計算する．この問題を動的計画法により定式化するため，採用者の評価尺度である最小期待損失を定義しよう．すなわち，現在の状態 (r,s) を観察し，これ以後最適政策をとった場合の最小期待損失を $v(r,s)$ と置く．

$p_i(r,s)$ を導出する．過去の応募者 $\{1, 2, \cdots, r-1\}$ の中には，順位が s より小さい応募者が $s-1$ 人いて，s より大きな順位の人が $r-1-(s-1) = r-s$ 人いる．したがって，絶対順位が i より小さい $i-1$ 人から $s-1$ 人選び，i より大きい $n-i$ 人から $r-s$ 人選んだ後，この総勢 $r-1$ 人を前に並ばせ，つぎに絶対順位 i の人を配置し，その後ろに残りの $n-r$ 人を並ばせる順列の数は

$$\binom{i-1}{s-1}\binom{n-i}{r-s}(r-1)!\,(n-r)!$$

である．このような i の範囲としては，未面接者がすべて当該者より順位が大きい場合の $i = s$ から，未面接者がすべて当該者より順位が小さい場合の $i = s + n - r$ までの可能性がある．以上から，$p_i(r, s)$ は次式で評価できる．

$$p_i(r,s) = \frac{\binom{i-1}{s-1}\binom{n-i}{r-s}(r-1)!\,(n-r)!}{\sum_{i=s}^{s+n-r}\binom{i-1}{s-1}\binom{n-i}{r-s}(r-1)!\,(n-r)!}$$

$$= \frac{\binom{i-1}{s-1}\binom{n-i}{r-s}}{\sum_{i=s}^{s+n-r}\binom{i-1}{s-1}\binom{n-i}{r-s}}$$

また，つぎにやってくる $r+1$ 番目の応募者が相対順位 t $(1 \leq t \leq r+1)$ である確率は，等確率の $1/(r+1)$ である．

以上の議論から，現状 (r, s) の面接者の採用の可否を判断する．絶対順位に関する確率 $p_i(r, s)$ から，面接者を採用した場合の期待損失は $\sum_{i=s}^{s+n-r} q(i) p_i(r,s)$ である．採用しなかった場合は，つぎの状態が $(r+1, t)$ $(t = 1, \cdots, r+1)$ となる確率は $1/(r+1)$ で，それ以降の最小期待損失は $v(r+1, t)$ であるから，損失 $\sum_{t=1}^{r+1} v(r+1, t)/(r+1)$ が期待できる．採用・不採用はこの比較によって決めるべきであるから

$$v(r,s) = \min\left\{\sum_{i=s}^{n+s-r} q(i)\,p_i(r,s),\ \frac{1}{r+1}\sum_{t=1}^{r+1} v(r+1,t)\right\} \tag{7.65}$$

の漸化式を得る．最後の応募者を面接した際の相対順位 s はそのまま絶対順位でもあり，また最終応募者は必ず採用しなくてはならないから，$v(n, s) = q(s)$ である．この初期値から計算をはじめ，式 (7.65) を $r = n-1, \cdots, 1$ としつつ，各 r では s を $s = 1, \cdots, r$ と変化させて $v(r, s)$ を計算する．その際，$v(r, s)$ が $\min\{\ \}$ の中の第一項で与えられれば状態 (r, s) での最適選択は「採用」であ

るし，第二項で与えられれば「不採用」として，つぎの応募者に賭けるべきであるということになる。

ベスト選択の評価尺度の場合は，上の数値計算よりも便利で，かつ解析的に最適政策を求める定理がある。つぎの定理がそれである。

定理 7.12 ベスト選択尺度の最適政策は，$\sum_{j=s^*}^{n-1} 1/j < 1$ を満たす最小自然数 s^* に対し，s^*-1 人までの応募者はすべて不採用とし，それ以降最初に現れる相対順位 1 位の応募者を採用することである。

この定理の意味は，最初の s^*-1 人は，最も優秀な人材を採用する閾値を設定するための観察にあて，以後の採用はその閾値以上の相対順位 1 番の応募者に対して行えということである。この決定法に従ったことで，一度不採用にしてしまった応募者が一番よかったといって後でほぞを噛むことになる悲しさを感じるためには，やはりこの問題を「お嫁さん/お婿さん探し問題」と呼んだ方がよいと筆者は思う。

7.4 変 分 法

7.1 節，7.2 節で述べた最適化問題では，最適化するものは決定変数であった。これに対し最適化するものが関数である場合の最適化手法が変分法である。図 **7.5** には，陸地にある地点 A と海上に固定されたブイの地点 B が描かれており，点 A と点 B の間には陸と海の境である海岸線が直線で引かれている。陸上で人が走る際の速さ v_L は海で泳ぐ速さ v_S よりは大きいとして，点 A から点 B まで最短時間でたどり着きたい。このときあなたが移動すべき経路は，点 A から点 B を結ぶ

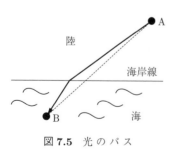

図 **7.5** 光のパス

最短距離の経路である直線ではないであろう．海では陸より遅いから，速く移動できる陸上での距離をやや長くとり，遅い海上での距離を短くすべきであると考えるはずである．これは光が考えることでもある．

c_0 を真空中の光の速さ，$v(x,y)$ を平面上の点 (x,y) での光速とすれば，地点 (x,y) での光の屈折率 $n(x,y)$ は $c_0/v(x,y)$ で定義される．そこで，点 A から点 B までのある経路 C に沿った線積分 $\int_C n(x,y)ds = c_0 \int_C ds/v(x,y)$ は，経路 C に沿って移動する光の所要時間と本質的に同じである．この積分を最小にする曲線 $y(x)$ は点 A から点 B までの光のとる最短時間経路を示し，つぎの変分問題に表現できる．

$$\min_{y(x)} \int_C n(x,y)\sqrt{dx^2+dy^2} = \int_C n(x,y)\sqrt{1+\left(\frac{dy}{dx}\right)^2}dx \quad (7.66)$$

もちろん，曲線 $y(x)$ は点 A，点 B を通る．

7.4.1 オイラー方程式

上述の問題の最適関数を導出する手法を一般的に説明するため，一つの変数 x とその関数 $y(x)$ および導関数 $y'(x)$ に対して区間 $[a,b]$ において定義された積分

$$I[y] = \int_a^b f(x,y,y')dx \quad (7.67)$$

を関数 y の**汎関数**と呼び，これの局所的最小を与える関数 $y_0(x)$ を求める問題を考える．ただし，境界条件として，**固定端境界条件** (fixed boundary condition) と呼ばれる

$$y(a) = y_1, \quad y(b) = y_2 \quad (7.68)$$

を課す．また，関数は何度でも微分可能であるとする．

最適な関数 $y_0(x)$ から少しだけ変化した関数 $y(x) = y_0(x) + \varepsilon\eta(x)$ による汎関数の変化量を**変分** (variation) といい，通常 δ を付けた記号 $\delta I[y_0] = I[y] - I[y_0]$ で表す．以下では，この汎関数 $I[y]$ を $\varepsilon = 0$ で最適にする変数 ε に関する最適

化問題として捉える。ε は微小量であり，$\eta(x)$ は任意の関数である。ただし，端点 $x = a, b$ での関数値は与えられているから，次式が成り立つ。

$$\eta(a) = \eta(b) = 0 \tag{7.69}$$

全微分の公式 (7.19) を用いて，$f(x, y, y')$ を ε でマクローリン展開すれば

$$\begin{aligned}
& f(x, y_0 + \varepsilon \eta(x), y_0'(x) + \varepsilon \eta'(x)) \\
&= f(x, y_0, y_0') + \varepsilon \left(\left. \frac{\partial f}{\partial y} \right|_{\varepsilon=0} \eta(x) + \left. \frac{\partial f}{\partial y'} \right|_{\varepsilon=0} \eta'(x) \right) \\
&+ \frac{\varepsilon^2}{2} \left(\left. \frac{\partial^2 f}{\partial y^2} \right|_{\varepsilon=0} \eta^2(x) + 2 \left. \frac{\partial^2 f}{\partial y \partial y'} \right|_{\varepsilon=0} \eta(x)\eta'(x) + \left. \frac{\partial^2 f}{\partial y'^2} \right|_{\varepsilon=0} \eta'^2(x) \right) \\
&+ O(\varepsilon^3 \text{以上の高次})
\end{aligned} \tag{7.70}$$

となる。偏微分の後の挿入記号 $|_{\varepsilon=0}$ は式を煩雑にするので，以後は省略する。上式から，部分積分を用いた変形により

$$\begin{aligned}
\left. \frac{dI[y]}{d\varepsilon} \right|_{\varepsilon=0} &= \lim_{\varepsilon \to 0} \frac{\delta I[y_0]}{\varepsilon} = \int_a^b \left(\frac{\partial f}{\partial y} \eta(x) + \frac{\partial f}{\partial y'} \eta'(x) \right) dx \\
&= \left[\frac{\partial f}{\partial y'} \eta(x) \right]_a^b + \int_a^b \left\{ \frac{\partial f}{\partial y} - \frac{d}{dx} \left(\frac{\partial f}{\partial y'} \right) \right\} \eta(x) dx
\end{aligned}$$

を得るが，境界条件式 (7.69) から第一項はゼロであり，次式が最終式となる。

$$\left. \frac{dI[y]}{d\varepsilon} \right|_{\varepsilon=0} = \int_a^b \left\{ \frac{\partial f}{\partial y} - \frac{d}{dx} \left(\frac{\partial f}{\partial y'} \right) \right\} \eta(x) dx \tag{7.71}$$

上式は $\varepsilon = 0$ のときに最適な関数 $y_0(x)$ で極小値となることから，定理 7.5 より，上の積分はゼロであることが必要条件である。$\eta(x)$ は任意の関数であるから，ある $x' \in [a, b]$ で被積分項が $\partial f/\partial y - d(\partial f/\partial y')/dx \neq 0$ ならば，その x' で自由に $\eta(x')$ の値を設計することで積分値を正にも負にもできる。したがって，どんな関数 $\eta(x)$ に対しても上式がゼロとなるためには，次式が成り立つことが必要である。

$$\frac{\partial f}{\partial y} - \frac{d}{dx} \left(\frac{\partial f}{\partial y'} \right) = 0 \tag{7.72}$$

これが**オイラー・ラグランジュ方程式**（Euler-Lagrange equation）と呼ばれ

微分方程式である．一般的には2階常微分方程式となるこの方程式を解くうえで，二つの境界条件式(7.68)から積分定数を決めることができる．また，この境界条件ではなく，**自然境界条件**（natural boundary condition）と呼ばれるつぎの条件であっても式(7.71)が成り立ち，オイラー・ラグランジュ方程式が得られる．

$$\left.\frac{\partial f}{\partial y'}\right|_{x=a} = 0, \quad \left.\frac{\partial f}{\partial y'}\right|_{x=b} = 0 \tag{7.73}$$

条件式(7.72)は，関数 $y_0(x)$ が最適であるための一次の必要条件であるが，式(7.70)の ε^2 の二次の項から，定理 7.6 に対応する二次の必要条件は次式となる．

$$\frac{\partial^2 f}{\partial^2 y} > 0, \quad \left(\frac{\partial^2 f}{\partial y \partial y'}\right)^2 - \frac{\partial^2 f}{\partial y^2}\frac{\partial^2 f}{\partial y'^2} \leq 0 \tag{7.74}$$

この条件は関数 $\eta(x)$ と $\eta'(x)$ を異なる任意の関数として考えた場合に，任意の x において，つぎの非負性が成り立つ条件である．

$$\frac{\partial^2 f}{\partial y^2}\eta^2(x) + 2\frac{\partial^2 f}{\partial y \partial y'}\eta(x)\eta'(x) + \frac{\partial^2 f}{\partial y'^2}\eta'^2(x) \geq 0$$

現実的な適用を考えて，特殊な f の場合に対してオイラー・ラグランジュ方程式を簡略化しよう．

(1) 関数 f が x を含まない $f(y, y')$ の場合

式(7.72)に y' を掛けて変形すると

$$\begin{aligned}
y'\frac{\partial f}{\partial y} - y'\frac{d}{dx}\left(\frac{\partial f}{\partial y'}\right) &= y'\frac{\partial f}{\partial y} - \left\{\frac{d}{dx}\left(y'\frac{\partial f}{\partial y'}\right) - y''\frac{\partial f}{\partial y'}\right\} \\
&= y'\frac{\partial f}{\partial y} + y''\frac{\partial f}{\partial y'} - \frac{d}{dx}\left(y'\frac{\partial f}{\partial y'}\right) \\
&= \frac{df}{dx} - \frac{d}{dx}\left(y'\frac{\partial f}{\partial y'}\right) \\
&= \frac{d}{dx}\left(f - y'\frac{\partial f}{\partial y'}\right) = 0
\end{aligned}$$

となるから，つぎの1階常微分方程式を得る．

$$f - y'\frac{\partial f}{\partial y'} = \text{const}\ (\text{定数}) \tag{7.75}$$

(2) 関数 f が y を含まない $f(x, y')$ の場合

この場合は式 (7.72) の第一項がゼロとなり，$d(\partial f/\partial y')/dx = 0$ から

$$\frac{\partial f}{\partial y'} = \text{const}（定数）\tag{7.76}$$

であるが，これは 1 階常微分方程式である。

(3) 関数 f が y' を含まない $f(x, y)$ の場合

オイラー・ラグランジュ方程式は $\partial f/\partial y = 0$ となり，これは y に関する単なる方程式である。

7.4.2 オイラー・ラグランジュ方程式の拡張

本項では，複数の関数や複数の独立変数を含む汎関数に関するオイラー・ラグランジュ方程式を考えるが，証明の手順はこれまでと同様である。

〔1〕 **複数の関数を含む場合** 次式のように，汎関数が複数の関数 $y_1(x), \cdots, y_n(x)$ を含む場合を考える。

$$I[y_1, \cdots, y_n] = \int_a^b f(x, y_1, \cdots, y_n, y_1', \cdots, y_n') dx \tag{7.77}$$

最適な関数 $y_k^0, k = 1, \cdots, n$ に変分を加えた $y_k = y_k^0 + \varepsilon_k \eta_k(x)$ の汎関数 $I[y_1, \cdots, y_n]$ に関し

$$\frac{dI[y_1, \cdots, y_n]}{d\varepsilon_k} = \int_a^b \left\{ \frac{\partial f}{\partial y_k} - \frac{d}{dx}\left(\frac{\partial f}{\partial y_k'}\right) \right\} \eta_k(x) dx$$

となるから，式 (7.72) はつぎの n 本の微分方程式系となる。

$$\frac{\partial f}{\partial y_k} - \frac{d}{dx}\left(\frac{\partial f}{\partial y_k'}\right) = 0, \ k = 1, \cdots, n \tag{7.78}$$

〔2〕 **多変数の場合** まずは，二次元変数 (x, y) の関数 $u(x, y)$ の $x - y$ 平面上の領域 D での汎関数

$$I[u] = \iint_D f(x, y, u, u_x, u_y) dx dy$$

の最適化について考える。ただし，$u_x = \partial u/\partial x$, $u_y = \partial u/\partial y$ であり，領域

D を囲む境界線を C とする。関数 $u(x,y)$ の境界条件として，C 上での値が与えられた固定端境界条件か，自然境界条件 $\partial f/\partial u_x = 0$ および $\partial f/\partial u_y = 0$ を仮定する。

$u(x,y) = u_0(x,y) + \varepsilon \eta(x,y)$ と置いて ε に関する微分を求めると，次式を得る。

$$\begin{aligned}
\frac{dI}{d\varepsilon} &= \iint_D \left(\frac{\partial f}{\partial u}\eta + \frac{\partial f}{\partial u_x}\frac{\partial \eta}{\partial x} + \frac{\partial f}{\partial u_y}\frac{\partial \eta}{\partial y} \right) dxdy \\
&= \iint_D \left\{ \frac{\partial f}{\partial u}\eta + \frac{\partial}{\partial x}\left(\frac{\partial f}{\partial u_x}\eta\right) - \frac{\partial}{\partial x}\left(\frac{\partial f}{\partial u_x}\right)\eta \right. \\
&\qquad \left. + \frac{\partial}{\partial y}\left(\frac{\partial f}{\partial u_y}\eta\right) - \frac{\partial}{\partial y}\left(\frac{\partial f}{\partial u_y}\right)\eta \right\} dxdy \\
&= \oint_C \left(\frac{\partial f}{\partial u_x}\eta dy - \frac{\partial f}{\partial u_y}\eta dx \right) \\
&\qquad + \iint_D \left\{ \frac{\partial f}{\partial u} - \frac{\partial}{\partial x}\left(\frac{\partial f}{\partial u_x}\right) - \frac{\partial}{\partial y}\left(\frac{\partial f}{\partial u_y}\right) \right\} \eta dxdy \\
&= \iint_D \left\{ \frac{\partial f}{\partial u} - \frac{\partial}{\partial x}\left(\frac{\partial f}{\partial u_x}\right) - \frac{\partial}{\partial y}\left(\frac{\partial f}{\partial u_y}\right) \right\} \eta dxdy
\end{aligned}$$

上の変形の中で，つぎの公式で表現される二次元平面でのグリーンの定理（Green's theorem）を使った。

$$\iint_D \left(\frac{\partial F}{\partial x} + \frac{\partial G}{\partial y} \right) dxdy = \oint_C (Fdy - Gdx)$$

したがって，最適関数 $u_0(x,y)$ の満たすべき微分方程式として次式を得る。

$$\frac{\partial f}{\partial u} - \frac{\partial}{\partial x}\left(\frac{\partial f}{\partial u_x}\right) - \frac{\partial}{\partial y}\left(\frac{\partial f}{\partial u_y}\right) = 0 \tag{7.79}$$

詳細は省くが，その自然な拡張として，n 次元空間の関数 $y(x_1,\cdots,x_n)$ の汎関数

$$I[y] = \int\cdots\int_D f\left(x_1,\cdots,x_n,y,\frac{\partial y}{\partial x_1},\cdots,\frac{\partial y}{\partial x_n}\right) dx_1\cdots dx_n$$

に関するオイラー・ラグランジュ方程式として次式を得る。

$$\frac{\partial f}{\partial y} - \sum_{i=1}^n \frac{\partial}{\partial x_i}\left(\frac{\partial f}{\partial(\partial y/\partial x_i)}\right) = 0 \tag{7.80}$$

〔3〕 高次導関数を含む場合　詳細は省略するが，汎関数

$$I[y] = \int_a^b f(x, y, y', y'', \cdots, y^{(n)}) dx$$

に対し，$x = a, b$ で $y, y', \cdots, y^n$ が固定端境界条件または自然境界条件を満たす場合のオイラー・ラグランジュ方程式が次式のように求められる．

$$\frac{\partial f}{\partial y} - \frac{d}{dx}\left(\frac{\partial f}{\partial y'}\right) + \cdots + (-1)^n \frac{d^n}{dx^n}\left(\frac{\partial f}{\partial y^{(n)}}\right) = 0 \qquad (7.81)$$

〔4〕 積分条件が課された場合　つぎのように，積分値が制約条件として加えられたもとで汎関数（式 (7.67)）を最適化する関数を求める問題は**等周問題**（isoperimetric problem）と呼ばれる．

$$\int_a^b g(x, y, y') dx = C \text{ (定数)} \qquad (7.82)$$

7.4.1 項においてオイラー・ラグランジュ方程式を導く際，汎関数を最適化するために変数 ε を導入したが，ここでは条件式 (7.82) があるため，二つの変数 ε_1, ε_2 と任意の関数 $\eta_1(x)$, $\eta_2(x)$ を用い，最適な関数 $y_0(x)$ からの変分を加味した関数 $y = y_0(x) + \varepsilon_1 \eta_1(x) + \varepsilon_2 \eta_2(x)$ による汎関数が $\varepsilon_1 = \varepsilon_2 = 0$ において最適となるという，変数 ε_1, ε_2 に関する最適化問題として議論する．つまり，等式条件式 (7.82) のもとで汎関数 $I[y]$ を変数 ε_1, ε_2 に関して最適化しようというのである．ただし，$y(a) = y_1$, $y(b) = y_2$ のような固定端条件がある場合は，それに応じた条件 $\eta_1(a) = \eta_1(b) = \eta_2(a) = \eta_2(b) = 0$ は満たしているとする．

この解法には 7.2.2 項で解説したラグランジュの未定乗数法が使える．つまり，ラグランジュ乗数 λ を用いた次式のラグランジュ関数を最適化する．ただし，$h(x, y, y') \equiv f(x, y, y') + \lambda g(x, y, y')$ と置いた．

$$\begin{aligned} H(x, y, y'; \varepsilon_1, \varepsilon_2) &= \int_a^b h(x, y, y') dx \\ &= \int_a^b f(x, y, y') dx + \lambda \int_a^b g(x, y, y') dx \end{aligned}$$

最適解の一次の必要条件は，式 (7.71) を導出したのと同様にすれば

$$\frac{\partial H}{\partial \varepsilon_1} = \int_a^b \left(\frac{\partial h}{\partial y} - \frac{d}{dx}\frac{\partial h}{\partial y'} \right) \eta_1(x) dx = 0$$

$$\frac{\partial H}{\partial \varepsilon_2} = \int_a^b \left(\frac{\partial h}{\partial y} - \frac{d}{dx}\frac{\partial h}{\partial y'} \right) \eta_2(x) dx = 0$$

であるが，関数 $\eta_1(x)$, $\eta_2(x)$ の任意性からつぎの微分方程式を得る．

$$\frac{\partial h}{\partial y} - \frac{d}{dx}\frac{\partial h}{\partial y'} = \frac{\partial (f+\lambda g)}{\partial y} - \frac{d}{dx}\left(\frac{\partial (f+\lambda g)}{\partial y'} \right) = 0 \tag{7.83}$$

一般的には，この2階常微分方程式を解く際に出てくる二つの積分定数とラグランジュ乗数 λ は，二つの固定端条件と積分条件である等式 (7.82) から決めることができる．

同様に，複数の積分条件

$$\int_a^b g_k(x,y,y') dx = C_k \ (\text{定数}), \ k=1,\cdots,m$$

をもつ一般的な場合は，ラグランジュ乗数 λ_k, $k=1,\cdots,m$ を導入して定義した関数

$$h(x,y,y') = f(x,y,y') + \sum_{k=1}^m \lambda_k g_k(x,y,y')$$

に関するオイラー・ラグランジュ方程式を用いる．

〔5〕**代数的条件が課された場合**　これは，条件 $g_k(x,y,y')=0$, $k=1,\cdots,m$ のもとで汎関数 $I[y]$ を最適化する場合である．これに関する詳しい証明は省略して，結果だけを掲載する．変数 x に依存するラグランジュ乗数 $\lambda_k(x)$ を導入して

$$h(x,y,y') = f(x,y,y') + \sum_{k=1}^m \lambda_k(x) g_k(x,y,y')$$

に関するオイラー・ラグランジュ方程式 $(\partial h/\partial y) - (d/dx)(\partial h/\partial y') = 0$ を用いる．

章 末 問 題

【1】つぎの問題に対し，まず変数を定義した後，線形計画問題に定式化せよ．

(1) **輸送問題**　m か所ある牛乳の工場 $i=1,\cdots,m$ ではそれぞれ a_i トンの生産量がある．これらを n か所の需要地 $j=1,\cdots,n$ へ供給している．各需要地 j の消費量は b_j トンである．工場 i から需要地 j に運ぶのに 1 トン当り輸送費 c_{ij} 円の経費がかかる．需要量をすべて賄う輸送経費を最小にするため，どの工場からどの需要地へ何トン運ぶかの配送計画を決めよ．もちろん全生産量は全需要量を上回っているとする．

(2) **食材購買問題**　ある給食センターの栄養士は，彼女の管理する給食に，カロリー，ビタミンなど m 種類の栄養素 $i=1,\cdots,m$ のそれぞれを最低でも b_i グラム入れなければならない．これらの栄養素は市販の n 種類の食材 $j=1,\cdots,n$ を調理した給食で与える．食材 j の価格は 1 グラム当り c_j 円である．また，1 グラムの食材 j に含まれる栄養素 i の量は a_{ij} グラムである．購入金額が最小になるように，各食材を何グラム買うかを決めたい．

(3) **ナップサック問題**　n 品目の品物が 1 個ずつあり，これをナップサックに入れる．第 i 番目の品物は価値 c_i をもっているが，重さは w_i である．ナップサックの最大許容重量は G であり，すべての品物を詰めることはできない．このとき，ナップサックに詰める品物の総価値を最大にするためには，どの品物を入れればよいかを求めたい．

(4) **数独**　図 **7.6** のように，$9\times9=81$ 個のセルにいくつかの数字の入ったマス目がある．数独とは，つぎのルールを破らないように空いたマス目に 1～9 までの数字を埋める問題である．

　(i)　太枠で囲まれた 3×3 の行列をもつリージョンが，全部で 9 か所ある．各リージョン内には 1～9 の数字が一つずつ入る．

			2	5			9	8
7								
		6					1	
			6	1		3		
9					1			
				8		4		9
		7	5		2	8		1
	9	4			3			
				4	9	2	3	
6	1						4	

図 **7.6**　数　　独

(ii) 九つの各行には，1〜9の数字が一つずつ入る．

(iii) 九つの各列には，1〜9の数字が一つずつ入る．

上記のルールを制約式として表現するため，変数を定義し，制約式を作成せよ．目的関数は適当に設定すればよい．

【2】 つぎの最大化問題の双対問題を作成せよ．

$$\max_{x} \ 2x_1 + x_2 - 4x_3$$
$$\text{s.t.} \quad 2x_1 + 8x_2 - 3x_3 \leqq 20, \quad 3x_1 - 2x_2 - 3x_3 \leqq 30$$
$$-x_2 - 3x_3 \geqq 5, \quad x_1 - 2x_2 - 3x_3 = 10$$
$$x_1, x_2 \geqq 0$$

【3】 2変数の関数 $f(x,y) = x^3 + 3xy + y^3$ の局所最適解と極小値を求めよ．

【4】 ある事象は全体で m 状態をもち，いずれか一つの状態しかとりえないとする．状態 $i \in \{1, \cdots, m\}$ となる確率を p_i としたとき，エントロピーは

$$E(p) = -\sum_{i=1}^{m} p_i \log p_i$$

で定義される．エントロピーが最大になる $\{p_i, i = 1, \cdots, m\}$ はなにか．

【5】 7.3節の例題7.4で定義した $f_n(v_n)$ に関し，「最小値 $f_n(v_n)$ は全量 v_n の等分割により得られる」とする主張を，つぎの手順により証明せよ．

(1) $f_1(v_1)$ に対し上の主張が正しいことをいえ．

(2) $f_{k-1}(v_{k-1})$ に対し上の主張が正しいと仮定した場合，この最小値を式で表せ．

(3) 漸化式

$$f_k(v_k) = \min_{0 \leqq x_k \leqq v_k} \{f_{k-1}(v_k - x_k) + x_k^2\}$$

の $f_{k-1}(v_k - x_k)$ に (2) の問で求めた式を代入した後，この最小化問題を解き，$f_k(v_k)$ に対しても上の主張が正しいことを証明せよ．

【6】 総量 $a > 0$ を n 個の非負の実数 $x_1, \cdots, x_n \geqq 0$ に分割して，それらの積が最大になるようにせよ．すなわち，非負の変数 $x_i \geqq 0, i = 1, \cdots, n$ に関し，$\sum_{i=1}^{n} x_i = a$ の制約のもとで $\prod_{i=1}^{n} x_i$ を最大にする問題を，動的計画法により解け．

【7】 わが国に対し危険な n 発のミサイル $k = 1, 2, \cdots, n$ がこの順に飛来している．ミサイル k をわが国の迎撃用ミサイル1発によって撃ち落とす撃破確率は p_k である．ミサイル k は，それが着弾した場合の被害予測から，危険度 v_k をも

つと査定される．現在わが国の迎撃用ミサイルは全部で m 発ある．さて，順に飛来するこの n 発の敵ミサイルのそれぞれに対し，どれだけの数の迎撃用ミサイルを割り当てれば破壊できるミサイルの危険度の総和を最大にできるかを求めたい．この問題を解くため，動的計画法による定式化を行え．また導出した漸化式を使って，どのように数値計算を行うかの計算手順も答えよ．

ちなみに，ミサイル k にわが国の迎撃用ミサイル y 発を指向させた場合，このミサイルを撃墜できる確率は，少なくとも 1 発の迎撃用ミサイルにより撃破する確率として，$1 - (1 - p_k)^y$ で評価できる．

【8】 図 7.5 において，海岸線を x 軸とし，これを境に上下にそれぞれ屈折率 n_1, n_2 の物質が接しているとした場合の点 A から点 B までの光の道を考える．このとき，汎関数（式 (7.66)）では，屈折率は $n(x,y) = \{n_1 \ (y > 0 \text{ の場合})$, $n_2 \ (y \leqq 0 \text{ の場合})\}$ であり y のみに依存するから $n(y)$ と書く．

(1) 特殊な例として $n_1 = n_2$ の場合（つまり $n(y) = n_1$（定数）の場合），直線が最適な関数であること，つまり，屈折率の変化しない空間内での光路は直線であることを示せ．

(2) $n_1 \neq n_2$ の一般的な場合，$y > 0$ で屈折率 n_1 の空間での光路は直線であり，x 軸からのこの直線の傾き角を θ_1 とする．同じく $y \leqq 0$ で屈折率 n_2 の空間での直線光路の傾き角を θ_2 とする．このとき，光学においてはスネルの法則 (Snell's law) と呼ばれる $n_1 \cos\theta_1 = n_2 \cos\theta_2$ の関係が成り立つことを示せ．

【9】 高次導関数を含む場合のオイラー・ラグランジュ方程式 (7.81) を求めよ．

8 静止目標に対する最適資源配分

　本章からは、捜索資源の最適配分問題について考える。3～6章は、目標分布やセンサー能力の定式化、および捜索時間や捜索兵力といった捜索資源を使って、決められた要領の捜索を行った場合の探知確率の評価を行った。8, 9章では、限られた量の捜索資源による最適な資源配分計画、あるいは最適な捜索要領を立案することを考えるが、これまでの章における探知確率の評価式はその基礎となる。この問題を最初に取り上げたのは、捜索理論の創始者であるクープマンである。彼は、第二次世界大戦中の対潜戦に関して培った実際的な捜索理論を使って、戦後は捜索資源の最適配分問題に取り組んだ。捜索理論におけるこの特殊な問題は、その後、**最適資源配分問題**（optimal resource allocation problem）と呼ばれる一般的で汎用的な手法開発を目指す研究分野を生み出すことになる[1]。捜索理論では、捜索資源を**捜索努力**（search effort）と呼ぶ習わしがある。以上のような経緯から、静止目標に対する最適資源（努力）配分問題[2), 3)]を、まずクープマンが提起した問題から解説することにしよう。

8.1 クープマン問題

　クープマン問題（Koopman problem）と呼ばれる問題は、一次元連続空間上での捜索資源の最適配分密度を決めるつぎのような変分問題である[4)～6)]。一次元実数値空間 R 上の目標の存在確率密度関数が $p(x)$ で与えられている。目標が点 $x \in R$ に存在する場合、そこへの密度 $\varphi(x)$ の捜索資源投入による条件付き目標探知確率（これを**探知関数**（detection function）と呼ぶ）を $\{1-\exp(-\alpha(x)\varphi(x))\}$

8. 静止目標に対する最適資源配分

とする。パラメータ $\alpha(x)$ は，点 x における単位捜索資源密度量に対する探知効率を表す。全体の捜索資源総量が Φ に制限されている場合に，目標探知確率を最大にする投入計画 $\varphi(x)$ を考える。

探知確率は $P[\varphi] = \int p(x)\{1 - \exp(-\alpha(x)\varphi(x))\}dx$ となるから，クープマン問題はつぎの変分問題に定式化される。

$$(K_c) \max_{\{\varphi(x)\}} \int_{-\infty}^{\infty} p(x)\{1 - \exp(-\alpha(x)\varphi(x))\}dx$$

$$\text{s.t.} \int_{-\infty}^{\infty} \varphi(x)dx = \Phi \tag{8.1}$$

$$\varphi(x) \geqq 0, \ x \in \boldsymbol{R} \tag{8.2}$$

制約条件が式 (8.1) の積分条件だけであれば，7.4.2項〔4〕で述べた等周問題といわれる変分問題となり，ラグランジュ乗数 λ を導入した関数

$$F(\varphi, x) = p(x)\{1 - \exp(-\alpha(x)\varphi(x))\} - \lambda \varphi(x)$$

にオイラー・ラグランジュ方程式を適用した

$$\frac{\partial F}{\partial \varphi} - \frac{d}{dx}\frac{\partial F}{\partial \varphi'} = \alpha(x)p(x)\exp(-\alpha(x)\varphi(x)) - \lambda = 0$$

から，$\varphi = (1/\alpha(x))\log(\alpha(x)p(x)/\lambda)$ の解を得るが，式 (8.2) の非負性が考慮されていないため正解ではない。

クープマンは，微小区間 $x \in [x_1 - \varepsilon, x_1 + \varepsilon]$ で正値 $\varphi^*(x) > 0$ をとる最適解 $\varphi^*(x)$ を考え，これにつぎの変分 $\psi(x)$ を加えた。この区間 $x \in [x_1 - \varepsilon, x_1 + \varepsilon]$ で $\psi(x) < 0$ とし，ある任意の微小区間 $x \in [x_2 - \varepsilon, x_2 + \varepsilon]$ で $\psi(x) > 0$，さらにほかの区間では $\psi(x) = 0$ とした新しい関数 $\varphi(x) = \varphi^*(x) + \theta\psi(x)$ を作る。ただし，$\theta > 0$ および $\varepsilon > 0$ は微小とし，$\varphi(x)$ が式 (8.1) および (8.2) を満たすようにするため，条件

$$-\int_{x_1-\varepsilon}^{x_1+\varepsilon}\psi(x)dx = \int_{x_2-\varepsilon}^{x_2+\varepsilon}\psi(x)dx$$

を課すが，これにより $\varepsilon \to 0$ では $-\psi(x_1) = \psi(x_2)$ となる。このとき，φ^* の最適性と θ の微小性から

8.1 クープマン問題

$$0 \leq P[\varphi^*] - P[\varphi] = \int_{-\infty}^{\infty} p(x) e^{-\alpha(x)\varphi^*(x)} \left(e^{-\theta\alpha(x)\psi(x)} - 1 \right) dx$$

$$\approx -\theta \int_{-\infty}^{\infty} \alpha(x) p(x) e^{-\alpha(x)\varphi^*(x)} \psi(x) dx$$

$$= -2\theta\varepsilon \left(\alpha(x') p(x') e^{-\alpha(x')\varphi^*(x')} \psi(x') + \alpha(x'') p(x'') e^{-\alpha(x'')\varphi^*(x'')} \psi(x'') \right)$$

となる。ただし，$x' \in [x_1-\varepsilon, x_1+\varepsilon]$，$x'' \in [x_2-\varepsilon, x_2+\varepsilon]$ であり，最後の式変形には平均値の定理 7.4 を用いた。ここで $\varepsilon \to 0$ の極限をとり，$-\Psi(x_1) = \Psi(x_2)$ に注意すれば

$$\alpha(x_2) p(x_2) e^{-\alpha(x_2)\varphi^*(x_2)} \leq \alpha(x_1) p(x_1) e^{-\alpha(x_1)\varphi^*(x_1)}$$

を得る。この条件を得るための唯一の仮定は $\varphi^*(x_1) > 0$ であった。$\varphi^*(x_2) > 0$ なら逆の不等式が成り立つから，$\varphi^*(x_1), \varphi^*(x_2) > 0$ である任意の x_1，x_2 では，$\alpha(x_1) p(x_1) e^{-\alpha(x_1)\varphi^*(x_1)} = \alpha(x_2) p(x_2) e^{-\alpha(x_2)\varphi^*(x_2)} = \lambda$(定数) とならなければならず，$\varphi^*(x) = 0$ ならば $\alpha(x) p(x) = \alpha(x) p(x) e^{-\alpha(x)\varphi^*(x)} \leq \lambda$ である。この二つの条件を満たす最適関数 $\varphi^*(x)$ は次式で表現できる。ただし，$[f(x)]^+ \equiv \max\{0, f(x)\}$ である。

$$\varphi^*(x) = \frac{1}{\alpha(x)} \left[\log \frac{\alpha(x) p(x)}{\lambda} \right]^+ \tag{8.3}$$

また，最適なラグランジュ乗数 λ は

$$\int \varphi^*(x) dx = \int_{\{x | \alpha(x) p(x) \geq \lambda\}} \frac{1}{\alpha(x)} \log \frac{\alpha(x) p(x)}{\lambda} dx = \Phi$$

により決めることができる。

つぎに，離散空間の資源配分問題を考える[7]。n 個のセル $i \in \boldsymbol{N} \equiv \{1, 2, \cdots, n\}$ に存在確率 p_i で存在する目標に対し，総量 Φ の捜索資源を各セルにどのように分割，投入すれば最大の探知確率を得られるかの問題は，次式に定式化できる。パラメータ α_i，変数 φ_i は，それぞれセル i での探知効率と投入資源量である。

$$(K_d) \quad \max_{\{\varphi_i\}} P(\varphi) = \sum_{i=1}^{n} p_i \{1 - \exp(-\alpha_i \varphi_i)\} \tag{8.4}$$

8. 静止目標に対する最適資源配分

s.t. $\sum_{i=1}^{n} \varphi_i = \Phi$ (8.5)

$\varphi_i \geqq 0, \ i = 1, \cdots, n$ (8.6)

問題は,目的関数が凹関数である凸計画問題だから,7.2.3 項の KKT 条件が最適解の必要十分条件となる.制約条件式 (8.5) および (8.6) に対するラグランジュ乗数を λ および ν_i とし,ラグランジュ関数を次式で定義する.

$$L(\varphi;\lambda,\nu) \equiv \sum_{i=1}^{n} p_i \{1 - \exp(-\alpha_i \varphi_i)\} + \lambda \left(\Phi - \sum_{i=1}^{n} \varphi_i\right) + \sum_{i=1}^{n} \nu_i \varphi_i$$

KKT 条件は,つぎの方程式系となる.

$\dfrac{\partial L}{\partial \varphi_i} = \alpha_i p_i \exp(-\alpha_i \varphi_i) - \lambda + \nu_i = 0, \ i \in \boldsymbol{N}$ (8.7)

$\nu_i \geqq 0, \ i \in \boldsymbol{N}$ (8.8)

$\nu_i \varphi_i = 0, \ i \in \boldsymbol{N}$ (8.9)

$\sum_{i=1}^{n} \varphi_i = \Phi$ (8.10)

$\varphi_i \geqq 0, \ i \in \boldsymbol{N}$ (8.11)

$\varphi_i > 0$ ならば,式 (8.9) より $\nu_i = 0$ となるから,式 (8.7) より

$\alpha_i p_i \exp(-\alpha_i \varphi_i) = \lambda$ (8.12)

である.一方,$\varphi_i = 0$ ならば,式 (8.8) と式 (8.7) から,次式が成り立つ.

$\alpha_i p_i = \alpha_i p_i \exp(-\alpha_i \varphi_i) \leqq \lambda$ (8.13)

資源量を投入するか否かを示す条件式 (8.12) と (8.13) の意味は,つぎの通りである.凹関数は変数の増加とともに関数の増加率は減少するが,この減少性は,資源投入の**限界効用逓減の法則** (law of diminishing marginal utility) と呼ばれる.$\alpha_i p_i \exp(-\alpha_i \varphi_i)$ は $\partial P(\varphi)/\partial \varphi_i$ であり,これはセル i への資源量のみ単位量だけ増加させた場合の探知確率の増加率を示す値である.増加率の意味からすれば,効率のよい資源投入とは増加率の高いセルへの投入であり,この増

加率の閾値として λ がある。投入量をゼロとしたとき増加率が最も大きくなるが，この値が λ より小さなセルへは投入せず，これより大きなセルへは投入量を増やしつつ，しだいに逓減する増加率が λ になりしだい投入を止める。

ここで，$\varphi_i > 0$ と $\varphi_i = 0$ の条件式 (8.12) と (8.13) は統一して

$$\varphi_i = \frac{1}{\alpha_i}\left[\log\frac{\alpha_i p_i}{\lambda}\right]^+ \tag{8.14}$$

と表すことができる。この φ_i を用い，最適な λ を式 (8.10) による

$$\sum_{\{i\in\boldsymbol{N}|\alpha_i p_i>\lambda\}}\frac{1}{\alpha_i}\log\frac{\alpha_i p_i}{\lambda} = \Phi \tag{8.15}$$

から決めればよい。最適資源配分の計算アルゴリズムも簡単に構成できる。それを以下で説明しよう。

一般性を失うことなく，セル番号を $\alpha_1 p_1 \geqq \alpha_2 p_2 \geqq \cdots \geqq \alpha_n p_n$ と付け替えることにしよう。仮に $\alpha_{n+1}p_{n+1} = 0$ と設定し，もし $\alpha_k p_k > \lambda \geqq \alpha_{k+1}p_{k+1}$ ならば，式 (8.15) は

$$\sum_{i=1}^{k}\frac{1}{\alpha_i}\log(\alpha_i p_i) - \log\lambda\sum_{i=1}^{k}\frac{1}{\alpha_i} = \Phi \tag{8.16}$$

となるから，λ は次式で計算できる。

$$\log\lambda = \frac{1}{\displaystyle\sum_{i=1}^{k}1/\alpha_i}\left(\sum_{i=1}^{k}\frac{1}{\alpha_i}\log(\alpha_i p_i) - \Phi\right) \tag{8.17}$$

そもそも $\alpha_k p_k > \lambda \geqq \alpha_{k+1}p_{k+1}$ を満たすセル番号 k は，λ を $\lambda = \alpha_1 p_1, \alpha_2 p_2,$ $\cdots, \alpha_n p_n, \alpha_{n+1}p_{n+1} = 0$ の順に試していけば，式 (8.15) 左辺はゼロから無限大までしだいに大きくなり，$\lambda = \alpha_{k+1}p_{k+1}$ で Φ を超えれば，その k が求めるセル番号である。このように，資源配分がなされる最適な k は資源量 Φ に依存するから $k^*(\Phi)$ と書くと，明らかに Φ の単調非減少関数となり，資源量が多くなればより多くのセルへの資源投入が行われる。$k^*(\Phi)$ が決まれば，式 (8.17) から λ が決まり，式 (8.14) から最適資源配分も求められる。上述の最適資源配分は静止目標問題では核となるものであるから，もう少しその性質を調べてみよう。

162   8. 静止目標に対する最適資源配分

〔1〕 **資源量 Φ の増加による最大探知確率の変化率**　式 (8.14) から，最適資源配分は唯一の媒介変数と見なせるラグランジュ乗数 λ の単調非増加関数として決定され，式 (8.17) から，資源量 Φ を多く使用できるようになれば λ は小さくなる。極限状態として $\Phi \to \infty$ とすれば，$\lambda = 0$ となる。各セル i での探知関数を

$$f_i(x) = 1 - \exp(-\alpha_i x)$$

で表せば，$f_i(0) = 0$ を考慮して，問題 (K_d) の目的関数である探知確率 $P(\varphi)$ は，変数 $\{\varphi_i\}$ に対し分離可能な関数 $P(\varphi) = \sum_{\{i|\varphi_i>0\}} p_i f_i(\varphi_i)$ または $P(\varphi) = \sum_{i=1}^{k^*(\Phi)} p_i f_i(\varphi_i)$ で表されるから，最適な資源配分 φ^* に関して

$$\frac{dP(\varphi^*)}{d\Phi} = \sum_{\{i|\varphi_i^*>0\}} \frac{\partial P(\varphi^*)}{\partial \varphi_i} \frac{d\varphi_i^*}{d\Phi} = \sum_{\{i|\varphi_i^*>0\}} \frac{d(p_i f_i(\varphi_i^*))}{d\varphi_i} \frac{d\varphi_i^*}{d\Phi}$$

$$= \lambda \sum_{\{i|\varphi_i^*>0\}} \frac{d\varphi_i^*}{d\Phi} = \lambda \frac{d\left(\sum_{\{i|\varphi_i^*>0\}} \varphi_i\right)}{d\Phi} = \lambda$$

となる。つまり，制約条件式 (8.5) に対応する最適な双対変数 λ は，資源総量を単位量増加させた場合の探知確率の増加率を表す。

〔2〕 **一 様 最 適 性**　総量 Φ_I の捜索資源による最適資源配分 $\varphi^I = \{\varphi_i^I\}$ を用いた捜索で探知が生起しなかった場合に，さらに追加資源量 Φ_{II} を用いて捜索を実施することを考える。

1 回目の捜索が終了した時点で，セル i での目標存在確率をベイズの定理を用いた次式で見直すことが適切であろう。

$$p_i^{II} = Pr(\text{セル } i \text{ に存在する}|1 \text{ 回目で非探知})$$
$$= \frac{p_i(1 - f_i(\varphi_i^I))}{1 - \sum_j p_j f_j(\varphi_j^I)} \tag{8.18}$$

つぎに，探知関数の見直しについて考える。セル i での探知関数とは，目標

がそのセルに存在すると条件付けた場合の投入捜索資源による条件付き探知確率である．1回目の捜索で資源 φ_i^I がすでに投入されて非探知であるから，追加の資源 x に対する事後の探知関数 $f_i^{II}(x)$ は次式となる．

$$f_i^{II}(x) = Pr(\varphi_i^I\text{で探知できずに追加資源}\,x\,\text{により探知}\,|\varphi_i^I\text{による非探知})$$
$$= \frac{f_i(\varphi_i^I + x) - f_i(\varphi_i^I)}{1 - f_i(\varphi_i^I)} \tag{8.19}$$

式 (8.12), (8.13) 導出の議論から，見直し $\{p_i^{II}\}$, $\{f_i^{II}(x)\}$ を用いた2回目の最適捜索資源配分 φ^{II} は，$\varphi_i^{II} > 0$ ならば $p_i^{II} f_i'^{II}(\varphi_i^{II}) = \lambda_{II}$, $\varphi_i^{II} = 0$ ならば $p_i^{II} f_i'^{II}(0) \leq \lambda_{II}$ であるが，両条件式の左辺は次式となる．

$$p_i^{II} f_i'^{II}(\varphi_i^{II}) = \frac{p_i(1 - f_i(\varphi_i^I))}{1 - \sum_i p_i f_i(\varphi_i^I)} \cdot \frac{f_i'(\varphi_i^I + \varphi_i^{II})}{1 - f_i(\varphi_i^I)}$$
$$= \frac{p_i f_i'(\varphi_i^I + \varphi_i^{II})}{1 - \sum_i p_i f_i(\varphi_i^I)} = \frac{p_i f_i'(\varphi_i^I + \varphi_i^{II})}{1 - P(\varphi^I)}$$

ここで，$\lambda \equiv \lambda_{II}(1 - P(\varphi^I))$ と置けば，2回目の資源配分の実施・未実施は $p_i f_i'(\varphi_i^I + \varphi_i^{II}) = \lambda$ や $p_i f_i'(\varphi_i^I + \varphi_i^{II}) \leq \lambda$ により決定されるから，最初から $\Phi_I + \Phi_{II}$ の総資源があると考えた場合の最適資源配分の条件と一致することがわかる．つまり，資源の逐次投入による探知確率最大化であっても，式 (8.18) および (8.19) による事後確率の修正を考慮することで，一括投入により実現できる最大の探知確率を得ることができる．一括投入の方が分割投入よりは資源配分の自由度は高いから（制約は少ないから），分割投入 Φ_I, Φ_{II} で実現できる最大探知確率は，一括投入による最大探知確率より大きくはできない．このように，捜索資源の逐次投入であっても，つねに最大の探知確率を得ることのできる資源配分は**一様最適**（uniformly optimal）と呼ばれる．

〔3〕 **資源投入コスト最小化** つぎに，捜索資源投入にはコストが掛かるとした場合の目標探知までの期待捜索コストの最小化問題について考える．

連続時間 $[0, T]$，離散セル空間 $\boldsymbol{N}$ の捜索において，$t \in [0, T]$ における単位時間当りの使用可能捜索コストを $c(t)$ とする．資源配分計画を時刻 t でセル i

への投入量の集合として $\varphi = \{\varphi(i,t), i \in \boldsymbol{N}, t \in [0,T]\}$ で表そう。単位資源量のセル i への投入コストが c_i であるとすれば，使用可能コストをすべて使うものとして，φ の制約条件は $\sum_{i \in \boldsymbol{N}} c_i \varphi(i,t) = c(t)$ および $\varphi(i,t) \geqq 0$ である。このとき，セル i への投入資源量 x に対する探知関数を $f_i(x)$ とすれば，$[0,t]$ 間の探知確率は

$$P_t(\varphi) = \sum_{i \in \boldsymbol{N}} p_i f_i \left(\int_0^t \varphi(i,t) dt \right)$$

と書け，これは探知時間を確率変数 T と見なした場合の分布関数でもあるから，確率密度関数は $dP_t(\varphi)/dt$ である。時刻 t で探知した場合にそれまで使用した資源投入コストは $C(t) = \int_0^t c(\tau) d\tau$ であるから，探知までの所要資源投入コストの期待値は

$$\int_0^\infty C(t) \frac{dP_t(\varphi)}{dt} dt = -[C(t)(1-P_t(\varphi))]_0^\infty + \int_0^\infty c(t)(1-P_t(\varphi)) dt$$
$$= \int_0^\infty c(t)(1-P_t(\varphi)) dt \qquad (8.20)$$

と変形できる。最後の式への変形では，$C(0) = 0$ であり，任意のセル i で $\lim_{x \to \infty} f_i(x) = 1$ を仮定し $\lim_{t \to \infty} P_t(\varphi) = 1$ なる資源配分計画が可能だとした。〔2〕で述べた一様最適な資源配分 φ^* は任意の時刻 t までの探知確率 $P_t(\varphi)$ をつねに最大にする資源配分であるから，式 (8.20) を最小にする。つまり，一様最適な資源配分計画は，目標探知までの捜索コストを最小にする計画にもなっている。

8.2 その他の評価尺度の最適捜索

8.1 節で取り上げた目標探知確率は，捜索理論においては最も基本的な評価尺度である。ここでは捜索理論の進展に伴って解明されたその他の評価尺度のもとでの最適捜索について述べる[8]。

8.2 その他の評価尺度の最適捜索　　　165

8.2.1 生存探知確率

海難救助活動の対象となる目標には寿命があり，時間とともに死滅するという仮定のもとで，できるだけ生存しているうちに目標を探知しようとする問題で使用される評価尺度が生存探知確率である．

以下では，離散セル，連続時間での捜索空間を考える．地理空間は離散セル $\boldsymbol{N} = \{1, 2, \cdots, n\}$ であり，セル $i \in \boldsymbol{N}$ には確率 $p_i > 0$ で目標が存在し，$\sum_{i \in \boldsymbol{N}} p_i = 1$ である．時間空間は $\boldsymbol{T} = [0, T]$ であり，単位時間当りに使用できる捜索資源コストは時間に依存した $c(t)$ とするが，セル i への単位資源量投入には単位時間当りのコスト c_i を要する．また，セル i で目標が時間 t までに死滅する確率分布関数を $D_i(t)$，確率密度関数を $d_i(t) = dD_i(t)/dt$ とする．自然な性質として，$D_i(t)$ は $D_i(0) = 0$ であり，t に関する単調非減少関数である．また，セル i に生存目標が存在する場合，そこへの投入資源総量 x による目標探知確率は，5.1.2 項のランダム捜索を仮定して

$$f_i(x) = 1 - \exp(-\alpha_i x)$$

で与えられるとする．

この捜索での捜索計画を $\varphi = \{\varphi(i, t),\ i \in \boldsymbol{N},\ t \in \boldsymbol{T}\}$ で表そう．$\varphi(i, t)$ は時点 t にセル i に投入する単位時間当りの捜索資源量である．この変数の実行可能条件は

$$\sum_{i \in \boldsymbol{N}} c_i \varphi(i, t) = c(t),\ t \in \boldsymbol{T},\ \varphi(i, t) \geqq 0,\ i \in \boldsymbol{N},\ t \in \boldsymbol{T} \tag{8.21}$$

である．確認しておくが，この捜索では各時点 t での捜索資源予算 $c(t)$ をすべて使用すべきである．目標が死滅した後では，捜索資源の使用は生存目標の探知になんら役には立たないが，その場合でも資源使用を躊躇する理由はない．

セル i で目標が生存している場合，$[0, t]$ 間の条件付き目標探知確率は

$$P_i^t(\varphi) = 1 - \exp\left(-\alpha_i \int_0^t \varphi(i, t) dt\right) \tag{8.22}$$

であるから，目標が時点 t まで生存してセル i にいる確率 $p_i(1-D_i(t))$ を考慮すれば，捜索計画 φ による $[0,T]$ 間での生存目標の探知確率は

$$\begin{aligned} S_T(\varphi) &= \sum_{i \in \boldsymbol{N}} p_i \int_0^T (1-D_i(t)) \frac{dP_i^t(\varphi)}{dt} dt \\ &= \sum_{i \in \boldsymbol{N}} p_i \left\{ (1-D_i(T))P_i^T(\varphi) + \int_0^T d_i(t) P_i^t(\varphi) dt \right\} \end{aligned} \quad (8.23)$$

で与えられる。ここで

$$S_i^T(\varphi) \equiv (1-D_i(T))P_i^T(\varphi) + \int_0^T d_i(t) P_i^t(\varphi) dt \quad (8.24)$$

と置いて，生存探知確率を $S_T(\varphi) = \sum_{i \in \boldsymbol{N}} p_i S_i^T(\varphi)$ で表そう。

問題は，条件式 (8.21) のもとで，$S_T(\varphi)$ を最大にする最適資源配分計画 φ^* を求めることである。最適計画の必要条件を求めるため，φ^* に小さな変分を加えたつぎの配分計画 φ を考える。すなわち，セル i，時間 t の正の投入資源量 $\varphi^*(i,t) > 0$ の微小量をセル j に移す変分である。

$$\varphi(i,\tau) = \begin{cases} \varphi^*(i,\tau) - \dfrac{\delta}{c_i}, & \tau \in [t, t+\Delta t] \\ \varphi^*(i,\tau), & \tau \notin [t, t+\Delta t] \end{cases} \quad (8.25)$$

$$\varphi(j,\tau) = \begin{cases} \varphi^*(j,\tau) + \dfrac{\delta}{c_j}, & \tau \in [t, t+\Delta t] \\ \varphi^*(j,\tau), & \tau \notin [t, t+\Delta t] \end{cases} \quad (8.26)$$

$$\varphi(k,t) = \varphi^*(k,t), \ k \neq i,j, \ k \in \boldsymbol{N}, \ t \in \boldsymbol{T} \quad (8.27)$$

この変更による資源計画 φ も，条件式 (8.21) を満たす。φ^* の最適性から，φ による変分は $\delta S_T(\varphi^*) = S_T(\varphi) - S_T(\varphi^*) \leq 0$ であり，この変分は各セル k での変分 $\delta S_k^T(\varphi^*) = S_k^T(\varphi) - S_k^T(\varphi^*)$ に分解できる。式 (8.27) から，$k \neq i,j$ なる任意のセル $k \in \boldsymbol{N}$ では $\delta S_k^T(\varphi^*) = 0$ である。

セル i での変分は，式 (8.24) から，$P_i^T(\varphi)$ と $\int_0^T d_i(t) P_i^t(\varphi) dt$ の変分に分解できる。これを求めてみよう。この変分では，$\delta \Delta t$ の一次までをとり，高次の

項は無視することとする．まず，φ^* から資源量が減少するセル i では，$P_i^T(\varphi)$ は次式で近似できる．

$$\begin{aligned}
P_i^T(\varphi) &= 1 - e^{-\alpha_i \int_0^T \varphi^*(i,\tau)d\tau + \alpha_i \delta \Delta t / c_i} \\
&\approx 1 - \left(1 + \delta \Delta t \frac{\alpha_i}{c_i}\right) e^{-\alpha_i \int_0^T \varphi^*(i,\tau)d\tau} \\
&= P_i^T(\varphi^*) - \delta \Delta t \frac{\alpha_i}{c_i} \left(1 - P_i^T(\varphi^*)\right)
\end{aligned} \tag{8.28}$$

$\int_0^T d_i(t) P_i^t(\varphi) dt$ は次式で近似できる．

$$\begin{aligned}
\int_0^T d_i(\eta) P_i^\eta(\varphi) d\eta &= \int_0^t d_i(\eta) P_i^\eta(\varphi^*) d\eta \\
&+ \int_t^{t+\Delta t} d_i(\eta) \left(1 - e^{-\alpha_i \int_0^\eta \varphi^*(i,\tau)d\tau + \alpha_i \delta(\eta-t)/c_i}\right) d\eta \\
&+ \int_{t+\Delta t}^T d_i(\eta) \left(1 - e^{-\alpha_i \int_0^\eta \varphi^*(i,\tau)d\tau + \alpha_i \delta \Delta t/c_i}\right) d\eta \\
&\approx \int_0^t d_i(\eta) P_i^\eta(\varphi^*) d\eta + \int_t^T d_i(\eta) \left(1 - \left(1 + \delta \Delta t \frac{\alpha_i}{c_i}\right) e^{-\alpha_i \int_0^\eta \varphi^*(i,\tau)d\tau}\right) d\eta \\
&= \int_0^T d_i(\eta) P_i^\eta(\varphi^*) d\eta - \delta \Delta t \frac{\alpha_i}{c_i} \int_t^T d_i(\eta) \left(1 - P_i^\eta(\varphi^*)\right) d\eta
\end{aligned} \tag{8.29}$$

したがって，つぎの変分量を得る．

$$\begin{aligned}
S_i^T(\varphi) &= (1 - D_i(T)) P_i^T(\varphi) + \int_0^T d_i(t) P_i^t(\varphi) dt \\
&\approx S_i^T(\varphi^*) - \delta \Delta t \frac{\alpha_i}{c_i} \Big\{ (1 - D_i(T)) \left(1 - P_i^T(\varphi^*)\right) \\
&\qquad\qquad + \int_t^T d_i(\eta) \left(1 - P_i^\eta(\varphi^*)\right) d\eta \Big\}
\end{aligned} \tag{8.30}$$

この変形は，φ^* から微小資源量が増加するセル j の変分量計算にも簡単に適用でき，次式を得る．

$$S_j^T(\varphi) \approx S_j^T(\varphi^*) + \delta\Delta t \frac{\alpha_j}{c_j} \left\{ (1-D_j(T))(1-P_j^T(\varphi^*)) \right.$$
$$\left. + \int_t^T d_j(\eta)(1-P_j^\eta(\varphi^*))\,d\eta \right\}$$

したがって，生存探知確率の変分はつぎのようになる．

$$\delta S_T(\varphi^*) \equiv S_T(\varphi) - S_T(\varphi^*)$$
$$\approx \delta\Delta t \frac{p_j\alpha_j}{c_j} \left\{ (1-D_j(T))(1-P_j^T(\varphi^*)) \right.$$
$$\left. + \int_t^T d_j(\eta)(1-P_j^\eta(\varphi^*))\,d\eta \right\}$$
$$-\delta\Delta t \frac{p_i\alpha_i}{c_i} \left\{ (1-D_i(T))(1-P_i^T(\varphi^*)) \right.$$
$$\left. + \int_t^T d_i(\eta)(1-P_i^\eta(\varphi^*))\,d\eta \right\} \leqq 0$$

上記の不等式は，任意の時間 t において資源投入のある $\varphi(i,t) > 0$ をもつセル i と任意のセル j との間で成立するから，セル j でも資源投入があれば，上式で等号が成立する．このレトリックはクープマン問題での議論と同じである．以上から，各時間 $t \in [0,T]$ において，つぎのような最適資源配分の必要条件が成り立つ．

(1) $\varphi^*(i,t) > 0$ なる任意のセル i に対し

$$\frac{p_i\alpha_i}{c_i}\left\{(1-D_i(T))(1-P_i^T(\varphi^*)) + \int_t^T d_i(\eta)(1-P_i^\eta(\varphi^*))\,d\eta\right\} = \lambda(t)$$

(2) $\varphi^*(i,t) = 0$ なる任意のセル i に対し

$$\frac{p_i\alpha_i}{c_i}\left\{(1-D_i(T))(1-P_i^T(\varphi^*)) + \int_t^T d_i(\eta)(1-P_i^\eta(\varphi^*))\,d\eta\right\} \leqq \lambda(t)$$

式 (8.30) から明らかなように，上の条件の左辺の式は，生存探知確率の単位時間，単位捜索コスト当りの増加率であり，$\varphi(i,t)$ に対し単調非増加関数となっている．この増加率が $\varphi(i,t) = 0$ で一定値 $\lambda(t)$ に届かなければ資源投入は行

わず，資源投入を実施する場合はこの増加率が $\lambda(t)$ に均衡するように資源投入量 $\varphi(i,t)$ を設定することを意味する．このことは，問題 (K_d) の最適資源配分に関して限界効用逓減の法則に関連して述べた性質と本質的に同じである．

8.2.2 期待利得

8.2.1 項と異なり，本項での目標は決して死滅しない．目標探知によってある利益を得るが，探知までに使用した捜索資源量に応じたコストも掛かるとし，利益からコストを差し引いた**利得**（reward）を最大化しようとするのが，このモデルである．

その他のパラメータである離散セル空間 $\boldsymbol{N}$ や連続時間空間 $\boldsymbol{T}$，目標の存在確率分布 $\{p_i\}$，セル i への資源投入コスト c_i，探知関数 $f_i(x)$ などは 8.2.1 項と同様とする．また，捜索資源投入計画も $\varphi = \{\varphi(i,t), i \in \boldsymbol{N}, t \in \boldsymbol{T}\}$ で表す．ただし，わかりやすいように，単位時間当りの使用可能捜索コストは定数 C として，セル i で目標を発見したときの利益は R_i とする．このとき，φ は，次式の実行可能性条件で表されるように，各時点での捜索コスト C をすべて使い尽くすよう要請されているとする．

$$\sum_{i \in \boldsymbol{N}} c_i \varphi(i,t) = C, \ t \in \boldsymbol{T}, \quad \varphi(i,t) \geq 0, \ i \in \boldsymbol{N}, \ t \in \boldsymbol{T} \tag{8.31}$$

この問題では，時点 t，セル i で目標を探知すれば利益 R_i を得られるが，それまでに使用した捜索コスト Ct は負の利益として考慮され，得られた利益から捜索コストを引いた値である利得 $R_i - Ct$ を最大にする資源配分計画を求める．

目標がセル i にいるという条件で，捜索計画 φ による $[0,t]$ 間でのセル i での条件付き目標探知確率 $P_i^t(\varphi)$ は式 (8.22) で与えられる．したがって，このセルで探知する時刻 t の確率密度関数は $dP_i^t(\varphi)/dt$ であり，この目標探知により利益 R_i を得るが，それまでには捜索コスト Ct を使用しているから，利得は $R_i - Ct$ である．また，最後まで目標を探知できない確率は $1 - \sum_i p_i P_i^T(\varphi)$ であり，そのときは捜索コスト CT のみ掛かるから，$[0,T]$ 間での捜索による期待利得は次式で与えられる．

8. 静止目標に対する最適資源配分

$$R_T(\varphi) = \sum_{i \in N} p_i \int_0^T (R_i - Ct) \frac{dP_i^t(\varphi)}{dt} dt - CT\left(1 - \sum_{i \in N} p_i P_i^T(\varphi)\right)$$

$$= \sum_{i \in N} p_i \left\{ \int_0^T (R_i - Ct) \frac{dP_i^t(\varphi)}{dt} dt - CT\left(1 - P_i^T(\varphi)\right) \right\}$$

$$= \sum_{i \in N} p_i \left\{ \left[(R_i - Ct)P_i^t(\varphi)\right]_0^T + C \int_0^T P_i^t(\varphi) dt - CT\left(1 - P_i^T(\varphi)\right) \right\}$$

$$= \sum_{i \in N} p_i \left(R_i P_i^T(\varphi) + C \int_0^T P_i^t(\varphi) dt - CT \right) \tag{8.32}$$

条件式 (8.31) のもとで $R_T(\varphi)$ を最大にする φ を求めるここでの問題も変分問題である．捜索終了時刻 T が固定されている場合には，8.2.1 項での最適捜索計画 φ^* の求め方を利用できる．しかし，許容捜索コストをつねに使い切るという捜索法であるため，時間とともにその増加率が鈍くなる目標探知確率に比べ，捜索コストは時間に比例して増加するから，適当な時刻に捜索を打ち切る必要がある．ここでは，捜索の最適打ち切り時点についても議論する．まず，終了時刻 T が与えられた場合の最適捜索計画 φ^* の必要条件を求める．

最適解 φ^* に変分 $\{\delta\varphi^*(i,t) = \varepsilon h(i,t)\}$ を加えた資源配分 $\varphi(i,t) = \varphi^*(i,t) + \varepsilon h(i,t)$ を考える．関数 $h(i,t)$ は連続関数であり，ε は微小量である．式 (8.28) の導出過程を参考にすれば，$[0,T]$ 間のセル i での条件付き探知確率 $P_i^T(\varphi^*)$ の変分はつぎのように書ける．

$$\delta P_i^T(\varphi^*) \equiv P_i^T(\varphi) - P_i^T(\varphi^*)$$
$$\approx \alpha_i e^{-\alpha_i \int_0^T \varphi^*(i,\tau)d\tau} \int_0^T \varepsilon h(i,t) dt \tag{8.33}$$

同様に，式 (8.29) を参考にすれば

$$\delta \int_0^T P_i^\tau(\varphi^*) d\tau \equiv \int_0^T P_i^\tau(\varphi) d\tau - \int_0^T P_i^\tau(\varphi^*) d\tau$$
$$\approx \int_0^T \alpha_i e^{-\alpha_i \int_0^\tau \varphi^*(i,\eta)d\eta} \left(\int_0^\tau \varepsilon h(i,t) dt \right) d\tau$$

8.2 その他の評価尺度の最適捜索

である。ここで，τ に関する積分範囲 $\int_0^T$ と t に関する積分範囲 $\int_0^\tau$ の順序を交換すると

$$\delta \int_0^T P_i^t(\varphi^*) dt \approx \int_0^T \alpha_i \left(\int_t^T e^{-\alpha_i \int_0^\tau \varphi^*(i,\eta)d\eta} d\tau \right) \varepsilon h(i,t) dt \quad (8.34)$$

となるから，期待利得 $R_T(\varphi^*)$ の変分は次式となる．

$$\delta R_T(\varphi^*) \equiv R_T(\varphi) - R_T(\varphi^*)$$
$$\approx \sum_i p_i \alpha_i \int_0^T \left(R_i e^{-\alpha_i \int_0^T \varphi^*(i,\tau)d\tau} \right.$$
$$\left. + C \int_t^T e^{-\alpha_i \int_0^\tau \varphi^*(i,\eta)d\eta} d\tau \right) \varepsilon h(i,t) dt \quad (8.35)$$

上記では資源量変化 $\{\varepsilon h(i,t)\}$ に対する一般的な変分を導出したが，つぎに制約条件式 (8.31) を満たすように，$\tau \in [t, t+\Delta t]$ で $\varphi^*(i,\tau) > 0$ であるセル i と時刻 t に対し，再び式 (8.25)～(8.27) で定義した変分を考えれば，φ^* の最適性から

$$\delta R_T(\varphi^*) = \left(A_{jt}^T(\varphi^*) - A_{it}^T(\varphi^*) \right) \delta \Delta t \leqq 0 \quad (8.36)$$

となる．ただし

$$A_{it}^T(\varphi^*) \equiv \frac{p_i \alpha_i}{c_i} \left(R_i e^{-\alpha_i \int_0^T \varphi^*(i,\tau)d\tau} + C \int_t^T e^{-\alpha_i \int_0^\tau \varphi^*(i,\eta)d\eta} d\tau \right)$$
$$= \frac{p_i \alpha_i}{c_i} \left\{ R_i \left(1 - P_i^T(\varphi^*) \right) + C \int_t^T (1 - P_i^\tau(\varphi^*)) d\tau \right\}$$

である．$\varphi^*(j,\tau) > 0$, $\tau \in [t, t+\Delta t]$ であれば，式 (8.36) の不等号の逆も成り立つから，最適捜索資源配分 φ^* に関するつぎの必要条件を得る．

(1) $\varphi^*(i,t) > 0$ なる任意のセル i に対し

$$A_{it}^T(\varphi^*) = \lambda(t) \quad (8.37)$$

(2) $\varphi^*(i,t) = 0$ なる任意のセル i に対し

$$A_{it}^T(\varphi^*) \leq \lambda(t)$$

この条件により,資源投入を行うセル,時間では,単位捜索コストおよび単位時間当りの利得の増加率が一定値 $\lambda(t)$ 未満であれば資源投入は行わず,資源投入を実施する場合は増加率が $\lambda(t)$ となる資源投入率とすることが主張されている。ちなみに,最終時刻 T が固定された場合の一般的な変分(式 (8.35))は,次式で与えられる。

$$\delta R_T(\varphi^*) = \sum_{i \in N} \int_0^T c_i A_{it}^T(\varphi^*) \varepsilon h(i,t) dt$$

つぎに,捜索終了時刻 T を最適化する問題を考えよう。前述したように,この捜索法では時間の経過とともに捜索コストの方が高くつき,目標探知により期待できる利益が割に合わなくなる。そのような場合の最適停止時間 T^* は,上述の問題の T を変数として問題 $R_{T^*}(\varphi^*) = \max_T R_T(\varphi^*)$ を解けばよい。この場合,T に関する変分を求めることからはじめるが,T が $T + \delta T$ と変化したときには $[0,T]$ 間の最適資源配分も少し変化するから,これを $\varphi^* + \delta\varphi^*$ と書く。これら最終時点と資源配分の変分,δT と $\delta\varphi^*$ による期待利得の変分を記号 δ_T を付けて表せば,式 (8.33), (8.34) にならって次式が得られる。

$$\delta_T P_i^T(\varphi^*) \equiv P_i^{T+\delta T}(\varphi^* + \delta\varphi^*) - P_i^T(\varphi^*)$$
$$\approx \alpha_i e^{-\alpha_i \int_0^T \varphi^*(i,\tau) d\tau} \int_0^T \delta\varphi^*(i,t) dt$$
$$+ \alpha_i \varphi^*(i,T) e^{-\alpha_i \int_0^T \varphi^*(i,\tau) d\tau} \delta T$$

$$\delta_T \int_0^T P_i^t(\varphi^*) dt \equiv \int_0^{T+\delta T} P_i^t(\varphi^* + \delta\varphi^*) dt - \int_0^T P_i^t(\varphi^*) dt$$
$$\approx \int_0^T \alpha_i \left(\int_t^T e^{-\alpha_i \int_0^\tau \varphi^*(i,\eta) d\eta} d\tau \right) \delta\varphi^*(i,t) dt$$
$$+ \left(1 - e^{-\alpha_i \int_0^T \varphi^*(i,\eta) d\eta} \right) \delta T$$

8.2 その他の評価尺度の最適捜索

$$\delta_T R_T(\varphi^*) \equiv R_{T+\delta T}(\varphi^* + \delta\varphi^*) - R_T(\varphi^*)$$

$$\approx \sum_{i \in \boldsymbol{N}} \int_0^T c_i A_{it}^T(\varphi^*)\delta\varphi^*(i,t)dt$$

$$+ \sum_{i \in \boldsymbol{N}} p_i \left\{ \frac{\alpha_i R_i}{c_i} e^{-\alpha_i \int_0^T \varphi^*(i,\tau)d\tau} c_i \varphi^*(i,T)\delta T \right.$$

$$\left. + C\left(1 - e^{-\alpha_i \int_0^T \varphi^*(i,\eta)d\eta}\right)\delta T - C\delta T \right\}$$

$$= \sum_{i \in \boldsymbol{N}} \int_0^T c_i A_{it}^T(\varphi^*)\delta\varphi^*(i,t)dt$$

$$+ \sum_{i \in \boldsymbol{N}} p_i \left\{ \frac{\alpha_i R_i}{c_i} e^{-\alpha_i \int_0^T \varphi^*(i,\tau)d\tau} c_i \varphi^*(i,T) \right.$$

$$\left. - Ce^{-\alpha_i \int_0^T \varphi^*(i,\eta)d\eta} \right\} \delta T$$

$$= \sum_{i \in \boldsymbol{N}} \int_0^T c_i A_{it}^T(\varphi^*)\delta\varphi^*(i,t)dt$$

$$+ \left\{ \sum_{i \in \boldsymbol{N}} \frac{R_i p_i \alpha_i}{c_i} \left(1 - P_i^T(\varphi^*)\right) c_i \varphi^*(i,T) \right.$$

$$\left. - C\left(1 - P_T(\varphi^*)\right) \right\} \delta T \qquad (8.38)$$

変分 δT は微小であるから,式 (8.38) の第一項で意味のある (i,t) は $\varphi^*(i,t) > 0$ となる (i,t) であるが,このときは式 (8.37) から $A_{it}^T(\varphi^*) = \lambda(t)$ であるので

$$第一項 = \int_0^T \lambda(t) \left(\sum_{i \in \boldsymbol{N}} c_i \delta\varphi^*(i,t) \right) dt$$

と整理できるものの,捜索コストに関する制約式 (8.31) から上記の変分はゼロとなる.また,式 (8.38) の $\{\cdot\}$ 内の第一項では,式 (8.37) から,$\varphi^*(i,T) > 0$ のセルでは

$$\frac{R_i p_i \alpha_i}{c_i} \left(1 - P_i^T(\varphi^*)\right) = \lambda(T) \qquad (8.39)$$

が成り立つから

$$\sum_{i \in N} \frac{R_i p_i \alpha_i}{c_i} \left(1 - P_i^T(\varphi^*)\right) c_i \varphi^*(i, T) = \sum_{i \in N} \lambda(T) c_i \varphi^*(i, T) = C \lambda(T)$$

となる．したがって

$$\delta_T R_T(\varphi^*) = C \left\{ \lambda(T) - (1 - P_T(\varphi^*)) \right\} \delta T$$

が捜索終了時点 T の微小増加による利得の増加分であり，利得最大となる捜索時間 T^* ではこの増加分がゼロとなるつぎの条件を満たす．

$$\frac{\lambda(T)}{1 - P_T(\varphi^*)} = 1 \tag{8.40}$$

したがって，式 (8.39) から

$$\frac{R_i \alpha_i}{c_i} \cdot \frac{p_i(1 - P_i^T(\varphi^*))}{1 - P_T(\varphi^*)} = 1$$

である．$p_i(1 - P_i^T(\varphi^*))/(1 - P_T(\varphi^*))$ は，捜索計画 φ^* が実行されたが時点 T まで目標が探知されていないという条件付きのセル i での目標存在確率であるから，式 (8.40) は，時刻 T での単位捜索資源の投入によりセル i で期待できる期待獲得利益の捜索コストに対する比率がどのセルでも同じであり，この比率が 1 以上であれば捜索を続けるが，1 より小さければ捜索を停止すべきであることを示している．

章 末 問 題

【1】 二次元平面の極座標 (r, θ) での 8.1 節のクープマン問題 (K_c) を考える．目標の存在確率密度が，原点からの距離 r に依存した円形正規分布

$$p(r, \theta) = \frac{1}{2\pi\sigma^2} \exp\left(-\frac{r^2}{2\sigma^2}\right)$$

であり，探知効率のパラメータは定数 $\alpha(x) = \alpha$ とする．式 (8.1) のように，全体の資源量 Φ が与えられた場合の最適資源配分密度を求めよ．
（ヒント）最適な資源配分密度関数も点対称であり，$\varphi(r) \geqq 0$ と書くことができることは明らかであろう．資源制約は

$$\int_0^{2\pi}\int_{-\infty}^{\infty}\varphi(r)rdrd\theta = \Phi$$

と書けることに留意して，最適資源配分の式 (8.3) を用いよ．

【2】 8.1 節のクープマン問題 (K_c) において，点 x への単位資源密度投入にコスト $c(x)$ が掛かるとし，全体の許容コストが C である制約

$$\int_{-\infty}^{\infty} c(x)\varphi(x)dx = C$$

をもつ最適資源配分を議論し，この問題における式 (8.3) に対応する最適資源配分の式を導出せよ．

同様に，クープマン問題 (K_d) において，セル i への単位資源量の投入にコスト c_i が掛かる場合の最適資源配分を議論し，この問題における式 (8.14) に対応する最適資源配分の式を導出せよ．この場合のコスト制約は次式となる．

$$\sum_{i=1}^{n} c_i\varphi_i = C$$

（ヒント）$\psi(x) = c(x)\varphi(x)$ や $\psi_i = c_i\varphi_i$ の置き換えにより，資源総量制約の問題と見ることができる．

【3】 8.2.2 項での期待利得を評価尺度にした捜索モデルに，目標に死滅の可能性のある 8.2.1 項での $D_i(t)$ を加味して，生存する目標を探知した場合のみ利益 $\{R_i\}$ が得られるとした場合に，期待利得を最大にする最適資源配分計画 φ^* の満たすべき条件を求めよ．また，捜索の最適停止時間 T^* が満たすべき条件についても議論せよ．

目標が死滅する確率は時間とともに増大するから，目標探知による利益獲得は，死滅のない場合よりもさらに困難になる．

9 移動目標に対する最適資源配分

本章では移動目標の捜索について考える．移動目標は時間によって存在場所が変化するから，静止目標と異なり資源配分にも時間の要素が加味される．移動目標問題の解法アルゴリズム[1]〜[3]は，まず静止目標問題の解法を利用する形で FAB（forward and backward）アルゴリズムという名称で提案された．ここでは，この解法アルゴリズムが提案された際の設定に従って，まずマルコフ移動を行う目標に対する探知確率最大化問題を取り上げよう．

9.1 探知確率最大化問題

9.1.1 マルコフ移動目標に対する最適資源配分

捜索空間を離散地理空間 $N = \{1, \cdots, n\}$ と離散時間空間 $T = \{1, \cdots, T\}$ とする．マルコフ連鎖とは，ある時間の状態変化が一つ前の状態のみに依存し，それ以前の状態には無関係である状態変化連鎖のことである．マルコフ移動では，現時点の位置のみがつぎの時点での移動位置を決める．そこで，現時点 $t \in T$ で $i \in N$ にいる目標がつぎの時点 $t+1 \in T$ でセル $j \in N$ に移動する確率を $\Gamma(i,j,t) \geqq 0$ とする．もちろん，任意の $i \in N$ に対して $\sum_{j \in N} \Gamma(i,j,t) = 1$ を満たさなくてはいけない．初期時点では過去を有しないから，マルコフ移動の法則とは別に目標分布に関する前提を置き，条件 $\sum_{i \in N} p_0(i) = 1$ を満たす確率 $p_0(i) \geqq 0$ でセル i に存在するものとする．

捜索者は各時点 t で総量 $\Phi(t) > 0$ の捜索資源をもっており，これを任意に分

割してセル空間 N に投入する。もし目標がセル i に存在し，そこに捜索資源 x を投入した場合の条件付き探知確率は $1 - \exp(-\alpha_i x)$ とする。これは，8章の静止目標問題 (K_d) の設定と同じである。パラメータ α_i は，セル i における単位捜索資源量の探知効率を与えるもので，この値が大きければ捜索資源の探知効率が高いということになる。

以上の前提のもとで，マルコフ移動目標に対する時間 T 全体での探知確率を最大にする捜索資源配分 $\varphi = \{\varphi(i,t),\ i \in N,\ t \in T\}$ を求めることがここでの問題である。$\varphi(i,t)$ は時点 t でセル i に投入する捜索資源量である。ここでは，便宜上，探知確率ではなく，探知しない確率（非探知確率）を目的関数とする。最適な捜索資源配分は非探知確率を最小化する配分である。時間が連続的でないため，イベントや捜索の実施時期を明確に規定しよう。各時点 $t-1$ の期末から次時点 t の期首に掛けてマルコフ移動法則 $\Gamma(\cdot, \cdot, t-1)$ に基づいて目標移動が行われ，時点 t の期首と期末の間に資源配分 $\varphi^t \equiv \{\varphi(i,t),\ i \in N\}$ による捜索が実施される。その結果を得て，t の期末で探知・非探知の判定がなされる。非探知であった場合のみ，次時点 $t+1$ への移動以降のイベントが継続するが，探知と判定されれば目標探知のイベントをもって終了する。

また，つぎの記号を用いる。$P(i,t,\varphi)$ は，資源配分 φ の捜索で目標が過去 $\tau = 1, \cdots, t-1$ に探知されずに時点 t の期首にセル i へ到達する確率であり，$Q(i,t,\varphi)$ は，時点 t の期末にセル i で探知されずに目標がいるという条件で，φ の捜索に対して将来 $\tau = t+1, \cdots, T$ でも探知されない確率である。

$P(\cdot)$，$Q(\cdot)$ の定義から，つぎの初期条件と漸化式が成り立つ。

$$P(i,1,\varphi) = p_0(i)$$
$$P(j,t+1,\varphi) = \sum_{i \in N} P(i,t,\varphi) \exp(-\alpha_i \varphi(i,t)) \Gamma(i,j,t) \quad (9.1)$$
$$Q(i,t,\varphi) = \sum_{j \in N} \Gamma(i,j,t) \exp(-\alpha_j \varphi(j,t+1)) Q(j,t+1,\varphi) \quad (9.2)$$
$$Q(i,T,\varphi) = 1$$

したがって，$P(\cdot,t,\varphi)$ は時点 t より前の φ に依存し，$Q(\cdot,t,\varphi)$ は時点 t より後

の φ を用いて計算される。また，資源配分 φ による全時点での非探知確率 $q(\varphi)$ は，時点 t での資源配分を陽に使用して

$$q(\varphi) = \sum_{i \in \bm{N}} P(i,t,\varphi) \exp(-\alpha_i \varphi(i,t)) Q(i,t,\varphi)$$

と表される。ここで，資源配分計画 φ の実行可能条件 $\sum_{i \in \bm{N}} \varphi(i,t) = \varPhi(t)$ から，時点 t ごとの配分計画 $\varphi^t \equiv \{\varphi(i,t), i \in \bm{N}\}$ の実行可能領域 $\varPsi_t \equiv \left\{ \varphi^t \middle| \sum_{i \in \bm{N}} \varphi(i,t) = \varPhi(t), \varphi(i,t) \geqq 0, i \in \bm{N} \right\}$ は t のみに依存することを考えれば，最適な資源配分 φ^* は，時点 t での最適化問題

$$q(\varphi^*) = \min_{\varphi^t \in \varPsi_t} \sum_{i \in \bm{N}} P(i,t,\varphi^*) \exp(-\alpha_i \varphi(i,t)) Q(i,t,\varphi^*) \tag{9.3}$$

の最適解を与えるはずである。この時点 t だけの資源配分の最適化問題は，8.1 節の静止目標問題 (K_d) において p_i を $P(i,t,\varphi^*)Q(i,t,\varphi^*)$ と置き換えた問題と本質的に同じであり，その計算アルゴリズムを使って容易に最適解を得ることができる。**FAB** アルゴリズム (forward and backward algorithm) はこの漸化式を利用した繰り返し計算法であり，つぎの計算過程からなる。

ステップ F1：$\varphi = \bm{0}$ とし，これを式 (9.2) に適用した場合の Q の初期値として，$Q(i,t,\varphi) = 1, i \in \bm{N}, t \in \bm{T}$ と置く。

ステップ F2：時点 $t = 1$ での初期設定として，$P(i,1,\varphi) = p_0(i), i \in \bm{N}$ とする。

ステップ F3：$t = 1, \cdots, T$ に対し，つぎを行う。

(1) つぎの問題を解いて，時点 t での最適解 φ^{*t} を得る。

$$\min_{\varphi^t \in \varPsi_t} \sum_{i \in \bm{N}} P(i,t,\varphi) \exp(-\alpha_i \varphi(i,t)) Q(i,t,\varphi) \tag{9.4}$$

(2) φ^t を φ^{*t} で置き換える。

(3) $t \leq T-1$ であれば,式 (9.1) を用いて $\{P(j, t+1, \varphi), j \in \boldsymbol{N}\}$ を計算する。

式 (9.4) から得られた非探知確率が前回の値と同じであれば,アルゴリズムを終了する。

ステップ F4: 式 (9.2) を用いて $\{Q(i, t, \varphi), i \in \boldsymbol{N}, t \in \boldsymbol{T}\}$ を計算し,ステップ F3 に戻る。

ステップ F3 の (1) のプロセスにより,資源配分計画は非探知確率をより小さくするように改善されるから,この計算アルゴリズムは必ず収束して,任意の時点 t で漸化式 (9.3) を満たす φ^* と最小非探知確率 $q(\varphi^*)$ が得られる。

1 回目のステップ F3 の計算においては $Q(i, t, \varphi) = 1$ とされているから,(1) の最小化問題は実質的に

$$\min_{\varphi^t \in \Psi_t} \sum_{i \in \boldsymbol{N}} P(i, t, \varphi) \exp(-\alpha_i \varphi(i, t))$$

と同じであり,時点 t までの非探知確率を最小化する**近視眼的**(**マイオピック**,myopic)な配分計画を求めていることになる。本来なら,時点 t 以降の捜索も考慮してそれ以前の捜索のあり方を決め,時間 T 全体での非探知確率を最小化することが必要である。$P(i, t, \varphi)$ および $Q(i, t, \varphi)$ はその意味から,それぞれを(非探知による)**到達確率**,**生き残り確率**と呼ぶこともある。

9.1.2　パス型移動目標に対する最適資源配分

9.1.1 項ではマルコフ移動目標を考えたが,本項では移動目標問題の際によく使われる**パス型移動**(path-type motion)を考える。パス型移動目標は,複数のパスの中から一つを確率で選択し,以後そのパス上を移動する。全体のパスの集合を Ω とし,一つのパス $\omega \in \Omega$ をとった目標は,時点 $t \in \boldsymbol{T} = \{1, \cdots, T\}$ ではセル $\omega(t) \in \boldsymbol{N}$ に移動するとしよう。目標がパス ω をとる確率を $\pi(\omega)$ とする。確率ゼロのパスは決して採用されないから Ω から除けばよく,任意のパス ω に対し $\pi(\omega) > 0$ とする。また,捜索資源配分計画をこれまでと同じく φ

で表そう。

パス ω をとった目標は時点 t でセル $\omega(t)$ におり，そこに投入された資源量 $\varphi(i,t)$ によっても探知されない確率は $\exp(-\alpha_{\omega(t)}\varphi(\omega(t),t))$ である。したがって，全時間での非探知確率は $\exp\left(-\sum_{t\in\boldsymbol{T}}\alpha_{\omega(t)}\varphi(\omega(t),t)\right)$ となる。したがって，パス選択確率 π を考慮した期待非探知確率は

$$q(\varphi) = \sum_{\omega\in\Omega}\pi(\omega)\exp\left(-\sum_{t\in\boldsymbol{T}}\alpha_{\omega(t)}\varphi(\omega(t),t)\right) \tag{9.5}$$

と書けるから，φ を変数とするつぎの最小化問題を解くことがここでの問題である。

$$\begin{aligned}(P_P)\quad &\min_{\varphi}\sum_{\omega\in\Omega}\pi(\omega)\exp\left(-\sum_{t\in\boldsymbol{T}}\alpha_{\omega(t)}\varphi(\omega(t),t)\right)\\ \text{s.t.}\quad &\sum_{i\in\boldsymbol{N}}\varphi(i,t)=\varPhi(t),\ t\in\boldsymbol{T}\\ &\varphi(i,t)\geqq 0,\ i\in\boldsymbol{N},\ t\in\boldsymbol{T}\end{aligned} \tag{9.6}$$

時点 t でセル i を通るパス群を

$$\Omega_{it} \equiv \{\omega\in\Omega \mid \omega(t)=i\} \tag{9.7}$$

で表せば，この問題の目的関数は

$$f_t(\varphi^t) \equiv \sum_{i\in\boldsymbol{N}}\sum_{\omega\in\Omega_{it}}\pi(\omega)\exp\left(-\sum_{\tau\in\boldsymbol{T}|\tau\neq t}\alpha_{\omega(\tau)}\varphi(\omega(\tau),\tau)\right)\exp\left(-\alpha_i\varphi(i,t)\right)$$

と変形できる。すべてのパスは，時点 t でどこかのセル i を通るパスとして分類できるからである。上の変形した目的関数において

$$p_i = \sum_{\omega\in\Omega_{it}}\pi(\omega)\exp\left(-\sum_{\tau\in\boldsymbol{T}|\tau\neq t}\alpha_{\omega(\tau)}\varphi(\omega(\tau),\tau)\right) \tag{9.8}$$

と置けば，時点 t における捜索資源配分 φ^t の最適化は，静止目標問題 (K_d) での最適資源配分を求める問題と同じであり，マルコフ移動目標に対するFABアルゴリズムをそのまま利用できる。実際，式 (9.8) は探知されずに時点 t でセ

ルiに到達する確率と，時点tで非探知状態でセルiに存在する目標が$t+1$以降も非探知である確率を掛けた値であるから，マルコフ移動目標における到達確率$P(i,t,\varphi)$と生き残り確率$Q(i,t,\varphi)$の積と考えてもよく，マルコフ移動目標に対するFABアルゴリズムの式(9.4)を，$\min\limits_{\varphi^t} f_t(\varphi^t)$の最小化問題に置き換えれば，パス型移動目標に対する最適資源配分を求めるFABアルゴリズムが得られる．

9.2 期待利得最大化問題

8.2.2項では，期待利得を目的関数とした静止目標問題を取り上げた．そこでは，問題の空間を連続時間として，変分問題による最適解へのアプローチを試みた．ここでは9.1節と同様に，離散時間空間T上で問題を考え，最適搜索計画の導出には7.2.3項の非線形計画法の最適化手法を用いる．

時点$t \in T$での目標探知により目標価値$V(t)$が得られるが，時間とともに単調減少するものとする．また，捜索資源コストとして，時点$t \in T$，セル$i \in N$での捜索資源の使用には単位量当り$c_0(i,t)$が掛かる．時点tでの使用可能捜索資源量を$\Phi(t)$として，捜索資源の投入計画を，9.1節と同様，$\varphi = \{\varphi(i,t), i \in N, t \in T\}$で表す．目標はパス型移動を行い，パス$\omega \in \Omega$の選択確率$\pi(\omega)$は捜索者に知られている．このとき，式(9.5)と同様にすれば，時間区間$[1,t]$間での目標探知確率$P_1^t(\varphi)$と捜索資源コスト$C_1^t(\varphi)$は，次式となる．

$$P_1^t(\varphi) = 1 - \sum_{\omega \in \Omega} \pi(\omega) \exp\left(-\sum_{\tau=1}^{t} \alpha_{\omega(\tau)} \varphi(\omega(\tau), \tau)\right) \tag{9.9}$$

$$C_1^t(\varphi) = \sum_{\tau=1}^{t} \sum_{i \in N} c_0(i,\tau) \varphi(i,\tau) \tag{9.10}$$

したがって，時点tで目標を探知する確率は$P_1^t(\varphi) - P_1^{t-1}(\varphi)$であり，その探知により利益$V(t)$を得るが，それまでに捜索コスト$C_1^t(\varphi)$を消費している．また，全時点を通じて目標探知がなければ捜索コスト$C_1^T(\varphi)$のみ消費することになる．以上から，全時点$[1,T]$の期待利得$R_1^T(\varphi)$は次式で書ける．

9. 移動目標に対する最適資源配分

$$R_1^T(\varphi) = \sum_{t=1}^{T} \left(V(t) - C_1^t(\varphi)\right)\left(P_1^t(\varphi) - P_1^{t-1}(\varphi)\right) - C_1^T(\varphi)(1 - P_1^T(\varphi))$$

$$= V(T)P_1^T(\varphi) + \sum_{t=1}^{T-1}(\Delta C(t,\varphi) - \Delta V(t))P_1^t(\varphi) - C_1^T(\varphi) \tag{9.11}$$

ただし

$$P_1^0(\varphi) \equiv 0 \tag{9.12}$$

$$\Delta C(t,\varphi) \equiv C_1^{t+1}(\varphi) - C_1^t(\varphi) = \sum_{i \in \boldsymbol{N}} c_0(i, t+1)\varphi(i, t+1) \tag{9.13}$$

$$\Delta V(t) \equiv V(t+1) - V(t)$$

とした.問題設定より $\Delta C(t,\varphi) \geqq 0$, $\Delta V(t) < 0$ である.以上から,期待利得最大化問題はつぎのように定式化される.

$$(P_R) \quad \max_{\varphi} R_1^T(\varphi)$$

$$\text{s.t.} \quad \sum_{i \in \boldsymbol{N}} \varphi(i,t) \leqq \Phi(t),\ t = 1, \cdots, T \tag{9.14}$$

$$\varphi(i,t) \geqq 0,\ i \in \boldsymbol{N},\ t = 1, \cdots, T \tag{9.15}$$

この問題では,使用する捜索資源を制限することにより捜索コストが節約できるから,φ の実行可能条件は,9.1.2 項の探知確率最大化問題 (P_P) の等式 (9.6) ではなく,不等式制約(式 (9.14))を用い,$\Phi(t)$ の使い残しを認める.

問題 (P_R) は有限個の変数 $\varphi = \{\varphi(i,t), i \in \boldsymbol{N}, t \in \boldsymbol{T}\}$ をもつ非線形計画問題であり,φ の最適解に関する定理 7.9 の KKT 条件を求めてみよう.問題 (P_R) は最大化問題だから,$-R_1^T(\varphi)$ を最小化する問題と見なす.条件式 (9.14) と (9.15) にラグランジュ乗数 $\lambda(t)$ と $\xi(i,t)$ を対応させ,つぎのラグランジュ関数 $L(\varphi; \lambda, \xi)$ を定義する.

$$L(\varphi; \lambda, \xi) \equiv -R_1^T(\varphi) + \sum_{t \in \boldsymbol{T}} \lambda(t) \left(\sum_{i \in \boldsymbol{N}} \varphi(i,t) - \Phi(t)\right) - \sum_{t \in \boldsymbol{T}} \sum_{i \in \boldsymbol{N}} \xi(i,t)\varphi(i,t)$$

式 (9.13) に注意すれば,式 (7.48) は

9.2 期待利得最大化問題

$$\frac{\partial L}{\partial \varphi(i,t)} = -A_{it}^{1T}(\varphi) + \lambda(t) - \xi(i,t) = 0, \ i \in \boldsymbol{N}, \ t \in \boldsymbol{T} \qquad (9.16)$$

と書ける。ただし

$$\begin{aligned}
A_{it}^{1T}(\varphi) = \sum_{\omega \in \Omega_{it}} \pi(\omega)\alpha_i &\left\{ V(T) \exp\left(-\sum_{\tau=1}^{T} \alpha_{\omega(\tau)}\varphi(\omega(\tau), \tau) \right) \right. \\
&\left. + \sum_{\zeta=t}^{T-1} (\Delta C(\zeta,\varphi) - \Delta V(\zeta)) \exp\left(-\sum_{\tau=1}^{\zeta} \alpha_{\omega(\tau)}\varphi(\omega(\tau), \tau) \right) \right\} \\
&- c_0(i,t)\left(1 - P_1^{t-1}(\varphi)\right) \qquad (9.17)
\end{aligned}$$

であり，使用されている記号 Ω_{it} は式 (9.7) ですでに定義している。条件式 (7.49) は

$$\lambda(t)\left(\sum_{i \in \boldsymbol{N}} \varphi(i,t) - \Phi(t)\right) = 0, \ t \in \boldsymbol{T} \qquad (9.18)$$

$$\xi(i,t)\varphi(i,t) = 0, \ i \in \boldsymbol{N}, \ t \in \boldsymbol{T} \qquad (9.19)$$

となる。条件式 (7.50) は式 (9.14) と式 (9.15) そのものであり，条件式 (7.51) は非負条件である次式となる。

$$\lambda(t) \geqq 0, \ t \in \boldsymbol{T} \qquad (9.20)$$

$$\xi(i,t) \geqq 0, \ i \in \boldsymbol{N}, \ t \in \boldsymbol{T} \qquad (9.21)$$

ここで，KKT 条件式 (9.16), (9.19) および (9.21) はつぎの二つの条件式と同値であり，ラグランジュ乗数 ξ を削除できることを示そう。

$$\text{ケース 1：もし } \varphi(i,t) > 0 \text{ ならば，} A_{it}^{1T}(\varphi) = \lambda(t) \qquad (9.22)$$

$$\text{ケース 2：もし } \varphi(i,t) = 0 \text{ ならば，} A_{it}^{1T}(\varphi) \leqq \lambda(t) \qquad (9.23)$$

$\varphi(i,t) > 0$ ならば式 (9.19) から $\xi(i,t) = 0$ となり，式 (9.16) からケース 1 が成立し，$\varphi(i,t) = 0$ ならば式 (9.16) と式 (9.21) からケース 2 の $\lambda(t) = A_{it}^{1T}(\varphi) + \xi(i,t) \geqq A_{it}^{1T}(\varphi)$ が導出できる。逆にケース 1, 2 が成立すれば，$\xi(i,t) \equiv \lambda(t) - A_{it}^{1T}(\varphi)$ の定義により，ケース 1 の場合は $\xi(i,t) = 0$ であり，

9. 移動目標に対する最適資源配分

ケース 2 の場合は $\xi(i,t) \geqq 0$ であるから, 相補性条件式 (9.19) と非負条件式 (9.21) を導くことができる.

以上の最適解に関する KKT 条件を踏まえ, その意味はつぎの通りである. $A_{it}^{1T}(\varphi)$ は $\partial R_1^T(\varphi)/\partial \varphi(i,t)$ であるから, 時点 t, セル i への資源投入量 $\varphi(i,t)$ を単位量増加させた場合の期待利得に対する限界効用を表しており, それが時間 t に依存する閾値 $\lambda(t)$ より小さければ (i,t) への資源投入はせず, 資源投入する場合にはどのセルでも同じ限界効用となるように投入量を調整すべきことを意味している.

また, 式 (9.17) により $A_{it}^{1T}(\varphi)$ の構成要素を見ると, { } 内の第一項および第二項は, 式 (9.11) の $P_1^T(\varphi)$ および $P_1^\eta(\varphi)$ ($t \leqq \eta$) の $\varphi(i,t)$ による偏微分から導出された項であり, 資源配分 $\varphi(i,t)$ の単位量増加により t 以降の時点での探知確率増加に起因する期待利得の正の限界効用を表している. また, 最終項は, 時点 $1, 2, \cdots, t-1$ 間での探知がなく, 時点 t でさらに搜索を継続した場合の捜索コストの正の増加率を示している. 前者の値の方が後者より大きい資源投入場所があり $\lambda(t) > 0$ となる時点では, 使用可能な搜索資源量 $\Phi(t)$ はすべて使い切る方がよく, そのような探知効率のよい場所がなく $\lambda(t) = 0$ となる時点では, 搜索資源の投入量は節約して $\Phi(t)$ までは使用しないか, 場合によっては資源投入せず搜索活動を止めた方がよいことが相補性条件式 (9.18) からわかる.

以下では, 9.1 節の FAB アルゴリズムと同様に, 最適解計算のための解法アルゴリズムを考えるが, $A_{it}^{1T}(\varphi)$ を $\varphi(i,t)$ の関数として明示したつぎの表現を使おう.

$$\rho_{it}(\varphi(i,t)) \equiv B_{it} \exp(-\alpha_i \varphi(i,t)) - c_0(i,t)\left(1 - P_1^{t-1}(\varphi)\right) \quad (9.24)$$

ただし, B_{it} は, 時刻 t の資源配分 $\varphi^t = \{\varphi(i,t), i \in \boldsymbol{N}\}$ には依存しない式

$$B_{it} \equiv \alpha_i \sum_{\omega \in \Omega_{it}} \pi(\omega) \left\{ V(T) \exp\left(-\sum_{\tau=1 | \tau \neq t}^{T} \alpha_{\omega(\tau)} \varphi(\omega(\tau), \tau)\right) \right.$$
$$\left. + \sum_{\zeta=t}^{T-1} (\Delta C(\zeta, \varphi) - \Delta V(\zeta)) \right.$$

$$\times \exp\left(-\sum_{\tau=1|\tau\neq t}^{\zeta} \alpha_{\omega(\tau)}\varphi(\omega(\tau),\tau)\right)\right\} \tag{9.25}$$

で定義され，正の値をもつ．もし

$$\rho_{it}(0) = B_{it} - c_0(i,t)\left(1 - P_1^{t-1}(\varphi)\right) \leqq \lambda(t)$$

ならば，$\rho_{it}(\varphi(i,t))$ の単調減少性から，式 (9.22) を満足する $\varphi(i,t) > 0$ は存在しないから $\varphi(i,t) = 0$ であり

$$\rho_{it}(0) = B_{it} - c_0(i,t)\left(1 - P_1^{t-1}(\varphi)\right) > \lambda(t)$$

ならば

$$\rho_{it}(\varphi(i,t)) = B_{it}\exp(-\alpha_i\varphi(i,t)) - c_0(i,t)\left(1 - P_1^{t-1}(\varphi)\right) = \lambda(t)$$

を $\varphi(i,t)$ について解けば式 (9.22) を満たす唯一の $\varphi(i,t) > 0$ が求められる．上のいずれの場合も，最適な $\varphi^*(i,t)$ は

$$\begin{aligned}\varphi^*(i,t) &= \left[\rho_{it}^{-1}(\lambda(t))\right]^+ \\ &= \left[\frac{1}{\alpha_i}\log\frac{B_{it}}{\lambda(t) + c_0(i,t)\left(1 - P_1^{t-1}(\varphi)\right)}\right]^+\end{aligned} \tag{9.26}$$

と表現される．ちなみに，記号 $[x]^+$ は非負値を抽出するもので，以前にも用いたが，次式で定義される．

$$[x]^+ = \begin{cases} x, & x \geqq 0 \text{ の場合} \\ 0, & x < 0 \text{ の場合} \end{cases} \tag{9.27}$$

B_{it} および $P_1^{t-1}(\varphi)$ は時刻 t の資源配分 φ^t に依存しないから，この時刻での最適な資源配分は，t 以外の時刻での最適資源配分 φ^* が既知だとすれば，最適な乗数 $\lambda(t)$ により式 (9.26) で与えられる．

ここで，逆関数 $\rho_{it}^{-1}(\lambda(t))$ は $\lambda(t)$ に対し単調減少関数であることに注意しよう．それにより

9. 移動目標に対する最適資源配分

$$\overline{\lambda(t)} \equiv \max_{i \in \boldsymbol{N}} \rho_{it}(0) = \max_{i \in \boldsymbol{N}} \left\{ B_{it} - c_0(i,t)\left(1 - P_1^{t-1}(\varphi)\right) \right\} \quad (9.28)$$

$$\overline{\varPhi(t)} \equiv \sum_{i \in \boldsymbol{N}} \left[\rho_{it}^{-1}(0)\right]^+ \quad (9.29)$$

で定義した $\overline{\lambda(t)}$, $\overline{\varPhi(t)}$ を用いれば，$[0, \overline{\lambda(t)}]$ の範囲内で $\lambda(t)$ を増加させることにより

$$\sum_{i \in \boldsymbol{N}} \left[\rho_{it}^{-1}(\lambda(t))\right]^+ (= \varPhi(t))$$

は $\overline{\varPhi(t)}$ から 0 へ単調に減少する。したがって，もし $\overline{\varPhi(t)} < \varPhi(t)$ であれば，最適なラグランジュ乗数は $\lambda^*(t) = 0$ である。そうでなく $\overline{\varPhi(t)} \geqq \varPhi(t)$ であれば，最適なラグランジュ乗数は

$$\sum_{i \in \boldsymbol{N}} \left[\rho_{it}^{-1}(\lambda^*(t))\right]^+ = \varPhi(t) \quad (9.30)$$

を満たす $\lambda^*(t)$ であり，$[0, \overline{\lambda(t)}]$ 間での二分探索などの適当な探索アルゴリズムにより数値的に計算できる。前者のケースが使用可能量 $\varPhi(t)$ の全量を使用しない場合であり，後者が全量使用の場合である。上で求めた $\lambda^*(t)$ を式 (9.26) に代入すれば，時点 t での最適資源配分 $\varphi^{*t} = \{\varphi^*(i,t), i \in \boldsymbol{N}\}$ が計算できる。

上述した手順は，特定の時点 t における最適資源配分 φ^{*t} を，t 以外の時点 $\tau \in \boldsymbol{T}$ の最適資源配分 $\varphi^{*\tau}$ を使って求めるやり方である。全時点 $\boldsymbol{T}$ での最適資源配分も，9.1 節で述べた FAB アルゴリズムにより，時点 t に関する逐次算法で求めることができる。その数値計算アルゴリズムの一例をつぎに示す。

ステップ S1：資源配分計画に関する適当な初期値 φ を設定する。例えば，ゼロ配分 $\{\varphi_i^t = 0, i \in \boldsymbol{N}, t \in \boldsymbol{T}\}$ や均等配分 $\{\varphi_i^t = \varPhi(t)/|\boldsymbol{N}|, i \in \boldsymbol{N}, t \in \boldsymbol{T}\}$ がある。許容誤差 ε を設定する。

ステップ S2：暫定解 φ に対し，時点を $t = 1, 2, \cdots, T$ と変化させつつ以下のプロセスを繰り返し，新しい解 $\widetilde{\varphi}$ を得る。

以下の (1)〜(3) により求めた捜索資源配分 $\widetilde{\varphi}^t$ により，現

在の暫定解 $\varphi = \{\varphi^\tau, \tau \in \boldsymbol{T}\}$ の時点 t 部分の φ^t を置き換える演算 Λ_t を行い，新しい暫定解 $\varphi = \Lambda_t(\varphi)$ を作成する。

(1) t 以外での捜索資源配分 $\{\varphi_\tau, t \neq \tau \in \boldsymbol{T}\}$ を用いて，B_{it}, $P_1^{t-1}(\varphi)$ を計算し，式 (9.26)，(9.29) により $\overline{\Phi(t)}$ を計算する。

(2) $\overline{\Phi(t)} \leq \Phi(t)$ ならば，$\lambda^*(t) = 0$ とし，$\widetilde{\varphi}^t = \{\widetilde{\varphi}_i^t = \left[\rho_{it}^{-1}(0)\right]^+, i \in \boldsymbol{N}\}$ とする。

(3) そうでなければ，式 (9.28) から $\overline{\lambda(t)}$ を計算し，区間 $[0, \overline{\lambda(t)}]$ における二分探索により

$$\sum_{i \in \boldsymbol{N}} \left[\rho_{it}^{-1}(\lambda^*(t))\right]^+ = \Phi(t)$$

となる $\lambda^*(t)$ を求め，$\widetilde{\varphi}^t = \{\widetilde{\varphi}_i^t = \left[\rho_{it}^{-1}(\lambda^*(t))\right]^+, i \in \boldsymbol{N}\}$ とする。

ステップ S3： もし $|R_1^T(\widetilde{\varphi}) - R_1^T(\varphi)| \leq \epsilon$ ならば，最適解を $\widetilde{\varphi}$ として終了する。そうでなければ $\varphi = \widetilde{\varphi}$ と置き，ステップ S2 に戻る。

このアルゴリズムでは暫定解 φ に対し新しい資源配分 $\varphi = \Lambda_t(\varphi)$ は必ず期待利得を増加させるから，$\varphi = \Lambda_T(\Lambda_{T-1}(\cdots \Lambda_1(\varphi)\cdots))$ を繰り返すことで最適解に収束する。

9.1.2 項の問題 (P_P) にしても本節の (P_R) にしても，資源配分に対する制約は時点ごとの総量制約条件式 (9.6) や (9.14) しかないことにやや疑問があるかもしれない。例えば，全時点の総量制約 $\sum_t \sum_i \varphi(i,t) \leq M$ や局所制約 $a_{it} \leq \varphi(i,t) \leq b_{it}$ が課せられてもよいと思われるだろう。これらの制約をもつ問題に対しても，これまでの議論を拡張した解法アルゴリズムを提案することはそれほど難しいことではない。各時点 t ごとの資源量制約に関しては，各セル間での配分をバランスさせるために時点 t で共通のラグランジュ乗数 $\lambda(t)$ を用いたように，全時点総量制約が課せられる場合には，全時点で共通の一つの

ラグランジュ乗数を導入し，全期間での資源配分をバランスさせることになる。その際，そのラグランジュ乗数と $\lambda(t)$ とのバランスが必要となり，これまで提案した繰り返し算法を多重層化させることで解法アルゴリズムを実現することができる。

9.3 捜索経路の制約付き捜索問題

これまで，本章では移動目標に対する捜索資源の最適配分に焦点を絞って解説してきたが，捜索者の最適な移動捜索経路を求める研究もある[4)〜6)]。ここでは，9.2節で提案した定式化の変数に制約を付けることにより，最適な捜索経路について考えよう。

捜索空間である時間空間や地理空間は，これまでと同じく離散的な T, N で与えられるとする。目標のパス型移動法則であるパス群 Ω とその選択確率 π，また時間 t とともに減少する目標価値 $V(t)$ も 9.2 節と同様であるが，パラメータ $c_0(i,t)$ は，ここでは，時点 t にセル i へ捜索者が移動して捜索をした場合の捜索コストと定義する。捜索者は捜索開始の直前の時点 $t=0$ に，あるセル $s \in N$ にいて時点 1 から動きはじめる。セル i にいた場合につぎの時点で移動できるセル群は $I(i)$ に限定される。目標が存在するセル i に捜索者が移動して捜索を行った場合の条件付き探知確率は定数 $f_i \geq 0$ であるとしよう。このとき，捜索空間上を移動する捜索経路の中で，期待利得を最大にするものを求めたい。

目標の移動パスと同様に，時点 $t=0,1,\cdots,T$ の捜索者の位置を $\sigma(t)$ で表現しよう。同時に，つぎで定義される 0–1 変数を用いる。

$$\varphi(i,t) = \begin{cases} 1, & 時点 t で捜索者がセル i に移動する場合 \\ 0, & 時点 t で捜索者がセル i に移動しない場合 \end{cases} \quad (9.31)$$

$\sigma(t)$ と $\varphi(i,t)$ の関係は，$\varphi(\sigma(t),t)=1$, $\varphi(j,t)=0$ $(j \neq \sigma(t))$ である。また，便宜上探知確率 f_i を $f_i = 1 - \exp(-\alpha_i)$ と置けば，時点 t でのセル i の捜索の有無による条件付き探知確率は $1 - \exp(-\alpha_i \varphi(i,t))$ と書ける。$\varphi(i,t)=0$ な

らばゼロ，$\varphi(i,t) = 1$ ならば f_i の値となるからである．

以上の工夫を使えば，捜索経路 $\varphi = \{\varphi(i,\tau) \in \{0,1\}, i \in \boldsymbol{N}, \tau \in \boldsymbol{T}\}$ による $[1,t]$ 間の探知確率と，時点 t までの捜索コストはそれぞれ次式で与えられる．

$$P_1^t(\varphi) = 1 - \sum_{\omega \in \Omega} \pi(\omega) \exp\left(-\sum_{\tau=1}^{t} \alpha_{\omega(\tau)} \varphi(\omega(\tau), \tau)\right) \tag{9.32}$$

$$C_1^t(\varphi) = \sum_{\tau=1}^{t} \sum_{i \in \boldsymbol{N}} c_0(i,\tau) \varphi(i,\tau) \tag{9.33}$$

上式は式 (9.9)，式 (9.10) とまったく同じである．したがって，目的関数である $[1,T]$ 間の期待利得 $R_1^T(\varphi)$ も式 (9.11) と同じである．異なるのは φ に課された実行可能性条件である．捜索経路を表す変数 φ の実行可能性条件を明示しよう．

$$\varphi(s,0) = 1 \tag{9.34}$$

$$\sum_{i \in \boldsymbol{N}} \varphi(i,t) = 1, \ t = 0, \cdots, T \tag{9.35}$$

$$\varphi(i,t) \leq \sum_{j \in I(i)} \varphi(j, t+1), \ i \in \boldsymbol{N}, \ t = 0, \cdots, T-1 \tag{9.36}$$

$$\varphi(i,t) \in \{0,1\}, \ i \in \boldsymbol{N}, \ t = 1, \cdots, T \tag{9.37}$$

式 (9.36) は捜索経路の連続性を確保するもので，時点 t にセル i にいて $\varphi(i,t) = 1$ ならば，つぎの時点ではその移動可能範囲 $I(i)$ 内にいなければならないことを意味する．

ここでの問題は，制約条件式 (9.34)～(9.37) のもとで $R_1^T(\varphi)$ を最大にする φ を求めることである．このような離散最適化問題の解法でよく使われる手法として，緩和問題と分枝限定法を取り上げよう．

緩和問題（relaxed problem）ではもとの制約の一部を無視する．例えば，本来の制約条件式 (9.34)～(9.37) から条件式 (9.36) と (9.37) を無視するが，式 (9.37) の一部である非負性 $\varphi(i,t) \geqq 0$ を残して最適化を行うといった場合である．例示した緩和により，問題は各時点 t での使用可能資源量が $\varPhi(t) = 1$ である連続変数 $\varphi(i,t)$ の目的関数 $R_1^T(\varphi)$ に関する最大化問題となり，この最適解の解法はすでに 9.2 節で述べた通りである．条件を緩和すれば変数の実行可能

領域が広くなるから，その最適値はもとの問題の最適値以上によくなることは明らかである．したがって，原問題の最適値の上界値として利用できる．

分枝限定法 (branch-and-bound method) の**分枝操作** (branching operation) は，もとの実行可能領域をいくつかに分けて，それぞれで最適値を求めるものである．例えば，前述の問題で時点 $t=1$ での捜索経路の位置 i を指定することで実行可能領域を分けるとすれば，原問題は $\bigcup_{i \in I(s)} \{\varphi(i,1) = 1\}$ に分割できる．つまり，時点 $t=2$ 以降の $\varphi(i,t)$ の値は不明として，$t=1$ での $\varphi(i,1)$ の値を上のように指定することで，$|I(s)|$ 本の分枝ができたわけである．このように $\varphi(i,1)$ の値を指定することにより特定できていない変数の数が少なくなるため，その最適値は導出しやすくなる．このように分枝を行い，原問題よりも小さくなった実行可能領域をもつ問題を**子問題**といい，分枝する直前の問題を**親問題**と呼ぶ．図 9.1 は，このような各時点での分枝を図示したものである．

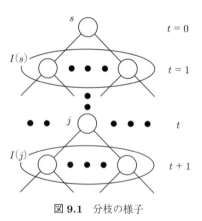

図 9.1 分枝の様子

さて，実行可能領域のいくつかの実行可能解が得られているとき，その中で最大の目的関数値をもっている解を**暫定解**，その最大値を**暫定値**という．もし，ある分枝以降での最適値の上界値がこの暫定値以下であれば，これ以降の分枝では最適値より大きな値をもつ実行可能解は存在しないから，その分枝を省略することができる（**見切る**という）．このような見切りにより分枝の労力を省くことが，分枝限定法の**限定操作** (bounding operation) である．ある分枝以降の最適値の上界値として緩和問題の最適値が利用できる．以下では，そのような上界値を，前述の捜索経路探索問題を例として具体的に求めてみよう．

まず，全時点 $[1,T]$ での期待利得 $R_1^T(\varphi)$ は，つぎのように時間区間 $[1,t]$ お

9.3 捜索経路の制約付き捜索問題

および $[t+1,T]$ での期待利得，$R_1^t(\varphi)$ および $R_{t+1}^T(\varphi)$，に分割することができることから示そう．

$$R_1^T(\varphi) = R_1^t(\varphi) + (1 - P_1^t(\varphi))R_{t+1}^T(\varphi) \tag{9.38}$$

ただし，時点 $t+1$ にはじまる捜索では，$[1,t]$ での捜索が不首尾に終わったという条件付きで実施される捜索であるから，目標のパス選択確率をつぎの条件付きのものに更新すべきである．

$$\Xi_t(\omega,\varphi) \equiv Pr(\text{目標がパス } \omega \text{ をとる} | \varphi \text{ による } [1,t] \text{ 間での捜索で非探知})$$

$$= \frac{\pi(\omega) \exp\left(-\sum_{\tau=1}^{t} \alpha_{\omega(\tau)} \varphi(\omega(\tau),\tau)\right)}{1 - P_1^t(\varphi)} \tag{9.39}$$

パス選択確率に関するこの事後確率に基づく $[t+1,\tau]$ 間での探知確率は，式 (9.32) と同様にして

$$P_{t+1}^\tau(\varphi) = 1 - \sum_{\omega \in \Omega} \Xi_t(\omega,\varphi) \exp\left(-\sum_{\xi=t+1}^{\tau} \alpha_{\omega(\xi)} \varphi(\omega(\xi),\xi)\right)$$

$$= \frac{P_1^\tau(\varphi) - P_1^t(\varphi)}{1 - P_1^t(\varphi)} \tag{9.40}$$

と書ける．したがって，式 (9.38) 右辺は，式 (9.11) を適用すれば

$$R_1^t(\varphi) + (1 - P_1^t(\varphi))R_{t+1}^T(\varphi)$$

$$= V(t)P_1^t(\varphi) + \sum_{\tau=1}^{t-1}(\Delta C(\tau,\varphi) - \Delta V(\tau))P_1^\tau(\varphi) - C_1^t(\varphi) + (1 - P_1^t(\varphi))$$

$$\times \left\{ V(T)P_{t+1}^T(\varphi) + \sum_{\tau=t+1}^{T-1}(\Delta C(\tau,\varphi) - \Delta V(\tau))P_{t+1}^\tau(\varphi) - C_{t+1}^T(\varphi) \right\}$$

$$= V(t)P_1^t(\varphi) + \sum_{\tau=1}^{t-1}(\Delta C(\tau,\varphi) - \Delta V(\tau))P_1^\tau(\varphi) - C_1^t(\varphi)$$

$$+ V(T)(P_1^T(\varphi) - P_1^t(\varphi))$$

$$+ \sum_{\tau=t+1}^{T-1}(\Delta C(\tau,\varphi) - \Delta V(\tau))(P_1^\tau(\varphi) - P_1^t(\varphi)) - (1 - P_1^t(\varphi))C_{t+1}^T(\varphi)$$

$$= V(T)P_1^T(\varphi) + \sum_{\tau=1}^{T-1}(\Delta C(\tau,\varphi) - \Delta V(\tau))P_1^\tau(\varphi) - C_1^T(\varphi) = R_1^T(\varphi)$$

となり，式 (9.38) が成り立つ．

図 9.1 の分枝が時点 t まで進み，$\{\varphi(i,\tau),\ i\in \boldsymbol{N},\ \tau\leq t\}$ が特定されている場合は，$P_1^t(\varphi)$ と $R_1^t(\varphi)$ は確定値をとり，条件付き確率 $\Xi_t(\omega,\varphi)$ も計算できる．そこで，$R_{t+1}^T(\varphi)$ に対し $\{\varphi(i,\tau),\ i\in \boldsymbol{N},\ t+1\leq \tau\}$ の条件を緩和したつぎの問題の最大値を求める．

$$(P_t^L) \quad \widetilde{R}_{t+1}^T = \max_{\varphi}\ R_{t+1}^T(\varphi) \tag{9.41}$$

$$\text{s.t.} \quad \sum_{i\in \boldsymbol{N}}\varphi(i,\tau) = 1,\ \tau = t+1,\cdots,T \tag{9.42}$$

$$\varphi(i,\tau) \geqq 0,\ i\in \boldsymbol{N},\ \tau = t+1,\cdots,T \tag{9.43}$$

前述のアルゴリズム（ステップ S1〜S3）をこの問題に適用する際には，パラメータとして，離散時間区間を $[t+1,T]$，資源制約量を $\varPhi(\tau) = 1\ (\tau \in [t+1,T])$ とし，また $\pi(\omega)$ を $\Xi_t(\omega,\varphi)$ に置き換える．また，この最大化問題では不等式制約式 (9.14) が等式制約式 (9.42) になっているから，ラグランジュ乗数 $\lambda(t)$ は非負でなくてもよく，ステップ S2 の二分探索を

$$\overline{\lambda(\tau)} \equiv \max_{i\in \boldsymbol{N}}\ \rho_{i\tau}(0) = \max_i\ \left\{B_{i\tau} - c_0(i,\tau)\left(1 - P_{t+1}^{\tau-1}(\varphi)\right)\right\} \tag{9.44}$$

$$\underline{\lambda(\tau)} \equiv \max_{i\in \boldsymbol{N}}\ \left\{-c_0(i,\tau)\left(1 - P_{t+1}^{\tau-1}(\varphi)\right)\right\} \tag{9.45}$$

で定義した区間 $[\underline{\lambda(\tau)},\overline{\lambda(\tau)}]$ で行い

$$\sum_{i\in \boldsymbol{N}}\left[\rho_{i\tau}^{-1}(\lambda^*(\tau))\right]^+ = 1$$

となる $\lambda^*(\tau)$ を求めて，時点 τ での最適資源配分 $\varphi^*(i,\tau) = \left[\rho_{i\tau}^{-1}(\lambda^*(\tau))\right]^+$ を計算する．もちろん，式 (9.25) の $B_{i\tau}$ も捜索開始時点を $t+1$ に変えなければならない．

以上から，時点 t まで分枝した時点での子問題の最適値の上界値は，問題 (P_t^L) の最適値 $\widetilde{R}_{t+1}^T$ を使えば，式 (9.38) から

$$\widetilde{R}_1^T(\varphi) = R_1^t(\varphi) + (1 - P_1^t(\varphi))\widetilde{R}_{t+1}^T(\varphi) \tag{9.46}$$

により評価できる．以上の議論に基づいた分枝限定アルゴリズムは以下の通りである．ただし，$K[t, \sigma(t)]$ には，時点 t, セル $\sigma(t)$ からつぎの時点での移動可能なセルが格納されている．

ステップ R1： $t = 0$ とし，初期値として $\sigma(t) = s$, $P_1^t(\varphi) = 0$, $R_1^t(\varphi) = 0$, $\Xi_t(\omega, \varphi) = \pi(\omega)$ および暫定値 $\widetilde{R} = -\infty$ を設定する．
時点 $t = 0$ での分枝の集合として $K[0, \sigma(0)] = I(s)$ を設定する．

ステップ R2： もし $\widetilde{R} = -\infty$ ならば，ステップ R5 にいく．そうでなければ，緩和問題 (P_t^L) を解き $\widetilde{R}_{t+1}^T(\varphi)$ を求め，式 (9.46) から上界値 $\widetilde{R}_1^T(\varphi)$ を計算する．
もし $\widetilde{R}_1^T(\varphi) > \widetilde{R}$ ならばステップ R5 にいく．そうでなければ，これ以上の分枝は止めステップ R3 にいく．

ステップ R3： $K[t-1, \sigma(t-1)]$ から $\sigma(t)$ を削除し，$t = t-1$ とする．もし $K[t, \sigma(t)] = \emptyset$ ならば，ステップ R4 にいく．そうでなければ，ステップ R5 にいく．

ステップ R4： もし $t = 0$ ならば終了．現在の暫定解が最適捜索経路を与える．もし $t \neq 0$ ならば，ステップ R3 にいく．

ステップ R5： $K[t, \sigma(t)]$ から一つの要素をセル $\sigma(t+1)$ として選び，$t = t+1$ とする．もし $t < T$ ならば，$K[t, \sigma(t)] = I(\sigma(t))$ と設定して，ステップ R2 にいく．もし $t = T$ ならば，ステップ R6 にいく．

ステップ R6： もし現在の捜索経路 $\sigma = \{\sigma(t), t \in \boldsymbol{T}\}$ による期待利得 $R_1^T(\varphi)$ が $\widetilde{R} < R_1^T(\varphi)$ ならば，暫定値を $\widetilde{R} = R_1^T(\varphi)$, 暫定解を σ に更新する．ステップ R3 に戻る．

すべての分枝での評価が終了すれば，ステップ R4 においてアルゴリズムは終了し，最適解が求められる．

10 ゲーム理論

　ゲーム理論（game theory）は意思決定理論の一つであるが，ほかの意思決定理論にはない特徴をもつ．それは複数の意思決定者の対立や協力状況を陽に扱う理論である点である．1人の意思決定者が最適に意思決定することも場合によっては難しく，そのために最適化手法などが考案されているが，ゲームでは1人が有利と思ってとった行動が，ほかの意志決定者によって容易に不利な結果に導かれる可能性がある．このような複数の意思決定者が存在する**ゲーム的状況**（game-theoretical situation）を扱うのがゲーム理論である．ただし，ゲームの解を導出するうえで，これまで解説してきた最適化理論を必要とすることが多い．われわれが直面する身近な環境はゲーム的状況であることが多く，ゲーム理論による分析例は，数学，情報科学，生物学，政治，経済，社会および軍事などの多くの分野で見出すことができる．

　ゲーム理論の具体的な解説に先立って，使用する用語を簡単に説明しておく．意思決定者のことを通常**プレイヤー**（player）と呼び，その数により2人，3人ゲームなどと分類する．各プレイヤーは意思決定を行うが，そのとりうる行動を**戦略**（strategy）と呼ぶ．プレイヤーは自らの評価尺度に従って戦略を決めるが，その評価尺度を**支払**（ペイオフ，payoff）や**利得**（reward）と呼ぶ．プレイヤーは自分の支払をできるだけ大きくするように忠実に行動するものとするが，このことを「プレイヤーは**合理的**（rational）である」と表現する．もちろん，プレイヤーの行動になんらかの制約が課されることは多いものの，その範囲内で合理的でなければ，プレイヤーの戦略の良し悪しそのものが議論できないから，合理的プレイヤーの仮定はゲーム理論で問題を扱ううえでの基本的

な要件である。

　ゲーム理論は大きく，**非協力ゲーム**（noncooperative game）の理論と**協力ゲーム**（cooperative game）の理論に分けられる。非協力ゲームでは，各プレイヤーはそれぞれの支払を大きくすることを目指し，協力ゲームでは，幾人かのプレイヤーが協力し提携を組むことを通じて自らの支払を大きくしようとする。非協力ゲームでは提携といった形態はとらない。しかし，各プレイヤーは複数のプレイヤーの存在を知っているから，当然各プレイヤーの合理的な行動を予想しつつ，見た目にはまるで協力しているように行動することも，逆に敵対的に行動するように見えることもありうる。ゲーム理論における非協力ゲームと協力ゲームの取り扱い方は大きく異なるため，本章では非協力ゲームをおもに取り上げる。ところで，ゲーム理論においては，プレイヤーがなにを知っているかという**情報**（information）の取り扱いがきわめて重要である。通常，ゲームのルールやプレイヤーの支払に関する情報はすべてのプレイヤーの共有知識となっている状況を想定したモデルが基本であり，これを**情報完備ゲーム**（complete-information game）といい，そうでないものを**情報不完備ゲーム**（incomplete-information game）と呼ぶ。情報不完備ゲームではゲームの構造に関する認識にプレイヤー間で違いがあるため，完備ゲームよりその取り扱いが難しくなる。したがって，本章では主として情報完備ゲームについて解説する。

10.1　問題のゲームによる表現

　問題をゲーム理論により分析する際には，つぎの要素を明確にしておく必要がある。**プレイヤー**，プレイヤーの**戦略**および**支払**である。つぎの簡単な例題により，これらの要素を説明しよう。

　同じ家電製品を製造している二つの企業 A および B が，時代の潮流となりつつある新技術に現在の製法を転換するかどうかで迷っている。どちらも，現在の製法を「継続」するか，新技術への「転換」かの選択肢がある。現在の利益はともに 4 億円ずつであるが，一方の企業が「継続」で他方が「転換」すれば，

転換した方には顧客が増え、転換費用を省いても6億円の利益が見込め、「継続」した方は1億円に下がる。ともに「転換」をとった場合は、余分の経費が掛かるものの顧客の取り込みは従来と同じであるため、利益はともに2億円となる。このとき、各社は、相手企業の意思決定は知らずに、「継続」か「転換」のどちらを選択すべきかがここでの問題である。

この問題に対しては、ゲームの要素としての「プレイヤー」、「戦略」および「支払」は明確である。プレイヤーの集合は企業AおよびBの2社 $\{A, B\}$ で、各プレイヤーの戦略の集合はともに {継続, 転換} である。支払は各企業の戦略の組合せで決まり、**表 10.1** の通りである。この表を**支払行列**（payoff matrix）または**利得表**と呼ぶ。各組合せの枠には二つの数字が書かれており、前の数字が企業Aの利得、後が企業Bの利得である。支払行列によりゲームの三つの要素は一目瞭然となり、これを**戦略形**（in strategic form）あるいは**標準形**（in normal form）の表現という。

表 10.1 製法のゲームの支払行列

A \ B	継続	転換
継続	4, 4	1, 6
転換	6, 1	2, 2

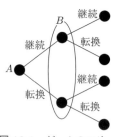

図 10.1 ゲームのツリー

一方、**図 10.1** は**ゲームのツリー**（tree of game）と呼ばれ、黒丸の頂点（ノード）がプレイヤーが意思決定を行うタイミング（**手番**（move）という）を表し、その後に続く枝（アーク）が戦略の選択肢を示す。最初に企業Aの手番と「継続」・「転換」の枝があり、それに続いて企業Bの手番と同じ選択肢が伸びている。このようにゲームをツリーで表現するやり方を**展開形**（in extensive form）のゲーム表現という。展開形は、将棋のように逐次的にプレイされ順序のある手番をもつゲームを表現するには適している。ここでの問題のように、相手が選んだ戦略を知らずにこちらの戦略を決める場合には、戦略決定に時間差があっ

たとしても，いわば戦略を同時にとったようなものであるから，これを**同時手番**（one-shot）ゲームと呼ぶ。この場合にも展開形の表現は使用できる。図では企業 A の二つの選択肢のつぎにある企業 B の二つの手番が楕円形の線で囲まれているが，これは企業 B が企業 A のとった選択肢（戦略）を知らず，上の手番にいるか，下の手番にいるかが区別できないことを意味する。展開形のゲームでは，このように過去にとられた相手の戦略，場合によっては自らとった戦略に関する情報の認識についての表現が可能である。情報に関するこのような構造を**情報構造**（information structure）という。以降の議論のため，具体例により示したゲームの三つの要素を一般的な記号で表しておく。説明の都合から，プレイヤーの数や離散的な戦略の数は有限個とし，プレイヤーの集合を $N = \{1, \cdots, n\}$，プレイヤーの戦略の集合を $\{S_i, i \in N\}$，戦略の組合せに対するプレイヤーの支払を $P = \{P_i(s), s \in S \equiv S_1 \times \cdots \times S_n, i \in N\}$ で表そう。S_i はプレイヤー i の戦略の集合であり，$P_i(s)$ は各プレイヤーの戦略の組合せ $s \in S$ に対するプレイヤー i の支払（利得）である。支払を戦略のベクトル s の関数と考え，**支払関数**（payoff function）と呼ぶこともある。以上の要素からなるゲームを $G(N, S, P)$ と書く。また，プレイヤー i 以外の戦略の組の集合を $S_{-i} \equiv S_1 \times \cdots \times S_{i-1} \times S_{i+1} \times \cdots \times S_n$ で，その一つの要素を $s_{-i} \in S_{-i}$ で表す。

再び表 10.1 の話に戻そう。このような簡単な意思決定問題でも，相手のとる手がわからない企業 A は選択に迷うであろう。相手を出し抜いたつもりで利得 6 を狙った「転換」は，相手の同じ戦略によって利得 2 になってしまうし，従来通りの「継続」では相手の「転換」によって最小の利得 1 をもたらす恐れがあるからである。

さて，同じような問題でも利得のみ**表 10.2** の支払行列に変えた場合，どの戦略の組に対してもプレイヤー A, B の利得の和はゼロとなる。このようなゲームを**ゼロ和ゲーム**（zero-sum game）という。一方，表 10.1 の支払行列のように利得の和にゼロでないものが

表 10.2 ゼロ和の支払行列

A＼B	戦略 1	戦略 2
戦略 1	4, −4	1, −1
戦略 2	6, −6	2, −2

あれば，**非ゼロ和ゲーム**（nonzero-sum game）という。ゼロ和ゲームでは，相手の利得を小さくすることが自らの利得を大きくすることに直結するから，プレイヤー同士は完全に敵対的だといってよい。一方，表 10.1 の支払行列では，戦略の組 (継続, 継続) は，(転換, 転換) に比べ，両プレイヤーにとってよりよい結果であるから，両者の関係は敵対的だとはいえない。ゼロ和ゲームでは，プレイヤーの数が 3 人以上のときより 2 人のときが敵対的な関係が明確であり，多くのゼロ和の問題では **2 人ゼロ和ゲーム**（two-person zero-sum game）が議論される。

10.2 2 人ゼロ和ゲームと均衡解

10.2.1 鞍　　点

2 人ゼロ和ゲームの支払では，あるプレイヤーの利得はもう一方の利得にマイナスを付けたものであるから，支払行列には，各行がその戦略を表すプレイヤー（**行プレイヤー**（row player）という）の利得だけを記す。もう一方の各列が戦略を表すプレイヤーを**列プレイヤー**（column player）という。したがって，2 人ゼロ和ゲームの支払行列は行プレイヤーの利得を表し，それは列プレイヤーにとっての損失を示している。このように有限数の離散的な戦略をもつ支払行列は，その名の通り，各行各列に一つの要素をもつ行列であり，このような形に書けるゲームを**行列ゲーム**（matrix game）と呼ぶ。**表 10.3** は，行列ゲームの支払行列の例である。他方，表 10.1 は行列の形であるが，各行各列に 2 人のプレイヤーの利得が二つ書き並べてあるので，このような支払行列をも

表 10.3 鞍点のある支払行列

$A \backslash B$	1	2	3	min
1	10	2	1	1
2	2	3	8	2
3	7	4	6	4
4	9	3	0	0
max	10	4	8	

つゲームを**双行列ゲーム**（bimatrix game）と呼ぶ．

表 10.3 の支払行列では行プレイヤーであるプレイヤー A は四つの戦略 $i = 1, \cdots, 4$ をもち，支払行列の値をできるだけ大きくするように戦略を選ぼうとするから，**マキシマイザー**（**最大化プレイヤー**，maximizer）と呼ばれる．一方の列プレイヤー B は支払をできるだけ小さくするように三つの戦略 $j = 1, \cdots, 3$ のいずれかを選択するから，**ミニマイザー**（**最小化プレイヤー**，minimizer）と呼ばれる．行プレイヤーおよび列プレイヤーのそれぞれの戦略 i, j の組合せに対する支払を $P(i,j)$ と書こう．

プレイヤー A が自分の戦略を決める際の思索を思い描こう．もし自分が $i = 1$ の戦略をとった場合，プレイヤー B がそれを察知すれば戦略 $j = 3$ を選択して，支払を 1 にするであろう．$j = 3$ を $i = 1$ に対するプレイヤー B の**最適反応戦略**（best response strategy）という．また $i = 2$ に対するプレイヤー B の最適反応である $j = 1$ により，支払は 2 となる．同様に，各行での最小の支払を書き出したのが最終の列に記載した $\min_j P(i,j)$ である．このような状況下でのプレイヤー A の選択は $i^* = 3$ が最適であろう．すなわち，各行 i での $\min_j P(i,j)$ の中で最大値 $\max_i \min_j P(i,j) = 4$ を与える戦略 $i^* = 3$ が最適である．このように決められるプレイヤー A の戦略を**マックスミニ戦略**（maxmini strategy）といい，値 $\max_i \min_j P(i,j)$ を**マックスミニ値**（maxmini value）と呼ぶ．これにより，プレイヤー A は最低でもマックスミニ値である $P(3,2) = 4$ の利得を確保できる．

つぎに，プレイヤー B の戦略決定について考えると，プレイヤー B による戦略 $j = 1$ の選択にはプレイヤー A は $i = 1$ をとることが最適反応であり，その結果の支払は $\max_i P(i,1) = 10$ となる．同様に，プレイヤー B の各戦略 $j = 2, 3$ に対するプレイヤー A の最適反応戦略による支払はそれぞれ 4, 8 となり，各列についてこの $\max_i P(i,j)$ を記載したのが最終行である．このような状況下においてはプレイヤー B は $\min_j \max_i P(i,j) = 4$ を与える戦略 $j^* = 2$ をとることにより，最大でも損失を 4 に抑えることができる．この値 4 を**ミニマックス値**（minimax value），戦略 $j^* = 2$ を**ミニマックス戦略**（minimax strategy）

と呼ぶ．

　この支払行列では，たまたまマックスミニ値とミニマックス値が同じ値 4 となっていて，この値はマックスミニ戦略である $i^* = 3$ とミニマックス戦略である $j^* = 2$ の交点にある支払により与えられる．このように，一致したマックスミニ値とミニマックス値を**ゲームの値**（value of game）といい，ゲームの値を与える戦略の組 (i^*, j^*) を**鞍点**（saddle point）と呼ぶ．鞍点は 2 人ゼロ和ゲームにおける解の一つと見なされる．なぜなら，$j^* = 2$ に対する $i^* = 3$ はプレイヤー A の最適反応戦略となっており，ほかの戦略をとっても現在の利得を大きくできないことは，$j^* = 2$ に対応する 2 列目の値を比較してみればわかる．この例では $i^* = 3$ 以外の戦略はより低い利得しかプレイヤー A に与えない．同様に，$i^* = 3$ に対しプレイヤー B が戦略 $j^* = 2$ をとることも最適反応であり，ほかの戦略をとることで現在の損失 4 は減少できない．つまり，行プレイヤーがマックスミニ戦略 $i^* = 3$ をとることも，列プレイヤーがミニマックス戦略 $j^* = 2$ をとることも，ともに合理的である．この意味では，鞍点におけるマックスミニ戦略をプレイヤー A の**最適戦略**（optimal strategy），ミニマックス戦略をプレイヤー B の最適戦略と呼ぶ．鞍点では，一方のプレイヤーは，他方がその最適戦略を変えない限り，自分の戦略を変える動機はないから，双方の戦略はここで安定する．ゆえに，この最適戦略の組合せをゲームの解，あるいは**均衡解**（**均衡点**, equilibrium point）と呼ぶ．もちろん，この支払行列の数字を少し変えれば鞍点がない例を作ることは簡単である．鞍点がない場合におけるゲームの均衡解の概念は，後ほど混合戦略という概念を使用して説明することとし，ここでは鞍点の概念をさらに具体化しよう．

　表 10.3 の支払行列では，たまたまマックスミニ値とミニマックス値が一致したが，一般的にはつぎの大小関係をもつ．

定理 10.1　　支払行列 $\{P(i, j)\}$ をもつ有限な行列ゲームでは，次式が成り立つ．

$$\max_i \min_j P(i,j) \leq \min_j \max_i P(i,j) \tag{10.1}$$

【証明】 任意の i,j に対し $\min_j P(i,j) \leq P(i,j) \leq \max_i P(i,j)$ が成立するから，左から $\max_i$ を作用させれば，$\max_i \min_j P(i,j) \leq \max_i P(i,j)$ となる。これが任意の j について成り立つから，右辺に $\min_j$ を作用させても関係は変わらず，$\max_i \min_j P(i,j) \leq \min_j \max_i P(i,j)$ を得る。 ◇

(i^*, j^*) が鞍点であることを確認する簡便な式がある。

定理 10.2 プレイヤー 1, 2 の 2 人ゼロ和ゲーム $G(\boldsymbol{N}, \boldsymbol{S}, \boldsymbol{P})$ が最適戦略の組 (i^*, j^*) を鞍点としてもつための必要十分条件は，支払関数 $\{P(i,j), i \in \boldsymbol{S}_1, j \in \boldsymbol{S}_2\}$ が任意の戦略 $i \in \boldsymbol{S}_1, j \in \boldsymbol{S}_2$ に対しつぎの条件を満たすことである。このときゲームの値は $v = P(i^*, j^*)$ となる。

$$P(i, j^*) \leq P(i^*, j^*) \leq P(i^*, j) \tag{10.2}$$

【証明】 式 (10.2) が成り立てば $\max_i P(i, j^*) \leq P(i^*, j^*) \leq \min_j P(i^*, j)$ である。ここで，$\min_j \max_i P(i,j) \leq \max_i P(i, j^*)$ および $\min_j P(i^*, j) \leq \max_i \min_j P(i,j)$ は自明である。したがって $\min_j \max_i P(i,j) \leq P(i^*, j^*) \leq \max_i \min_j P(i,j)$ が成り立つが，逆の不等式 (10.1) が一般に成立するから，結局，つぎの等式が成り立つ。

$$\min_j \max_i P(i,j) = P(i^*, j^*) = \max_i \min_j P(i,j) \tag{10.3}$$

逆に，式 (10.3) の成り立つ鞍点 (i^*, j^*) が存在すると仮定する。表 10.3 の具体例で行ったように，演算 $\max_i \min_j P(i,j)$ によって決定するマックスミニ戦略 i^* では $\min_j P(i^*, j) = v$ であるから，任意の j に対し $P(i^*, j^*) \leq P(i^*, j)$ である。同様に，演算 $\min_j \max_i P(i,j)$ によって決定するミニマックス戦略 j^* では $\max_i P(i, j^*) = v$ であり，任意の i に対し $P(i, j^*) \leq P(i^*, j^*)$ が成り立つ。以上の二つの不等式から式 (10.2) を得る。 ◇

定理 10.2 から，戦略の組 (i^*, j^*) とそのときの支払 $v = P(i^*, j^*)$ が鞍点で

あるかどうかは i^* 行と j^* 列の支払だけをチェックし, i^* 行目の値の最小値と j^* 列目の最大値がともに v であることを確認すればよい. 前に述べたように, 不等式 (10.2) は戦略 i^* と j^* がたがいに最適反応となっていることを示しており,「両プレイヤーとも, 相手が戦略を変えないのであれば, 自らの戦略を変える動機がない」という鞍点の性質を表すが, これは, 非ゼロ和も含め, 均衡解に要求される基本的な性質である. これについては後に説明する.

10.2.2 支配戦略

つぎに, プレイヤーにとって選択すべきでない戦略を見極めるうえで利用できる戦略間での**支配**（domination）あるいは**優越**の関係性を説明する.

定義 10.1 非ゼロ和ゲーム $G(\boldsymbol{N}, \boldsymbol{S}, \boldsymbol{P})$ において, プレイヤー $k \in \boldsymbol{N}$ の二つの戦略 $i, j \in \boldsymbol{S}_k$ に関し,「i が j を**強く支配する**（strongly dominate）」とは, k 以外のすべてのプレイヤーの任意の戦略の組 $\boldsymbol{s}_{-k} \in \boldsymbol{S}_{-k}$ に対し

$$P_k(i, \boldsymbol{s}_{-k}) > P_k(j, \boldsymbol{s}_{-k})$$

が成り立つことである. また,「i が j を**弱く支配する**（weakly dominate）」とは次式が成り立つことである.

$$P_k(i, \boldsymbol{s}_{-k}) \geqq P_k(j, \boldsymbol{s}_{-k}), \quad \forall \boldsymbol{s}_{-k} \in \boldsymbol{S}_{-k}$$

それぞれの場合では, j は i に強く支配される（弱く支配される）ともいう.

これを 2 人ゼロ和ゲームに関していえば,「マキシマイザーの戦略 $i \in \boldsymbol{S}_1$ がほかの戦略 $j \in \boldsymbol{S}_1$ を**強く支配する**」とは, ミニマイザーの任意の戦略 $k \in \boldsymbol{S}_2$ に対し

$$P(i, k) > P(j, k)$$

で狭義の不等号（>）が成り立つことであり,「**弱く支配する**」とは, 等号も含めた不等式（≧）が成り立つことである. 一方の「ミニマイザーの戦

略 $i \in S_2$ が $j \in S_2$ を強く支配する（弱く支配する）」とは，マキシマイザーの任意の戦略 $k \in S_1$ に対し

$$P(k,i) < (\leqq) P(k,j)$$

が成り立つことである。

　支払を最大化したいマキシマイザーにとって，強支配される戦略はとるべきでないことは明らかであるし，表10.3により説明したマックスミニ戦略には強支配される戦略は決して含まれないことも理解できるであろう。同様に，支払を最小化したいミニマイザーも，強支配される戦略はとらず，ミニマックス戦略にも含まれない。したがって，鞍点の最適戦略には強支配される戦略は入らないから，支払行列からそれらの戦略そのものを削除することができる。**表10.4**では，プレイヤーAの戦略1が戦略2に強く支配されているから削除され，その結果，プレイヤーBの戦略1も戦略3に強く支配されることになる。引き続き，プレイヤーAの戦略2が戦略3を強支配（あるいは，プレイヤーBの戦略3が戦略2を強支配）し，最終的にプレイヤーAおよびBの戦略 $i^* = 2$, $j^* = 3$ のみが残るが，これが鞍点であることを確認することも容易であろう。

表 10.4　強支配される戦略の削除

A＼B	1	2	3
1	1	2	1
2	4	4	2
3	5	3	1

表 10.5　弱支配される戦略が鞍点となるケース

A＼B	1	2	3
1	2	2	1
2	4	3	1

　一方，弱支配される戦略も削除したいところであろうが，**表10.5**の支払行列の鞍点は $(i^*, j^*) = (1,3), (2,3)$ の二つがあり，もしプレイヤーAの弱支配される戦略 $i = 1$ を削除すると鞍点の一つが消えることになる。したがって，弱支配される戦略は通常は削除しない。

10.2.3　連続ゲーム

　これまでは，プレイヤーの戦略は有限可算個ある離散的なものだけを扱って

きた．連続的戦略をもつゲームは**連続ゲーム**（continuous game）という．プレイヤー A, B がそれぞれ実行可能領域 X および Y から連続な戦略 x と y をとった場合の支払を $f(x, y)$ と書き，支払行列と似たフォーマットで書いたものが，表 10.6 である．

表 10.6　連続ゲーム

A\B	$\cdots$	y	$\cdots$
$\vdots$		$\vdots$	
x	$\cdots$	$f(x, y)$	$\cdots$
$\vdots$		$\vdots$	

離散戦略の支払行列と見た目は同じであるが，1 列目に書いたプレイヤー A の戦略 x も，1 行目に書いた戦略 y も連続的に無数存在するから，本来，行列や表としては書けない．しかし，もし支払に対する最大化 $\max_{x \in X}$ や最小化 $\min_{y \in Y}$ が可能であれば，有限可算個の戦略に関して 10.2.1 項で述べた定義や性質は連続ゲームでも成り立つ．

定理 10.3　一般に次式が成り立つ．

$$\max_{x \in X} \min_{y \in Y} f(x, y) \leq \min_{y \in Y} \max_{x \in X} f(x, y) \tag{10.4}$$

定理 10.4　戦略の組 $(x^*, y^*) \in X \times Y$ が鞍点である必要十分条件は

$$\min_{y \in Y} \max_{x \in X} f(x, y) = f(x^*, y^*) = \max_{x \in X} \min_{y \in Y} f(x, y) \tag{10.5}$$

が成り立つことである．あるいは，任意の戦略 $x \in X$, $y \in Y$ に対しつぎの条件を満たすことである．

$$f(x, y^*) \leq f(x^*, y^*) \leq f(x^*, y) \tag{10.6}$$

このとき，ゲームの値は $v = f(x^*, y^*)$ である．

条件式 (10.5) は離散戦略の式 (10.3) に対応したものであり，条件式 (10.6) は式 (10.2) に相当する。これらの条件が成り立てば，x^* と y^* がたがいに最適反応戦略となっていて，両プレイヤーともその戦略を変える動機がないことも，10.2.1 項と同様に理由づけることができる。

これらの均衡解を求める際に必要となるマックスミニ最適化やミニマックス最適化の演算は，連続ゲームにおいても 10.2.1 項で行ったと同様の手順で実施できるものの，実際の計算はより難しくなる。すなわち，支払関数 $f(x,y)$ のマックスミニ最適化 $\max_{x}\min_{y} f(x,y)$ とは，つぎのような手順で行う演算である。プレイヤー A の戦略 x が与えられたとして，つまり x をパラメータとして $\min_{y} f(x,y)$ を解けば，最適な y は x に依存して変化する関数として $y^*(x)$ と書ける。得られた $f(x, y^*(x)) = \min_{y} f(x,y)$ は変数 x だけの関数となり，これを x についてさらに最大化した $f(x^*, y^*(x^*)) = \max_{x} f(x, y^*(x))$ がマックスミニ値であり，x^* がマックスミニ戦略である。この演算は，最初にプレイヤー A が戦略 x を決め，それを観測したプレイヤー B が x に対する最適反応戦略をとるというものである。プレイヤー A は，そのようなプレイヤー B の観測性と手番の順序を認識したうえで，最初にとるべき自分の戦略 x を決める。このような戦略の決め方がマックスミニ最適化である。

同様に，ミニマックス最適化 $\min_{y}\max_{x} f(x,y)$ は，最初にとられるプレイヤー B の戦略 y を知ってプレイヤー A がとる最適反応 $f(x^*(y), y) = \max_{x} f(x,y)$ を予想したうえで，これを最小化すべくプレイヤー B が最初にとるべき戦略を $f(x^*(y^*), y^*) = \min_{y} f(x^*(y), y)$ となる y^* により決める。

以上のことからわかるように，手番の順序とは逆に演算は実行される。われわれが意思決定を行う際には，それを知って行動するであろう相手の意思決定（当然，その相手にとって最大の利益をもたらすような意思決定）を考慮して決断する。そのような思考パターンを演算でも行うことになる。

つぎの例題によって，連続ゲームにおけるミニマックス最適化問題を解いてみよう。

例題 10.1 2人のプレイヤー A とプレイヤー B の間でつぎのゲームを行う。プレイヤー A は $-1 \sim +1$ の間にある実数を選び，プレイヤー B は $-2 \sim +2$ の間の実数を選ぶ。プレイヤー A が実数 x を，プレイヤー B が実数 y を選んだ場合，プレイヤー B はプレイヤー A に $f(x,y) = xy^2 + (x+1)y + 3$ 万円を支払う。さて，プレイヤー A はプレイヤー B がどんな手 y をとろうともそれを知ることができ，支払金額を最大にすることのできる賢明なるプレイヤーである。そこでプレイヤー B は，その支払金額の最大をできるだけ小さくする y を選択しようとする。このような y の値はなにか。ただし，金額を含め，すべての値は実数として取り扱うものとする。

【解答】 この問題はミニマックス最適化 $\min_{\{-2 \leqq y \leqq 2\}} \max_{\{-1 \leqq x \leqq 1\}} f(x,y)$ を行い，ミニマックス戦略 y^* を求める問題である。上述した演算の手順を踏めば，つぎのようになる。

(1) $\boldsymbol{y}$ **が与えられたとして** $\max_{x} \boldsymbol{f(x, y)}$ **を計算する：** $f(x,y) = (y^2+y)x + y + 3$ であるから，(i) $y^2 + y > 0$ ならば，$x^*(y) = 1$ として $\max_{x} f(x,y) = y^2 + 2y + 3$ となる。(ii) $y^2 + y = 0$ ならば，任意の $-1 \leqq x^*(y) \leqq 1$ をとって $\max_{x} f(x,y) = y + 3$ となる。(iii) $y^2 + y < 0$ ならば，$x^*(y) = -1$ として $\max_{x} f(x,y) = -y^2 + 3$ となる。以上を整理すれば，つぎの通りである。

(i) $y < -1$ または $0 < y$ ならば，$f(x^*(y), y) = y^2 + 2y + 3$
(ii) $y = -1$ または $y = 0$ ならば，$f(x^*(y), y) = y + 3$
(iii) $-1 < y < 0$ ならば，$f(x^*(y), y) = -y^2 + 3$

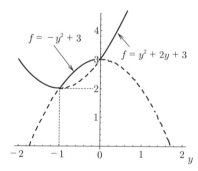

図 **10.2** ミニマックス戦略の導出

(2) さらに $\min_{y} f(x^*(y), y)$ の最小化を行う： 上記の (i), (ii), (iii) の三つの分類に従い，横軸に y をとって区間 $[-2, 2]$ で $f(x^*(y), y)$ を描けば図 **10.2** のようになり，ミニマックス戦略 $y^* = -1$ とミニマックス値 $\min_{y} f(x^*(y), y) = 2$ を得る。

行列ゲームと同様に，連続ゲームにあっても，その支払関数 $f(x, y)$ に関するマックスミニ値とミニマックス値が一致すればそれは鞍点であり，そのゲームの値を与える戦略 x^*, y^* は，両プレイヤーにとってたがいに最適反応戦略となっている最適戦略である。

10.2.4 混合戦略と均衡解

表 10.7 の支払行列を見ていただきたい。これは，鞍点である最適戦略の組 $(2, 2)$ とゲームの値 2 をもつ行列ゲームである。この支払行列の $(2, 1)$ 要素を 1.5 に置き換えた**表 10.8** には，鞍点がない。それは，鞍点である必要十分条件である式 (10.2) がどの戦略の組合せに対しても成り立たない，あるいは，どの戦略の組合せもたがいに最適反応戦略にはなっていないからである。例えば，戦略の組合せ $(i, j) = (2, 2)$ に関しては，プレイヤー B は $j = 1$ に変更すべきであり，それに対してプレイヤー A は $i = 1$ とすべきである。だとしたら，プレイヤー B は $j = 2$ とすべきであり，それに対してプレイヤー A は $i = 2$ を採用する方がよい・・・といった具合に最適反応戦略は循環して安定しない。

表 **10.7** 鞍点のある支払行列

A\B	1	2
1	3	1
2	2.5	2

表 **10.8** 鞍点のない支払行列

A\B	1	2
1	3	1
2	1.5	2

このように鞍点のない場合，ゲーム理論はつぎのような戦略のとり方を考える。すなわち，各戦略を確率でとろうというのである。例えば，プレイヤー A が戦略 1 および 2 をそれぞれ確率 0.5, 0.5 でとるということは，コインを投げて表が出れば戦略 1 を，裏が出れば戦略 2 をとるという決め方にほかならない。

これを**混合戦略**（mixed strategy）といい，これまでのように，どれか一つの戦略を決めることを**純粋戦略**（pure strategy）と呼ぶ．

プレイヤー A とプレイヤー B がそれぞれ戦略 $I = \{1,\cdots,m\}$, $J = \{1,\cdots,n\}$ の選択肢をもつ支払行列 $\{v_{ij}\}$ と，プレイヤー A の混合戦略 $\boldsymbol{p} = (p_1,\cdots,p_m)$, プレイヤー B の混合戦略 $\boldsymbol{q} = (q_1,\cdots,q_n)$ を示したのが，**表 10.9** である． p_i, q_j はプレイヤー A, B がそれぞれ戦略 i, j をとる確率である．

表 10.9　行列ゲームと混合戦略の設定

A \ B		q_1 1	$\cdots$	q_j j	$\cdots$	q_n n
p_1	1					
$\vdots$	$\vdots$			$\vdots$		
p_i	i		$\cdots$	v_{ij}	$\cdots$	
$\vdots$	$\vdots$			$\vdots$		
p_m	m					

戦略の選択確率という意味から，混合戦略 $\boldsymbol{p}$, $\boldsymbol{q}$ の実行可能領域は次式で定義される．

$$\boldsymbol{P} = \left\{ \boldsymbol{p} = (p_1,\cdots,p_m) \,\middle|\, \sum_{i=1}^m p_i = 1,\ p_i \geqq 0,\ i = 1,\cdots,m \right\} \quad (10.7)$$

$$\boldsymbol{Q} = \left\{ \boldsymbol{q} = (q_1,\cdots,q_n) \,\middle|\, \sum_{j=1}^n q_j = 1,\ q_j \geqq 0,\ j = 1,\cdots,n \right\} \quad (10.8)$$

プレイヤー A, B それぞれの純粋戦略 i, j も，混合戦略として $p_i = 1$, $p_k = 0$ $(i \neq k \in \boldsymbol{I})$, $q_j = 1$, $q_k = 0$ $(j \neq k \in \boldsymbol{J})$ と表現できるから，あえて純粋戦略を混合戦略と区別する必要はない．両プレイヤーが純粋戦略をとった場合には一つに決まる支払であるが，混合戦略のもとでは確率によってさまざまな支払が生じる．例えば支払 v_{ij} は，プレイヤー A が確率 p_i で戦略 i をとり，かつプレイヤー B が確率 q_j で戦略 j をとった場合の支払である．ゲーム理論では，このような場合にプレイヤーがその混合戦略を決定する評価基準として，支払の期待値（**期待支払**という）を用いる．すなわち，マキシマイザーは期待支払を

最大にするように混合戦略を決め、ミニマイザーは期待支払を最小にするように混合戦略を決めるものと考える。プレイヤー A，B が混合戦略 $\boldsymbol{p}$, $\boldsymbol{q}$ をとった場合の期待支払は次式で与えられる。

$$E(\boldsymbol{p},\boldsymbol{q}) = \sum_{i=1}^{m}\sum_{j=1}^{n} p_i v_{ij} q_j \tag{10.9}$$

列ベクトルと見なした $\boldsymbol{p}$, $\boldsymbol{q}$ と (i,j) 要素を v_{ij} とする行列 $\boldsymbol{V}$ を用いて上の期待支払を表せば、$E(\boldsymbol{p},\boldsymbol{q}) = \boldsymbol{p}^t \boldsymbol{V} \boldsymbol{q}$ と書ける。ちなみに、$p_i = 1$ である純粋戦略 i をとった場合の期待支払を $E(i,\boldsymbol{q})$、$q_j = 1$ である純粋戦略 j の場合の期待支払を $E(\boldsymbol{p},j)$ と書くことにする。

$\boldsymbol{p}$, $\boldsymbol{q}$ は、条件式 (10.7)，(10.8) を満たし、各要素は実数値をもつ連続数であるから、ここでのゲームを 10.2.3 項で述べた連続ゲームとして見なせば、2 人の戦略 $\boldsymbol{p}$, $\boldsymbol{q}$ に対し支払が $E(\boldsymbol{p},\boldsymbol{q})$ で定義される 2 人ゼロ和ゲームと考えても同じことである。かくして定理 10.4 から、この混合戦略 $\boldsymbol{p}$, $\boldsymbol{q}$ に関しつぎの二つの条件のどちらかが成立すれば、混合戦略における鞍点として、その最適戦略 $\boldsymbol{p}^*$ および $\boldsymbol{q}^*$ はそれぞれのプレイヤーが採用すべき最適混合戦略ということになる。

$$\min_{\boldsymbol{q}\in Q}\max_{\boldsymbol{p}\in P} E(\boldsymbol{p},\boldsymbol{q}) = E(\boldsymbol{p}^*,\boldsymbol{q}^*) = \max_{\boldsymbol{p}\in P}\min_{\boldsymbol{q}\in Q} E(\boldsymbol{p},\boldsymbol{q}) \tag{10.10}$$

$$E(\boldsymbol{p},\boldsymbol{q}^*) \leqq E(\boldsymbol{p}^*,\boldsymbol{q}^*) \leqq E(\boldsymbol{p}^*,\boldsymbol{q}),\ \forall \boldsymbol{p}\in P,\ \forall \boldsymbol{q}\in Q \tag{10.11}$$

ただし、鞍点という言葉は混合戦略に対しては使わず、あくまで純粋戦略に対して使用する。鞍点に対していったのと同様に、最適混合戦略の組に対しても**均衡解（均衡点）**という。

10.2.5 ミニマックス定理と最適混合戦略の求め方

これまで、プレイヤーが有限数の戦略をもつ 2 人ゼロ和ゲーム（行列ゲーム）に関し、10.2.1 項で純粋戦略による均衡解である鞍点が存在する場合について議論し、また 10.2.4 項では、鞍点が存在しない場合の混合戦略による均衡解について述べた。そこでは、両プレイヤーの戦略がたがいに最適反応となってい

るため,ともに自らの戦略を変更する動機のない均衡状態にあるために,ゲームの均衡解が得られるとした.しかし,もし混合戦略による均衡解が存在しない事態が生じたならば,さらにどのような解の概念をもち出したらよいだろうか.この問題に決着を着けたのが,ゲーム理論の創始者であるフォン・ノイマンである.彼は,混合戦略には必ず均衡解が存在することを証明した.これを**ミニマックス定理**(minimax theorem)と呼ぶ.

定理 10.5 有限2人ゼロ和ゲームには,混合戦略まで考えれば必ず均衡解が存在する.

フォン・ノイマン,その他の研究者によるこの定理の厳密な証明には,**不動点定理**(fixed-point theorem)と呼ばれる解析学の重要な定理が用いられることが多いが,ここでは混合戦略による均衡解の導出法につながる簡単な証明を示そう.

表10.9の支払行列をもつ一般的な2人ゼロ和ゲームを再び考えよう.この行列ゲームに関し,まずマックスミニ最適化 $\max_{\boldsymbol{p}} \min_{\boldsymbol{q}} E(\boldsymbol{p}, \boldsymbol{q})$ を行うことによりマキシマイザーのマックスミニ戦略を求める.期待支払 $E(\boldsymbol{p}, \boldsymbol{q})$ は,混合戦略のベクトル $\boldsymbol{p}$ および $\boldsymbol{q}$ の両方に線形な式,すなわち双線形な式として次式で与えられた.

$$E(\boldsymbol{p}, \boldsymbol{q}) = \sum_{i=1}^{m} \sum_{j=1}^{n} p_i v_{ij} q_j$$

$\boldsymbol{p}$ を既知パラメータと考え,上式を実行可能性条件式(10.8)のもとで $\boldsymbol{q}$ について最小化すれば

$$\begin{aligned} \min_{\boldsymbol{q} \in Q} E(\boldsymbol{p}, \boldsymbol{q}) &= \min_{\{\boldsymbol{q} | q_1 + \cdots + q_n = 1, q_j \geq 0\}} \sum_{j=1}^{n} q_j \left(\sum_{i=1}^{m} p_i v_{ij} \right) \\ &= \min_{j=1,\cdots,n} \sum_{i=1}^{m} p_i v_{ij} \end{aligned} \quad (10.12)$$

となる．最後の式は $j^* = \arg\min_{j=1,\cdots,n} \sum_{i=1}^m p_i v_{ij}$ なる j^* に対し $q_{j^*} = 1$ とすることで得られる．これは，例えば $q_1 + q_2 + q_3 = 1$ である非負の変数 q_1, q_2, q_3 により $2q_1 + 3.5q_2 + 2q_3$ を最小化する場合，係数 2, 3.5 および 2 の中で最小のもの以外の係数をもつ q_2 をゼロ，あるいは $q_1 + q_3 = 1$ と置けばよいからである．以上のことを適当な係数 $\{\alpha_j\}$ に対し一般的に証明するには，つぎのようにすればよい．

$$\min_{\left\{q_j \geq 0 \,\middle|\, \sum_{j=1}^n q_j = 1\right\}} \sum_{j=1}^n \alpha_j q_j \geq \min_{\{q_j\}} \sum_{j=1}^n \left(\min_{j=1,\cdots,n} \alpha_j\right) q_j$$

$$= \left(\min_{j=1,\cdots,n} \alpha_j\right) \sum_{j=1}^n q_j = \min_{j=1,\cdots,n} \alpha_j \tag{10.13}$$

ただし，等式は $j^* = \arg\min_{j=1,\cdots,n} \alpha_j$ に対し $q_{j^*} = 1$ とすることで得られる．

式 (10.12) で与えられる値を，さらに $\boldsymbol{p}$ について最大化してマックスミニ値を得るため，最終的に $\min_{j=1,\cdots,n} \sum_{i=1}^m p_i v_{ij}$ を与える変数 μ を導入すれば，問題はつぎの線形計画問題により定式化できる．

$$(P_A) \quad \max_{\boldsymbol{p},\mu} \mu \tag{10.14}$$

$$\text{s.t.} \quad \sum_{i=1}^m p_i v_{ij} \geq \mu, \; j = 1,\cdots,n \tag{10.15}$$

$$\sum_{i=1}^m p_i = 1 \tag{10.16}$$

$$p_i \geq 0, \; i = 1,\cdots,m \tag{10.17}$$

つぎに，ミニマックス値を求める問題を定式化しよう．上と同様に，$E(\boldsymbol{p},\boldsymbol{q})$ の $\boldsymbol{p}$ に関する最大値

$$\max_{\boldsymbol{p}\in\boldsymbol{P}} E(\boldsymbol{p},\boldsymbol{q}) = \max_{\{\boldsymbol{p}|p_1+\cdots+p_m=1, p_i\geq 0\}} \sum_{i=1}^m p_i \left(\sum_{j=1}^n v_{ij} q_j\right)$$

$$= \max_{i=1,\cdots,m} \sum_{j=1}^n v_{ij} q_j \tag{10.18}$$

をさらに q について最小化して，ミニマックス値，ミニマックス戦略を導出する問題は，つぎの線形計画問題に定式化できる．

$$(P_B) \quad \min_{q,\lambda} \lambda \tag{10.19}$$

$$\text{s.t.} \quad \sum_{j=1}^{n} v_{ij} q_j \leq \lambda, \; i = 1, \cdots, m \tag{10.20}$$

$$\sum_{j=1}^{n} q_j = 1 \tag{10.21}$$

$$q_j \geq 0, \; j = 1, \cdots, n \tag{10.22}$$

最後に，マックスミニ値 μ^* とミニマックス値 λ^* が一致することを証明すれば，問題 (P_A) と問題 (P_B) で導出した混合戦略が均衡解の最適戦略であることが確認できることになる．証明は簡単で，条件式 (10.15) および (10.16) のそれぞれに双対変数 q_j および λ を対応させて問題 (P_A) の双対問題を作れば，問題 (P_B) が得られる．両問題ともその実行可能領域は空でない凸集合であり，有限の最適値が存在することは明らかだから，両問題の最適値は一致して $\mu^* = \lambda^*$ となり，これがゲームの値となる．逆に，問題 (P_B) の条件式 (10.20) および (10.21) に双対変数 p_i および μ を対応させれば，この双対問題として問題 (P_A) が得られる．以上の双対関係から，いくつかの興味深い性質を導くことができる．

問題 (P_A) の式 (10.15) 左辺は，プレイヤー B が純粋戦略 j をとったときの期待支払 $E(p, j)$ を表しており，問題 (P_B) の式 (10.20) 左辺は，プレイヤー A が純粋戦略 i をとった場合の期待支払 $E(i, q)$ を示している．双対問題における相補性から，$q_j^* > 0$ なる任意の $j \in J$ に対し，条件式 (10.15) では等号 $E(p^*, j) = \mu^*$ が成り立たなければならない．同様に，$p_i^* > 0$ なる純粋戦略 $i \in I$ に関しては $E(i, q^*) = \lambda^*$ が成り立つ．結局

$$E(p^*, q^*) = \sum_{i | p_i^* > 0} p_i^* E(i, q^*) = \lambda^* = \mu^* = \sum_{j | q_j^* > 0} E(p^*, j) q_j^*$$

である．ある混合戦略 p あるいは q に関し，正の確率でとられる純粋戦略の

全体 $\{i \in I | p_i > 0, \ p \in P\}$ や $\{j \in J | q_j > 0, \ q \in Q\}$ を，それぞれ混合戦略 p あるいは q の**サポート** (support) と呼ぶ．上式は，最適混合戦略のサポートである純粋戦略をとる場合の期待支払はすべてゲームの値と一致することを意味する．同じ相補性からは，条件式 (10.15) で狭義の不等式が成り立てば $q_j^* = 0$ でなければならない．同じく，条件式 (10.20) で狭義の不等式が成り立てば $p_i^* = 0$ であることも示される．サポートでない純粋戦略に関しては，不等式 (10.20) や (10.15) が成立するから，任意の純粋戦略 $i \in I$, $j \in J$ に関し $E(i, q^*) \leqq E(p^*, q^*) \leqq E(p^*, j)$ が成立することになるが，この条件は，じつは (p^*, q^*) が均衡解であることの必要十分条件でもあることが，定理 10.7 で証明できる．

定理 10.6 有限 2 人ゼロ和ゲームにおいて，混合戦略の組 (p^*, q^*) が均衡解であり，ゲームの値が g^* であるとき，$p_i^* > 0$ なる任意の $i \in I$ および $q_j^* > 0$ なる任意の $j \in J$ に対し次式が成り立つ．

$$E(i, q^*) = E(p^*, j) = g^* \tag{10.23}$$

逆に，$E(i, q^*) < g^*$ あるいは $g^* < E(p^*, j)$ となる $i \in I$ あるいは $j \in J$ に対し，次式が成り立つ．

$$p_i^* = 0, \quad q_j^* = 0 \tag{10.24}$$

定理 10.7 有限 2 人ゼロ和ゲームにおいて，混合戦略の組 (p^*, q^*) が均衡解であり，ゲームの値が $E(p^*, q^*)$ である必要十分条件は，任意の $i \in I$, $j \in J$ に対し次式が成立することである．

$$E(i, q^*) \leqq E(p^*, q^*) \leqq E(p^*, j) \tag{10.25}$$

【証明】　まず，式 (10.25) が均衡解の必要条件であることを証明しよう。$(\boldsymbol{p}^*, \boldsymbol{q}^*)$ が最適戦略であれば，たがいに最適反応となっているから，任意の $\boldsymbol{p} \in \boldsymbol{P}, \boldsymbol{q} \in \boldsymbol{Q}$ に対し

$$E(\boldsymbol{p}, \boldsymbol{q}^*) \leqq E(\boldsymbol{p}^*, \boldsymbol{q}^*), \quad E(\boldsymbol{p}^*, \boldsymbol{q}^*) \leqq E(\boldsymbol{p}^*, \boldsymbol{q}) \tag{10.26}$$

が成立する。したがって，左の不等式に $\boldsymbol{p} = \{p_i = 1, p_k = 0 (i \neq k \in \boldsymbol{I})\}$ を代入すれば，式 (10.25) の第一の不等式が得られ，右の不等式に $\boldsymbol{q} = \{q_j = 1, q_k = 0 (j \neq k \in \boldsymbol{J})\}$ を代入すれば第二の不等式が得られる。

つぎに，十分条件であることを証明するため，式 (10.25) が成立しているとする。このとき，任意の $\boldsymbol{p} = (p_1, \cdots, p_m) \in \boldsymbol{P}$ に対し $p_i E(i, \boldsymbol{q}^*) \leqq p_i E(\boldsymbol{p}^*, \boldsymbol{q}^*)$ が成り立つから，$i \in \boldsymbol{I}$ で和をとることにより

$$E(\boldsymbol{p}, \boldsymbol{q}^*) = \sum_{i=1}^{m} p_i E(i, \boldsymbol{q}^*) \leqq \left(\sum_{i=1}^{m} p_i \right) E(\boldsymbol{p}^*, \boldsymbol{q}^*) = E(\boldsymbol{p}^*, \boldsymbol{q}^*)$$

となる。同様に，任意の $\boldsymbol{q} = (q_1, \cdots, q_n) \in \boldsymbol{Q}$ に対し $q_j E(\boldsymbol{p}^*, \boldsymbol{q}^*) \leqq q_j E(\boldsymbol{p}^*, j)$ から

$$E(\boldsymbol{p}^*, \boldsymbol{q}^*) = \left(\sum_{j=1}^{n} q_j \right) E(\boldsymbol{p}^*, \boldsymbol{q}^*) \leqq \sum_{j=1}^{n} q_j E(\boldsymbol{p}^*, j) = E(\boldsymbol{p}^*, \boldsymbol{q})$$

となる。したがって，式 (10.26) が成り立つ。

$\diamond$

$(\boldsymbol{p}^*, \boldsymbol{q}^*)$ が均衡解であるか否かを確認するには，均衡解の本来の定義式 (10.26) より条件式 (10.25) を使用する方が格段に労力が少なくてすむ。

例題として，つぎの**表 10.10** の行列ゲームに対し，定式化 (P_A) を用いて均衡解を求めてみよう。

表 10.10　均衡解の導出例

A＼B	1	2	3
1	−2	0	4
2	3	1	−2

プレイヤー A の混合戦略を $\boldsymbol{p} = (x, 1-x)$ として，$j = 1, 2, 3$ に対し式 (10.15) 左辺の $E(\boldsymbol{p}, j)$ を求めれば

$$E(\boldsymbol{p}, 1) = -2x + 3(1-x) = 3 - 5x$$

$E(\boldsymbol{p}, 2) = 1 - x$

$E(\boldsymbol{p}, 3) = 4x - 2(1 - x) = 6x - 2$

となるから,横軸に $[0,1]$ の範囲で x を,縦軸に期待支払をとって三つの直線を描くと図 **10.3** のようになる。$\min_{j=1,2,3} E(\boldsymbol{p}, j)$ はこれらの直線の最も小さい部分からなる折れ線(図中太線)となるから,これが最大値をとるのは $j = 2$ と $j = 3$ の直線の交点である。したがって,$1 - x = 6x - 2$ を解いて,プレイヤー A の最適混合戦略は $x^* = 3/7$,そのときの期待支払 $g^* = 4/7$ がゲームの値となる。

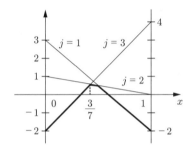

図 **10.3** 均衡解導出の図解法

つぎに,プレイヤー B の最適混合戦略 $\boldsymbol{q} = (q_1, q_2, q_3)$ を求めよう。上のプレイヤー A の最適混合戦略 $\boldsymbol{p}^* = (3/7,\ 4/7)$ から,$g^* = E(\boldsymbol{p}^*, 2) = E(\boldsymbol{p}^*, 3) < E(\boldsymbol{p}^*, 1)$ となっているから,定理 10.6 により $q_1 = 0$ である。したがって,$\boldsymbol{q} = (0,\ y,\ 1 - y)$ として問題 (P_B) を利用すれば,上と同様にして,最適混合戦略 $\boldsymbol{q}^* = (0,\ 3/7,\ 4/7)$ が得られる。

10.3 非ゼロ和ゲームとナッシュ均衡解

10.2 節ではゼロ和ゲームと均衡解の導出について述べた。それは対潜戦を起源とする捜索理論では,敵対する 2 人のプレイヤーを考察する 2 人ゼロ和ゲームのモデルが数多く研究されてきたからである。しかし,敵対する相手に複数捜索者で協力して捜索を行うモデルも捜索活動では重要であり,またゼロ和ゲームは非ゼロ和ゲームの特殊ケースであることを考えると,非ゼロ和ゲームにお

ける解についても触れておく必要がある。

10.1節で取り上げた，プレイヤー集合 N，戦略集合 S および支払の集合 P で定義された同時手番ゲーム $G(N, S, P)$ を一般的な議論の対象とするが，まず表 10.11 の支払行列をもつ**両性の戦い**（battle of the sexes）と呼ばれる双行列ゲームを取り上げよう。

表 10.11 両性の戦いの支払行列

クリス＼パット	オペラ	ボクシング
オペラ	2, 1	0, 0
ボクシング	0, 0	1, 2

例題 10.2（両性の戦い） 恋人同士のクリスとパットは，デートとして，オペラ鑑賞かボクシング観戦のどちらにするか悩んでいる。表 10.11 の支払行列には，2人のプレイヤー $N = \{$ クリス，パット $\}$ の戦略 $S = \{$ オペラ，ボクシング $\}$ の組合せに対するそれぞれの満足度が書かれている。女性はどちらかというとオペラが好みで，男性はボクシングという通説で値が設定されている。もちろん，両人が違った場所に行けばデートにならず満足度はゼロである。

二つの組合せ $Q_1^* = ($ オペラ，オペラ $)$ と $Q_2^* = ($ ボクシング，ボクシング $)$ は，たがいに相手の戦略に対して最適反応となっている。Q_1^* に関していえば，クリスだけがオペラからボクシングにデート場所を変更すれば利得は 2 から 0 になってしまうし，パットにしてもデート場所の変更は利得 1 を 0 にしてしまうため，両者に戦略変更の動機は生じない。Q_2^* に関しても同様である。ゼロ和ゲームの鞍点の定理 10.2 に対応する非ゼロ和ゲームの鞍点は，つぎのように定義できる。

定義 10.2 純粋戦略の組 $s^* = (s_1^*, \cdots, s_i^*, \cdots, s_n^*)$ が**ナッシュ均衡解**（Nash equilibrium）であるとは，任意のプレイヤー $i \in N$ とその任意の

10.3 非ゼロ和ゲームとナッシュ均衡解

戦略 $s_i \in \boldsymbol{S}_i$ に対しつぎの条件が成り立つことである．

$$P_i(s_i, s_{-i}^*) \leqq P_i(s_i^*, s_{-i}^*) \tag{10.27}$$

非協力ゲームの分野におけるジョン・ナッシュの貢献は大きく，非ゼロ和における均衡解の名称はナッシュにちなんで名付けられた．

非ゼロ和ゲームにおいても，ゼロ和ゲームと同じく，純粋戦略による均衡解がない場合は，混合戦略による均衡解の存在を考える．プレイヤー i が戦略 $s \in \boldsymbol{S}_i$ を確率 $p_i(s)$ でとる混合戦略 $\boldsymbol{p}_i = (p_i(s), s \in \boldsymbol{S}_i)$ を考える．当然，$p_i(s)$ は非負で，$\sum_{s \in \boldsymbol{S}_i} p_i(s) = 1$ を満たす．全プレイヤーの混合戦略 $\boldsymbol{p} = (\boldsymbol{p}_i, i \in \boldsymbol{N})$ によるプレイヤー i の期待支払は

$$E_i[\boldsymbol{p}] = \sum_{s_1 \in \boldsymbol{S}_1} \cdots \sum_{s_n \in \boldsymbol{S}_n} \left(\prod_{k=1}^n p_k(s_k) \right) P_i(s_1, \cdots, s_n)$$

である．混合戦略によるナッシュ均衡解はつぎにより定義される．これまでと同様，$\boldsymbol{p}_{-i}$ は $\boldsymbol{p}$ のうちプレイヤー i 以外の混合戦略を示す．

定義 10.3 混合戦略の組 $\boldsymbol{p}^* = (\boldsymbol{p}_1^*, \cdots, \boldsymbol{p}_i^*, \cdots, \boldsymbol{p}_n^*)$ がナッシュ均衡解であるとは，任意のプレイヤー $i \in \boldsymbol{N}$ とその任意の混合戦略 $\boldsymbol{p}_i$ に対しつぎの条件が成り立つことである．

$$E_i[\boldsymbol{p}_i, \boldsymbol{p}_{-i}^*] \leqq E_i[\boldsymbol{p}_i^*, \boldsymbol{p}_{-i}^*] \tag{10.28}$$

定義 10.2 や定義 10.3 により，均衡解が純粋戦略で決まる場合も，混合戦略で決まる場合も，それが満たすべき性質はきわめてシンプルである．すなわち，プレイヤー i の最適混合戦略 $\boldsymbol{p}_i^*$ は，ほかのプレイヤーの混合戦略 $\boldsymbol{p}_{-i}^*$ に対し最適反応となっている，という性質である．したがって，$\boldsymbol{p}_{-i}$ に対するプレイヤー i の最適反応戦略の集合を $B_i(\boldsymbol{p}_{-i})$ と書くとすれば，ナッシュ均衡解 $\boldsymbol{p}^*$ はつぎの条件を満たすことでも定義される．

$$\bm{p}^* \in B_1(\bm{p}^*_{-1}) \times \cdots \times B_n(\bm{p}^*_{-n}) = \prod_{i=1}^{n} B_i(\bm{p}^*_{-i}) \tag{10.29}$$

また,すべての $\bm{p}$ に関するつぎのような積集合によっても,各プレイヤーの戦略がたがいに最適反応戦略となっているナッシュ均衡解の集合が作成できる.

$$\bigcap_{i=1}^{n} \bigcup_{\bm{p}} \bigl(\bm{p}_{-i}, B_i(\bm{p}_{-i})\bigr) \tag{10.30}$$

ただし,$\bigl(\bm{p}_{-i}, B_i(\bm{p}_{-i})\bigr)$ は,i 以外のプレイヤーの混合戦略 $\bm{p}_{-i}$ とプレイヤー i の最適反応戦略の集合 $B_i(\bm{p}_{-i})$ の各要素の組の集合である.

残念ながら,2人非ゼロ和ゲームの最適混合戦略を導出するための定式化は2人ゼロ和ゲームほど簡単ではなく,その解説はここでは省略する.しかし,非ゼロ和の有限な双行列ゲームにも必ず最適な混合戦略があることが証明されている.非ゼロ和ゲームに興味のある読者は,ゲーム理論の専門書を参照願いたい.とはいえ,表 10.11 の双行列ゲームについて,混合戦略によるナッシュ均衡解を計算してみよう.

例題 10.2 で,クリスがオペラ,ボクシングに行く確率を x, $1-x$ とし,パットのそれを y, $1-y$ で表せば,クリスとパットの期待支払は

$$P_1(x,y) = 2xy + (1-x)(1-y) = (3y-1)x - y + 1$$

$$P_2(x,y) = xy + 2(1-x)(1-y) = (3x-2)y - 2x + 1$$

となる.したがって,$P_1(x,y)$ を最大にするクリスの最適反応戦略 x^* および $P_2(x,y)$ を最大にするパットの最適反応戦略 y^* は,つぎのように整理できる.

$$x^* = B_1(y) = \begin{cases} 0, & 0 \leq y < 1/3 \text{ の場合} \\ \text{すべて}, & y = 1/3 \text{ の場合} \\ 1, & 1/3 < y \text{ の場合} \end{cases}$$

$$y^* = B_2(x) = \begin{cases} 0, & 0 \leq x < 2/3 \text{ の場合} \\ \text{すべて}, & x = 2/3 \text{ の場合} \\ 1, & 2/3 < x \text{ の場合} \end{cases}$$

クリスの最適反応戦略による組 $\{(B_1(y), y),\ 0 \leq y \leq 1\}$ と，パットのそれ $\{(x, B_2(x)),\ 0 \leq x \leq 1\}$ を x–y 平面上に描いたのが，図 **10.4** である。y の変化に対する最適な x^* の描画 B_1 と，x の変化に対する最適な y^* の描画 B_2 の交点が，式 (10.30) のナッシュ均衡解全体を与える。以前求めた純粋戦略によるナッシュ均衡解 $Q_1^* = ($オペラ，オペラ$)$，$Q_2^* = ($ボクシング，ボクシング$)$ とは別に，混合戦略 $(x^*, y^*) = (2/3,\ 1/3)$，つまり，クリスの混合戦略 $\boldsymbol{p}_1^* = (2/3,\ 1/3)$ とパットの混合戦略 $\boldsymbol{p}_2^* = (1/3,\ 2/3)$ の組によるナッシュ均衡解が存在することがわかる。

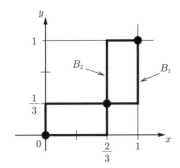

図 **10.4** 両性の戦いのナッシュ均衡解

10.4 展開形ゲーム表現と多段ゲーム

これまでは同時手番ゲームを説明してきた。これらは最初に与えられた支払行列の情報のみを頼りに，1 度だけの手番で自らの戦略を決めるゲームである。将棋や碁では交互に複数の手番があり，プレイの途中で新たな情報を得て，戦略を変える機会となる手番をもつ。このように複数の段階で手番の行使が可能であるゲームを**多段ゲーム** (multi-stage game) という。各段階（ステージ）でプレイされるゲームは**ステージ・ゲーム** (stage game) と呼ばれる。このようなゲームの分析には，展開形のゲーム表現が適している。

10.4.1 展開形ゲームの定義

図 10.5 は，ゲームの手番を黒点で，戦略を線で表し，情報の構造や支払についても書き入れている．最初，一番左に書かれた 2 本の選択肢の偶然による選択から，プレイヤーの状況が二つに変わる．これを自然が選択を行う**偶然手番**（chance move）と呼ぶ．その後，2 人のプレイヤー P_1 と P_2 の手番が続いている．このように木（ツリー）の形で書かれる展開形ゲームの構成要素を以下で説明する．

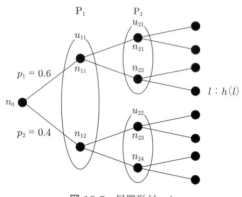

図 10.5 展開形ゲーム

(1) **ゲームの木（ゲーム・ツリー）** 点（ノード）と枝（アーク）からなるツリー構造は，**根**（root）と呼ばれる一つのノードから分岐していく．ノードは自然を含むプレイヤーの手番を表し，そこから分岐するアークはその手番での選択肢を表す．図 10.5 では各手番では二つの選択肢があるが，可算個でない連続な選択肢は特定の選択肢を表す複数のアークとその間に弧を描いてその連続性を示すことが多い．また出るアークをもたないノードを**頂点**（葉，terminal point, leaf）という．ツリー構造では，根から任意の葉までのパスは一意に決まり，一つのパスが各プレイヤーが自分の手番で一つの選択肢を選択して実現される一つの**プレイ**（play）を示す．

(2) **偶然手番での確率分布** 偶然手番では，自然がなんらかの利得を得る意思決定者として選択をするわけではなく，あくまで自然現象その他の偶

然による状況変化を表現したものであり，通常はその手番がもつ分岐が選択される確率分布 p が推定される．図 10.5 では，ノード n_0 から出る上と下の選択肢がそれぞれ確率 0.6 と 0.4 で現れる例を示した．

(3) **プレイヤーの分割** ゲームのツリー上のすべてのノードを分割し，自然も含めどのプレイヤーの手番であるかを示す．図 10.5 では，ノード n_0 が自然の手番，ノード n_{11}, n_{12} がプレイヤー P_1 の手番，四つのノード $n_{21}, \cdots, n_{24}$ がプレイヤー P_2 の手番である．

(4) **情報構造と情報分割** ある手番以前にどの選択肢がとられたかをどの程度知っているかを表すのが情報構造である．各プレイヤーの手番はいくつかの**情報集合**（information set）で分割される．同じ情報集合に含まれる手番は，その手番のプレイヤーがそれら複数の手番を区別できないことを意味し，異なる情報集合に含まれる場合は，過去にとられた選択肢を知ることによってその手番を区別できていることを示す．図 10.5 では，手番 n_{11}, n_{12} は楕円で示される同じ情報集合 u_{11} の中にあるから，プレイヤー P_1 は自然手番における二つの選択肢のどちらが実現したかを認識できないことを示す．一方，n_{21}, n_{22} と n_{23}, n_{24} はそれぞれ異なる情報集合 u_{21}, u_{22} に入っているから，プレイヤー P_2 は自然による選択を認識できるが，プレイヤー P_1 による選択は知らないことになる．各プレイヤーの情報集合への分割を**情報分割**（information partition）と呼ぶ．図 10.5 では，プレイヤー P_2 は二つの情報集合 u_{21}, u_{22} をもつ．このような情報分割の全体を**情報構造**（information structure）という．意味のある情報構造となるためにはいくつかの制約が課されるが，同じ情報集合の中にあって区別できない手番では同じ選択肢を有しているとする制約は重要である．

(5) **プレイヤーの利得関数** 一つのプレイがなされ，一つの葉 l に到達した場合の各プレイヤーの利得（支払）を定義したものが利得関数であり，各プレイヤー i の利得を $h_i(l)$ として，これを集めた利得ベクトル $h(l) = (h_i(l), i \in P)$ で表す．

上で説明した，ゲームのツリー K，偶然手番での確率分布 p，プレイヤー分割 P，情報分割 U および利得関数 h の五つの要素を展開形ゲームのルールと呼び，これを特定することにより，展開形ゲームが $G = (K, p, P, U, h)$ で定義される。

展開形ゲームのルールについてすべてのプレイヤーが知識をもち，そのようなプレイヤーの認識についてもすべてのプレイヤーがたがいによくわかっている場合は，ルールはすべてのプレイヤーの**共有知識**（common knowledge）となっている。そのような認識を**共通認識**（common cognition）といい，共通認識のあるゲームを**情報完備ゲーム**と呼ぶ。一方，ルールについて不確実な知識しかないプレイヤーがいるゲームは**情報不完備ゲーム**という。

また，同じプレイヤーが時間経過とともに何度か手番をもつ状況で，過去の手番における自らの選択を覚えている場合を**完全記憶**（perfect recall），そうでない場合を**不完全記憶**（imperfect recall）という。同じプレイヤーのことであるから，理論的な考察の際には完全記憶を仮定する場合が多いが，実社会や実生活ではそうもいかないであろう。また，将棋や碁のように，すべての手番に際し過去のすべての手番での選択を知ることができる場合を**完全情報ゲーム**（perfect-information game），そうでない場合を**不完全情報ゲーム**（imperfect-information game）と呼ぶ。

10.4.2 展開形ゲームにおける戦略と行動戦略

展開形ゲームに対し戦略形（標準形）ゲームの支払行列を書くことができる。その際，純粋戦略をどのように設定すべきかには注意を要する。図 10.5 の多段ゲームにおけるプレイヤー P_2 は，ゲームのはじまる前に戦略の計画を立てるとすれば，自分が情報集合 u_{21} にいる場合はどの選択肢をとるか，u_{22} にいる場合はどの選択肢をとるかを考えるべきである。したがって，各情報集合に二つある選択肢を $\{H, L\}$ とすれば，前に u_{21} での選択肢，後ろに u_{22} での選択肢を記すものとして，全部で 4 組の純粋戦略 $s_1 = \{H, H\}$, $s_2 = \{H, L\}$, $s_3 = \{L, H\}$, $s_4 = \{L, L\}$ がある。つまり，プレイヤーの純粋戦略は各情報

集合における選択肢を組み合わせたものである．プレイヤー P_1 は，情報集合 u_{11} における二つの選択肢 $\{H, L\}$ のどちらを採用するかで二つの純粋戦略をもつ．このようにプレイヤーの純粋戦略を作成した後，それぞれの組合せに対するプレイヤーの利得を書き出して戦略形の支払行列で表せば，戦略形（標準形）の支払行列が得られる．このことを，展開形ゲームの戦略形ゲームへの**標準化**（normalization）という．

一方混合戦略は，これまで通り，各純粋戦略に付与する選択確率で表現する．例えば，プレイヤー P_2 の混合戦略は四つの純粋戦略に対する確率分布 $(\pi(s_i), i = 1, \cdots, 4)$ で与えられる．しかし，このような込み入った戦略選択ではなく，情報集合 u_{21} 内の二つの戦略 $\{H, L\}$ をとる確率 (b_H^1, b_L^1) と，もう一方の情報集合 u_{22} での戦略 $\{H, L\}$ の選択確率 (b_H^2, b_L^2) で表現してもよいのではという疑問が湧く．前者の混合戦略では，$\sum_{i=1}^{4} \pi(s_i) = 1$ の制約があるから，三つの確率を決めれば確定するのに対し，後者では b_H^1 と b_H^2 だけを決めれば確定することができるからである．上の疑問に答えるために，行動戦略という概念を考えよう．前者の混合戦略のように複数の情報集合の選択肢を含むものでなく，個々の情報集合の中だけの選択肢（これを**行動**（behavior）と呼ぶ）の局所的な選択を考え，これをすべての情報集合に関して集めた戦略を**行動戦略**（behavior strategy）と呼ぶ．明らかに，$\pi(s_2) = b_H^1 b_L^2$ のように任意の行動戦略は混合戦略に変換することができる．逆に，行動戦略の一つとしての b_H^1 を $b_H^1 = \pi(s_1) + \pi(s_2)$ により混合戦略から計算することもできる．一般の多段ゲームに関する混合戦略と行動戦略の同値性に関しては，完全記憶の仮定が重要である．

定理 10.8 展開形ゲームにおいて，任意の混合戦略から計算した任意の利得関数に一致する行動戦略が存在するための必要十分条件は，ゲームが完全記憶をもつことである．

10.4.3 確率ゲーム

多段ゲームにおいては，ゲームの結果に依存してつぎにプレイするゲームが変わる場合がある．これを**確率ゲーム**（stochastic game）と呼ぶ．確率ゲームを具体的に説明するため，**密輸ゲーム**（smuggling game）と呼ばれるゲームを取り上げよう．

ある海域において，M 日の期間内に密輸者は最大で K 回の密輸取引ができる．一方，税関などの取締側は L 回だけ取締活動を実施可能である．密輸も取締も1日にたかだか1回だけ実施でき，K および L はともに M 以下であるとする．密輸が1度成功するごとに，密輸者は a の利益を得，取締側は b の損失を被る．逆に密輸者がだ捕されると，密輸者側には c の損失が，取締側には d の利益が生じてゲームは終了する．密輸者がだ捕されない限り最長で M 日間ゲームは続く．密輸中に取締活動を実施した場合に密輸者をだ捕できる確率は p で，$1-p$ の確率で密輸が成功する．密輸取引および取締の可能回数が残っている間は，密輸者は {密輸決行 (S)，密輸未決行 (NS)} の選択肢を，取締側は {取り締まる (P)，取り締まらない (NP)} の二つずつの選択肢をもつ．ただし，1日が終わると，両者は相手のとった手を知ることができ，密輸者の残りの密輸可能回数，取締側の残りの取締可能回数がわかる．

残り日数 m で，密輸可能回数 $k \geq 1$，取締可能回数 $l \geq 1$ の状況におけるゲームを $G(m,k,l)$ で表そう．この日の両者のとった戦略による結果は**表 10.12** のように整理できる．

表 10.12 密輸ゲーム

密輸者＼取締側	P	NP
S	A_S, A_P	B_S, B_P
NS	C_S, C_P	D_S, D_P

ただし

$$A_S = (1-p)\{a + G(m-1, k-1, l-1)\} - cp \tag{10.31}$$

$$A_P = (1-p)\{-b + G(m-1, k-1, l-1)\} + dp \tag{10.32}$$

10.4 展開形ゲーム表現と多段ゲーム

$$B_S = a + G(m-1, k-1, l), \quad B_P = -b + G(m-1, k-1, l) \tag{10.33}$$

$$C_S = G(m-1, k, l-1), \quad C_P = G(m-1, k, l-1) \tag{10.34}$$

$$D_S = G(m-1, k, l), \quad D_P = G(m-1, k, l) \tag{10.35}$$

この確率ゲーム $G(m,k,l)$ の表記はつぎのように解釈する．両プレイヤーのとる戦略の組が (S,P) であり，密輸を決行しているときに取締が行われた場合の密輸者と取締側の利得および以後プレイされるゲームが，それぞれ式 (10.31)，(10.32) で表される．そこでは，確率 $1-p$ で密輸が成功し，密輸者は利益 a を，取締側は損失 b を得て，密輸可能日数および取締可能日数が 1 回減少したつぎの日のゲーム $G(n-1,k-1,l-1)$ に移行する．他方，確率 p で密輸者がだ捕されれば，密輸者は損害 c を，取締側は利得 d を得て，ゲームは終了する．同様に，とられる戦略の組合せが (S,NP)，(NS,P) および (NS,NP) の場合の状況が，式 (10.33)，(10.34) および (10.35) で表され，それぞれで生起する利得は異なるが，いずれの場合も密輸者のだ捕が起こらないから，確率 1 でつぎの日のゲームをプレイすることになる．

このような確率ゲーム $G(m,k,l)$ がナッシュ均衡解をもつ場合，密輸者および取締側の均衡利得を $V_S(m,k,l)$ および $V_P(m,k,l)$ で表せば，両者の均衡利得 Val $G(m,k,l) \equiv (V_S(m,k,l),\ V_P(m,k,l))$ は，表 10.12 のゲームの表記部分を均衡利得に置き換えた**表 10.13** の支払行列を使って計算できる．

Val $G(m,k,l)$ = (表 10.13) のゲームの値

ただし

$$\alpha_S = (1-p)\{a + V_S(m-1, k-1, l-1)\} - cp$$

$$\alpha_P = (1-p)\{-b + V_P(m-1, k-1, l-1)\} + dp$$

表 10.13 密輸ゲームの均衡利得

密輸者＼取締側	P	NP
S	α_S, α_P	β_S, β_P
NS	γ_S, γ_P	δ_S, δ_P

$$\beta_S = a + V_S(m-1, k-1, l), \quad \beta_P = -b + V_P(m-1, k-1, l)$$
$$\gamma_S = V_S(m-1, k, l-1), \quad \gamma_P = V_P(m-1, k, l-1)$$
$$\delta_S = V_S(m-1, k, l), \quad \delta_P = V_P(m-1, k, l)$$

以上，多段ゲームの一種である確率ゲームについて概説した．表 10.12 で表された密輸ゲームを具体的に解きたければ，均衡利得に関する漸化式となっている表 10.13 を初期条件 Val $G(0, k, l) = (0, 0)$ や境界条件 Val $G(m, 0, l) = (0, 0)$, Val $G(m, k, 0) = (ak, -bk)$ を使って逐次的に各ステージでのゲームを解いていき，最初のゲーム $G(M, K, L)$ まで解ければ終了である．もちろん，$k > m$ の場合の $G(m, k, l) = G(m, m, l)$ などの境界条件も考慮する必要がある．各ステージ・ゲームでは，一般的には各プレイヤーは混合戦略をとることになり，均衡利得もそれによる期待値でしか推測できないが，実際にステージに到達すれば，それ以前の密輸者および取締側の選択は知られるとしているから，ステージ初期での状態 (m, k, l) を知ってゲームはプレイされることになる．

10.5 情報不完備ゲームとベイジアンゲーム

情報不完備ゲームでは，そのルールの中に全プレイヤーの共有知識となっていない要素がある．その最も重要なものは，プレイヤーの利得関数であろう．そのような状況にあっては，はたしてほかのプレイヤーはどのような基準でゲームの結果を評価するのかと，あるプレイヤーは迷うだろう．もちろん，当人は自分の判断基準を正確に知っている．このような状況を表すため，プレイヤーには複数のタイプがあり，タイプごとに利得関数が異なるとし，ほかのプレイヤーはこの異なるタイプをある確率分布で推定するものとする．プレイヤー $N = \{1, \cdots, n\}$ がおり，プレイヤー i は有限数のタイプ集合 C_i をもつとする．プレイヤー i の利得は，各プレイヤーのとる戦略 $\boldsymbol{s} = (s_j, j \in \boldsymbol{N})$ とタイプ $\boldsymbol{c} = (c_j, j \in \boldsymbol{N})$ に依存する $f_i(\boldsymbol{s}, \boldsymbol{c})$ で表されるとする．

プレイヤー i の特定のタイプ c_i が推定するほかのプレイヤーのタイプ $c_{-i} \equiv$

10.5 情報不完備ゲームとベイジアンゲーム

$(c_1, \cdots, c_{i-1}, c_{i+1}, \cdots, c_N) \in C_{-i} \equiv C_1 \times \cdots \times C_{i-1} \times C_{i+1} \times \cdots \times C_N$ に関する主観的確率分布 $p_i(c_{-i}|c_i)$ は，共通知識である一つの同時確率分布 $p(\boldsymbol{c})$ から

$$p_i(c_{-i}|c_i) = \frac{p(c_1, \cdots, c_i, \cdots, c_N)}{\displaystyle\sum_{c_{-i} \in C_{-i}} p(c_1, \cdots, c_i, \cdots, c_N)} \tag{10.36}$$

で計算できるとする．分母はプレイヤー i がタイプ c_i である確率 $p(c_i)$ を表し，これは正である．ゼロであれば，そのようなタイプは最初から考える必要はないからである．

各プレイヤーの各タイプがある確率で出現するが，これは自然による偶然手番により最初に決まり，各プレイヤーは実現した自分のタイプについては知ることができ，ほかのプレイヤーのタイプは確率分布 $p(\boldsymbol{c})$ で推測するものとする．したがって，このゲームは自然手番を入れた多段ゲームと考えることができ，展開形ゲームで表現できる．不完備情報に関する上記の解釈のもとで，$G = (\boldsymbol{N}, \{S_i, C_i, f_i, i \in \boldsymbol{N}\}, p)$ で定義される情報不完備ゲームを**ベイジアンゲーム**（Bayesian game）という．タイプ c_i のプレイヤー i は，ほかのプレイヤーが選択した純粋戦略 $\boldsymbol{s}_{-i}$ と自らの純粋戦略 s_i による次式の支払関数を最大にしようと行動すると考える．

$$f_i(\boldsymbol{s}|c_i) = \sum_{c_{-i} \in C_{-i}} p_i(c_{-i}|c_i) f_i(\boldsymbol{s}, \boldsymbol{c}) \tag{10.37}$$

10.4.2 項で，展開形ゲームにおいてはプレイヤーは自らの情報集合すべてにおける行動をあらかじめ決めておくとしたように，ベイジアンゲームでも，各プレイヤー i は自分がタイプ c_i であった場合はどうするかの戦略を，すべてのタイプについてあらかじめ決めておく．ここで考える戦略は，純粋戦略でなく行動戦略とする．すなわち，自らの各情報集合における行動の確率的選択を集めたものである．つまり，プレイヤー i の行動戦略の集合を S_i とすれば，各プレイヤー i の戦略 ρ_i は C_i から S_i への写像として，関数 $\rho_i : C_i \to S_i,\ c_i \mapsto s_i$ で表現される．各プレイヤーがこのような戦略をとった場合，タイプ c_i のプレ

イヤー i の期待利得を $E[f_i(\rho(\boldsymbol{c}), \boldsymbol{c})]$ と表す。$\rho(\boldsymbol{c})$ は全プレイヤーの行動戦略であり，記号 $E[\cdot]$ により行動選択に関する確率による期待値を表している。プレイヤー i はほかのプレイヤーのタイプについては確率分布 $p_i(c_{-i}|c_i)$ でしか推定できないから，タイプ c_i のプレイヤー i が考える最大化したい期待利得は次式で与えられる。

$$E[f_i(\rho)|c_i] = \sum_{c_{-i} \in C_{-i}} p_i(c_{-i}|c_i) E[f_i(\rho(\boldsymbol{c}), \boldsymbol{c})] \qquad (10.38)$$

プレイヤー i のすべてのタイプ c_i が上記の期待支払を最大にする戦略 $\rho_i(c_i)$ をとろうとすれば，プレイヤー i の戦略 $\rho_i = \{\rho_i(c_i), c_i \in C_i\}$ は

$$E[f_i(\rho)] = \sum_{c_i \in C_i} p(c_i) E[f_i(\rho)|c_i] = \sum_{\boldsymbol{c}} p(\boldsymbol{c}) E[f_i(\rho(\boldsymbol{c}), \boldsymbol{c})]$$

を最大にするはずである。ただし，第二式から第三式への変形には式 (10.36) および (10.38) を用いた。したがって，ベイジアンゲームのナッシュ均衡解をつぎで定義することができる。

定義 10.4 （ベイジアンゲームのナッシュ均衡解） ベイジアンゲームにおけるプレイヤーの戦略の組 $\rho^* = (\rho_1^*, \cdots, \rho_N^*)$ がナッシュ均衡であるとは，すべてのプレイヤー i の任意の戦略 ρ_i に対し

$$E[f_i(\rho_i, \rho_{-i}^*)] \leq E[f_i(\rho^*)] \qquad (10.39)$$

が成立することである。ただし，$\rho_{-i}^* \equiv (\rho_1^*, \cdots, \rho_{i-1}^*, \rho_{i+1}^*, \cdots, \rho_N^*)$ である。

ゲーム理論に関しては，経済学をはじめとしたあらゆる分野で，理論研究や応用研究が行われており，テキスト類も数多く出版されているから，関心のある分野での書評を参考にしていただきたいが，英文で書かれたテキスト 3 編[1]〜[3] と日本語のもの 3 編[4]〜[6] を紹介する。文献 6) はゲーム理論の最新の理論的成果を精緻に解説した著書である。文献 4) の内容はやや古いが，ゲーム理論につ

いての入門的概念や2人ゼロ和ゲームを最初に勉強するには適している。

章 末 問 題

【1】 10.2.3項の例題10.1で述べた実数を選択するプレイヤーAとプレイヤーBの
ゲームに対し，マックスミニ最適化 $\max_x \min_y f(x, y)$ を解き，本文で求めたミ
ニマックス値と一致することを確認せよ。また，両プレイヤーの最適戦略を求
めよ。

【2】 連続ゲームとして古くから研究されている**決闘ゲーム**（duel game）を考える。
これはヨーロッパで行われていたルールのある貴族の決闘シーンを，つぎのモ
デルによりゲームとして考えたものである。
(1) 双方1発の弾の入った拳銃をもったプレイヤーAおよびBは，ある距
離離れた位置からたがいに接近し，最後に距離ゼロとなる所までゆっくり
動く。接近している間に，両者は1度だけ発砲することができる。距離
xで発砲したときに相手を倒す確率は推定でき，プレイヤーAは$f_A(x)$，
プレイヤーBは$f_B(x)$である。当然，$f_A(x)$, $f_B(x)$はxに対し単調減
少関数であるとする。
(2) 相手が発砲し的をはずした場合，発射音を聞いた敵対者は至近距離まで
接近して，誤ることなく相手を撃ち倒すことができる。
(3) 相撃ちはない。すなわち，同じ距離で同時に両者が発砲することはない。
また，発砲の結果（命中/はずれ）は瞬時に判明する。
(4) この決闘モデルのプレイヤーは相手を倒す確率を最大にすることを目的
として，自分の発砲位置を決めたい。

　この問題のプレイヤーはA，Bであり，それぞれの戦略は発砲する際の両プ
レイヤー間の距離であるが，支払関数は自明でない。そこで，まず支払関数を
求めよう。プレイヤーAの支払関数としては「プレイヤーAがプレイヤーB
を倒す確率」を採用することが適切であろうし，プレイヤーBの支払関数と
しても「プレイヤーBがプレイヤーAを倒す確率」が妥当だろう。ところが，
(3)から相撃ちはなく，(2)から必ずどちらかは倒されるから，上で述べたプ
レイヤーA，Bの支払関数を足せば1となる。このように，全プレイヤーの
利得の総和がつねに一定値になるゲームを**定和ゲーム**（constant-sum game）
というが，この2人ゲームの場合，プレイヤーBが「プレイヤーAを倒す確
率」を大きくしたければ，プレイヤーAの支払である「プレイヤーAがプレ

イヤー B を倒す確率」を小さくすればよく，ゼロ和ゲームと考えてよい．したがって，この決闘ゲームの支払を「プレイヤー A がプレイヤー B を倒す確率」とし，プレイヤー A をマキシマイザー，プレイヤー B をミニマイザーとする．

プレイヤー A が距離 x で，プレイヤー B が距離 y で発砲することを心に決めて決闘に望んだ場合，つぎの手順に従って，まず「プレイヤー A がプレイヤー B を倒す確率」である支払関数 $v(x,y)$ を導出した後，均衡解を求めよ．

(1) (i) $x < y$ の場合と (ii) $x > y$ の場合の二つの場合に分けて，支払関数 $v(x,y)$ を $f_A(x)$, $f_B(y)$ を使って表せ．

(2) 横軸に x をとり図を描いて考えることにより，$\max_{x} v(x,y)$ を $f_A(x)$, $f_B(y)$ により表せ．

(3) さらに $\min_{y} \max_{x} v(x,y)$ がどのように決定されるかを考え，プレイヤー B のミニマックス戦略である発砲距離 y^* を導出せよ．

(4) 同様に，$\max_{x} \min_{y} v(x,y)$ を計算し，ミニマックス値とマックスミニ値が一致することを確かめ，ゲームの解と両プレイヤーの最適戦略を求めよ．

11 捜索ゲーム

　これまでの章で述べた捜索問題では，目標は意志決定者として扱われてこなかった．静止目標の存在分布や，移動目標の移動法則は，捜索者の捜索計画とは関係なく，少なくとも確率法則として捜索者に知られていると仮定した．捜索理論が誕生した第二次世界大戦における対潜戦では，目標は敵対国の潜水艦であり，潜水艦側が対潜部隊と遭遇した多くの場合では，潜水艦は対潜部隊の動向に注意を払いつつそれから逃避するように行動した．したがって，目標を捜索者と同じ意志決定者と見なすモデルの提案は必然的な方向である．もちろん，このような見方は，潜水艦の機動力に関する技術革新にも関係する．第二次世界大戦では，水上艦や航空機に比較して，ディーゼルや電池駆動の潜水艦の速度は比較にならないほど低速であり，また電池容量の制約や自ら発する音に神経質になればなるほど，ますます速度を上げることはできなかった．戦後の原子力駆動は潜水艦の機動力を大きく向上させた．しかし，水中を動く物体の不利は，その機動性のみならず，装備する武器体系の面でもいまだ水上艦や航空機には敵わない．このような状況にあるものの，本章では，捜索者も目標も相手の行動に注意を払いながら双方的に意思決定をする捜索ゲームを取り上げる[1]〜[6]．

11.1　静止目標に関する捜索ゲーム

　8.1 節で述べた離散空間におけるクープマン問題においては目標の存在分布は既知であるとしたが，この 11 章では，目標は捜索者に敵対する意志決定者

であり，有限セル空間 $N = \{1, \cdots, n\}$ のいずれか一つのセルに自分の意志で隠れるものとする．一方の捜索者は，捜索コスト $C > 0$ の制約のもとで，セルに捜索資源を投入して捜索を行う．セル i への資源投入には単位資源量当り $c_i > 0$ のコストを要する．ここで，クープマン問題での指数型探知関数を一般化し，目標が隠れたセルを捜索資源量 x で捜索すれば，確率 $f_i(x) = 1 - q_i(x)$ で目標を探知するものとする．条件付き探知確率 $f_i(x)$ および条件付き非探知確率 $q_i(x)$ は微分可能な連続関数であり，つぎの性質をもつと仮定する．

$f_i(x)$: x の単調増加な狭義凹関数, $f_i(0) = 0$, $\lim_{x \to \infty} f_i(x) = f_i^\infty (\leq 1)$

$q_i(x)$: x の単調減少な狭義凸関数, $q_i(0) = 1$, $\lim_{x \to \infty} q_i(x) = q_i^\infty (\geq 0)$

視覚的にわかりやすいように，関数 $q_i(x)$ およびその導関数の形状を表したのが図 11.1 である．クープマン問題では，$q_i(x) = \exp(-\alpha_i x)$ であった．

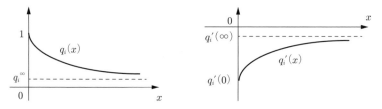

図 11.1　非探知確率の関数

目標の混合戦略を，セル i に隠れる確率を p_i とする $\boldsymbol{p} = (p_i, i \in \boldsymbol{N})$ で表そう．一方の捜索者の純粋戦略を，セル i への資源投入量を φ_i とする $\varphi = \{\varphi_i, i \in \boldsymbol{N}\}$ で表す．目標がセル i に隠れ，捜索者が資源配分計画 φ をとった場合の探知確率 $f_i(\varphi_i)$ を，両プレイヤーの純粋戦略 (φ, i) に対する支払関数とし，目標はこれを小さくし，捜索者は大きくしようとする 2 人ゼロ和ゲームを考える．ここで，目標戦略 $\boldsymbol{p}$ と捜索者戦略 φ の実行可能条件を明示すると次式となる．

$$\Omega = \left\{ \boldsymbol{p} \,\middle|\, \sum_{i \in \boldsymbol{N}} p_i = 1,\ p_i \geq 0,\ i \in \boldsymbol{N} \right\} \tag{11.1}$$

$$\Psi = \left\{ \varphi \,\middle|\, \sum_{i \in \boldsymbol{N}} c_i \varphi_i = C, \ \varphi_i \geqq 0, \ i \in \boldsymbol{N} \right\} \tag{11.2}$$

どうして，目標にだけ混合戦略を考え，捜索者に対しては純粋戦略だけを考えるかは，結果的にこの戦略で均衡解が求められるからであり，このことを証明するこまごまとした議論を省略したいからでもある．定理 10.4 を考慮すれば，最初に $\max_\varphi \min_{i \in \boldsymbol{N}} f_i(\varphi) < \min_{i \in \boldsymbol{N}} \max_\varphi f_i(\varphi)$ となっていることを確認し，純粋戦略の範囲内では鞍点がないことをいう必要があるが，それは省略して，つぎのことを示そう．

　一般論として，その実行可能領域 X が凸集合であるマキシマイザーの連続純粋戦略 $\boldsymbol{x}$ に対し支払関数 $F(\boldsymbol{x}, \boldsymbol{y})$ が凹関数である 2 人ゼロ和ゲームを考えよう．このゲームに対しマキシマイザーの均衡解は最適な純粋戦略をもつことが，つぎのように示される．任意の戦略 $\boldsymbol{x}_1, \boldsymbol{x}_2 \in X$ とその凸結合である純粋戦略 $\boldsymbol{x} = (1-\alpha)\boldsymbol{x}_1 + \alpha \boldsymbol{x}_2 \in X$ ($0 < \alpha < 1$) に対しては次式が成り立つ．

$$F(\boldsymbol{x}, \boldsymbol{y}) = F((1-\alpha)\boldsymbol{x}_1 + \alpha \boldsymbol{x}_2, \boldsymbol{y}) \geqq (1-\alpha)F(\boldsymbol{x}_1, \boldsymbol{y}) + \alpha F(\boldsymbol{x}_2, \boldsymbol{y})$$

右辺は確率 $1-\alpha$ で戦略 $\boldsymbol{x}_1$ をとり，確率 α で $\boldsymbol{x}_2$ をとった場合の期待支払であるから，この混合戦略は純粋戦略 $\boldsymbol{x}$ に弱く支配されている．このことは，任意の混合戦略がある純粋戦略 $\boldsymbol{x}$ に弱く支配されていることにも容易に拡張できるから，最適戦略としてあえて混合戦略をとる必要はなく，純粋戦略で十分である．もちろん，$F(\boldsymbol{x}, \boldsymbol{y})$ が $\boldsymbol{x}$ の狭義凹関数となっていれば混合戦略に均衡解はない．したがって，本節の問題では，捜索者の資源配分 φ の純粋戦略だけを考えればよい．

　もとの問題に戻って，目標が混合戦略 $\boldsymbol{p}$ をとる場合の期待探知確率は

$$P(\varphi, \boldsymbol{p}) = \sum_{i \in \boldsymbol{N}} p_i f_i(\varphi_i) = 1 - \sum_{i \in \boldsymbol{N}} p_i q_i(\varphi_i)$$

となる．この期待探知確率のマックスミニ値とミニマックス値，同じことであるが，右辺の第二項の期待非探知確率 $\sum_{i \in \boldsymbol{N}} p_i q_i(\varphi_i)$ のミニマックス値とマック

スミニ値を求めたいが，後で説明する問題へ適用可能とするため，正の係数 β_i を掛けたつぎの期待支払を考える．

$$Q(\varphi, \boldsymbol{p}) = \sum_{i \in \boldsymbol{N}} p_i \beta_i q_i(\varphi_i) \tag{11.3}$$

もちろん，本来の問題は $\beta_i = 1$ のケースということになる．この支払に関しては，捜索者は最小化プレイヤー，目標は最大化プレイヤーである．

さて，式 (11.3) の期待支払のミニマックス最適化にはつぎの変形が可能である．

$$\begin{aligned}\min_{\varphi \in \Psi} \max_{\boldsymbol{p} \in \Omega} Q(\varphi, \boldsymbol{p}) &= \min_{\varphi \in \Psi} \max_{\boldsymbol{p} \in \Omega} \sum_{i \in \boldsymbol{N}} p_i \beta_i q_i(\varphi_i) \\ &= \min_{\varphi \in \Psi} \max_{i \in \boldsymbol{N}} \beta_i q_i(\varphi_i)\end{aligned} \tag{11.4}$$

なぜなら，最大化 $\max_{\boldsymbol{p}}$ においては総和が 1 となる条件式 (11.1) のもとでの線形式の最大化であるからであり，式 (10.13) の変形と同じである．したがって，最終的に $\max_{i \in \boldsymbol{N}} \beta_i q_i(\varphi_i)$ を与える媒介変数として ρ を導入すれば，最終式はつぎの凸計画問題となる．

$$(P_0) \quad \min_{\rho, \varphi} \rho$$
$$\text{s.t.} \quad \beta_i q_i(\varphi_i) \leqq \rho,\ i \in \boldsymbol{N}$$
$$\sum_{i \in \boldsymbol{N}} c_i \varphi_i = C \tag{11.5}$$
$$\varphi_i \geqq 0,\ i \in \boldsymbol{N}$$

この問題に対する最適化の直感的なやり方を図解したのが，図 **11.2** である．図 (a) には，ある資源配分 $\{\varphi_k\}$ に対する各セル k ごとの値 $\beta_k q_k(\varphi_k)$ を棒グラフで描いている．この場合の目的関数値 ρ はセル i の $\beta_i q_i(\varphi_i)$ で決まるが，セル j の資源 φ_j の一部をセル i に振り替えることで $\beta_i q_i(\varphi_i)$ を減少させることができ，目的関数値を小さくできる．これに対し，図 (b) のように，もしすべてのセル k で $\beta_k q_k(\varphi_k)$ が均等であれば，総捜索コストの制約式 (11.5) の中で資源配分をやりくりして目的関数値を小さくすることはできないから，これが最

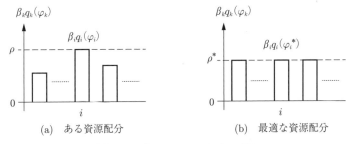

(a) ある資源配分 (b) 最適な資源配分

図 **11.2** 各セルの $\beta_i q_i(\varphi_i)$ の変化

適化の最終結果である.ただし,つねに図 (b) のように均等にできるわけではないことは断っておく.以下では,問題 (P_0) の最適解を求めよう.

問題 (P_0) の制約式の第一式,二式および三式に対して双対変数 $\nu_i \geq 0$, λ, $\eta_i \geq 0$ を割り当てることにより,ラグランジュ関数を

$$L(\rho, \varphi; \nu, \lambda, \eta)$$
$$\equiv \rho + \sum_{i \in \boldsymbol{N}} \nu_i(\beta_i q_i(\varphi_i) - \rho) + \lambda \left(\sum_{i \in \boldsymbol{N}} c_i \varphi_i - C \right) - \sum_{i \in \boldsymbol{N}} \eta_i \varphi_i$$

で定義すれば,最適解の必要十分条件としてつぎの KKT 条件を得る.

$$\frac{\partial L}{\partial \rho} = 1 - \sum_i \nu_i = 0 \tag{11.6}$$

$$\frac{\partial L}{\partial \varphi_i} = \beta_i \nu_i q_i'(\varphi_i) + \lambda c_i - \eta_i = 0, \ i \in \boldsymbol{N} \tag{11.7}$$

$$\nu_i(\beta_i q_i(\varphi_i) - \rho) = 0, \ i \in \boldsymbol{N} \tag{11.8}$$

$$\eta_i \varphi_i = 0, \ i \in \boldsymbol{N} \tag{11.9}$$

$$\sum_i c_i \varphi_i = C \tag{11.10}$$

$$\beta_i q_i(\varphi_i) \leq \rho \tag{11.11}$$

$$\varphi_i \geq 0, \ i \in \boldsymbol{N} \tag{11.12}$$

$$\nu_i \geq 0, \ \eta_i \geq 0, \ i \in \boldsymbol{N} \tag{11.13}$$

もし $\varphi_i > 0$ ならば,式 (11.9) より $\eta_i = 0$ であるから,式 (11.7) を使って

$$\beta_i \nu_i q_i'(\varphi_i) = -\lambda c_i \tag{11.14}$$

となる。導関数 $q_i'(\cdot)$ の単調増加性から逆関数 $q_i'^{-1}(\cdot)$ が存在し，上式は $\varphi_i = q_i'^{-1}(-\lambda c_i/(\nu_i \beta_i))$ と変形できる。また $\varphi_i = 0$ ならば，$\eta_i \geqq 0$ から $\beta_i \nu_i q_i'(0) \geqq -\lambda c_i$ である。この不等式が成り立っていれば任意の $x > 0$ に対して $\beta_i \nu_i q_i'(x) > \beta_i \nu_i q_i'(0) \geqq -\lambda c_i$ となり式 (11.14) は決して成立しないから $\varphi_i = 0$ である。そこで，$q_i'(0) \geqq y$ なる y に対し $[q_i'^{-1}(y)]^+ = 0$ とし，$q_i'(0) < y < q_i'^\infty \equiv \lim_{x \to \infty} q_i'(x) \leqq 0$ なる y には $[q_i'^{-1}(y)]^+ = q_i'^{-1}(y)$, $q_i'^\infty \leqq y$ には $[q_i'^{-1}(y)]^+ = \infty$ と定義した関数 $[q_i'^{-1}(\cdot)]^+$ を使えば，φ_i はつぎのように表現できる。

$$\varphi_i = \left[q_i'^{-1} \left(-\frac{\lambda c_i}{\nu_i \beta_i} \right) \right]^+ \tag{11.15}$$

関数 $q_i'(\varphi_i)$ から決まる最適資源配分 φ_i^* の二つのケースを図示したのが，**図 11.3** である。また，**図 11.4** では，逆関数 $q_i'^{-1}(y)$ を点線で，$[q_i'^{-1}(y)]^+$ を太線で図示している。

式 (11.15) を式 (11.10) に代入すればつぎの等式が成立する。

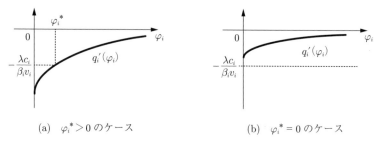

(a) $\varphi_i^* > 0$ のケース　　(b) $\varphi_i^* = 0$ のケース

図 **11.3**　最適資源配分の決定

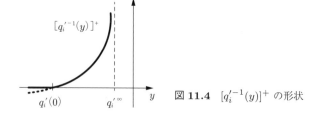

図 **11.4**　$[q_i'^{-1}(y)]^+$ の形状

$$G(\lambda) \equiv \sum_{i \in \boldsymbol{N}} c_i \left[q_i'^{-1}\left(-\frac{\lambda c_i}{\nu_i \beta_i}\right) \right]^+ = C$$

左辺の $G(\lambda)$ は，$\lambda_{\max} \equiv \max_i(-\nu_i \beta_i q_i'(0)/c_i) > 0$ では $G(\lambda_{\max}) = 0$, $\lambda_{\min} \equiv -\min_i(\nu_i \beta_i q_i'^\infty/c_i) \geqq 0$ では $\lim_{\lambda \to \lambda_{\min}+} G(\lambda) = \infty$ であり，$(\lambda_{\min}, \lambda_{\max}]$ 間で λ に対し単調減少関数となる．したがって，ある $\lambda \in (\lambda_{\min}, \lambda_{\max}]$ に対し $G(\lambda) = C$ となる正の根 $\lambda > 0$ が唯一存在する．また，条件式 (11.11) から $\rho > 0$ は明らかである．上述した通り，$\varphi_i > 0$ ならば $\beta_i \nu_i q_i'(\varphi_i) = -\lambda c_i$ であるが，$\nu_i = 0$ はこの等式を成立させないから $\nu_i > 0$ である．ゆえに，式 (11.8) より次式を得る．

$$\beta_i q_i(\varphi_i) = \rho \tag{11.16}$$

すなわち，上式 (11.16) と式 (11.15) から，$\varphi_i > 0$ の最適解はつぎの 2 通りに表現できる．

$$\varphi_i = q_i^{-1}\left(\frac{\rho}{\beta_i}\right) = q_i'^{-1}\left(-\frac{\lambda c_i}{\nu_i \beta_i}\right) \tag{11.17}$$

したがって，$q_i'(q_i^{-1}(\rho/\beta_i)) = -\lambda c_i/(\nu_i \beta_i)$ であり

$$\nu_i = -\frac{\lambda c_i}{\beta_i q_i'(q_i^{-1}(\rho/\beta_i))} \tag{11.18}$$

が得られる．式 (11.11) から $\beta_i q_i(\varphi_i) \leqq \rho$ であるが，$\beta_i q_i(0) = \beta_i \leqq \rho$ ならば $\varphi_i > 0$ に対し $\beta_i q_i(\varphi_i) < \rho$ となるから，式 (11.8) より $\nu_i = 0$ である．ゆえに，上述した理由により $\varphi_i = 0$ である．つまり，$\varphi_i > 0$ となるのは $\beta_i > \rho$ のときであり，このとき $\nu_i > 0$ でもある．以上から，最適解 φ_i を与えるもう一つの式が得られる．

$$\varphi_i = \begin{cases} q_i^{-1}\left(\dfrac{\rho}{\beta_i}\right), & \beta_i \geqq \rho \text{ の場合} \\ 0, & \beta_i < \rho \text{ の場合} \end{cases} \tag{11.19}$$

式 (11.19) で表現された最適解を図示したのが，図 **11.5** である．

さて，これまでの議論を踏まえ，式 (11.18) を用いて条件式 (11.6) を表せば

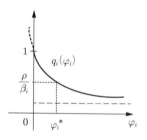 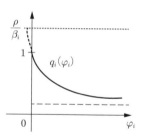

図 **11.5** 最適資源配分の決定

$$\sum_{\{i|\beta_i \geq \rho\}} \left(-\frac{\lambda c_i}{\beta_i q_i'(q_i^{-1}(\rho/\beta_i))} \right) = 1$$

であるが，集合 $U_\rho \equiv \{i|\beta_i \geq \rho\}$ は $\rho < \rho'$ に対し $U_\rho \supseteq U_{\rho'}$ となり，かつ左辺の括弧 ( ) 内は ρ の増加に対し減少するから，左辺は ρ に対し単調減少する。上式から，最適なラグランジュ乗数 λ は，ρ とともに単調に増加する次式で与えられる。

$$\lambda = -\frac{1}{\sum_{\{i|\beta_i \geq \rho\}} c_i / \left(\beta_i q_i'(q_i^{-1}(\rho/\beta_i)) \right)} \tag{11.20}$$

以上を整理すれば，次式にまとめられる。

$$\nu_i = \begin{cases} -\dfrac{\lambda c_i}{\beta_i q_i'(q_i^{-1}(\rho/\beta_i))}, & i \in \{j \in \boldsymbol{N}|\beta_j \geq \rho\} \\ 0, & i \in \{j \in \boldsymbol{N}|\beta_j < \rho\} \end{cases} \tag{11.21}$$

$$\sum_{\{i|\beta_i \geq \rho\}} c_i q_i^{-1}\left(\frac{\rho}{\beta_i}\right) = C \tag{11.22}$$

式 (11.22) 左辺は，ρ が $(\max_i \beta_i q_i^\infty, \ \max_i \beta_i]$ の範囲で増加する間に，$(\infty, 0]$ の間を単調に減少していくから，方程式は唯一の解 ρ^* をもつ。

以上から，最適解の導出は以下のようにすればよい。まず方程式 (11.22) の解 ρ^* を求め，式 (11.19) と式 (11.20) に代入することで，最適な捜索資源配分 $\{\varphi_i^*\}$ と最適なラグランジュ乗数 λ^* が導出できる。さらに，式 (11.21) により最適な $\{\nu_i^*\}$ が得られる。

上記で求めた最適な捜索資源配分を $\{\varphi_i^*\}$, 問題 (P_0) の最適値を ρ^* として, つぎに目標の最適戦略を求めよう. 式 (11.4) の変形から問題 (P_0) への定式化を考慮すれば, $i \notin \{i \in \mathbf{N} | \beta_i q_i(\varphi_i^*) = \rho^* = \max_j \beta_j q_j(\varphi_j^*)\}$ なる i に対しては $p_i = 0$ とすべきであるから, $\beta_i q_i(\varphi_i) \leqq \beta_i < \rho^*$ ならば $p_i = 0$ である. ここで最適な p_i が与えられているとした場合の $\{\varphi_i\}$ に関する最適化問題 $\min_{\varphi \in \Psi} \sum_i p_i \beta_i q_i(\varphi_i)$ の最適解 $\{\varphi_i^*\}$ の KKT 条件は

$$p_i \beta_i q_i'(\varphi_i^*) + \lambda c_i - \eta_i = 0, \quad \eta_i \varphi_i^* = 0, \quad \sum_i c_i \varphi_i^* = C$$

$$\varphi_i^* \geqq 0, \quad \nu_i \geqq 0, \quad \eta_i \geqq 0$$

となるが, $\varphi_i^* > 0$ ならば $\eta_i = 0$ であるから $p_i \beta_i q_i'(\varphi_i^*) = -\lambda c_i$, したがって $p_i = -\lambda c_i / (\beta_i q_i'(\varphi_i^*))$ となる. この右辺に式 (11.17) を代入すると, 式 (11.18) と同じ式が得られる. また, 上述した $p_i = 0$ となる条件を考えると, 式 (11.21) で与えられる ν_i と p_i はまったく同じであることがわかる. 式 (11.21) の λ を式 (11.20) で入れ替え, 式 (11.19) を用いれば, 最適な潜伏戦略 $\boldsymbol{p}^*$ は次式で表すことができる.

$$p_i^* = \begin{cases} \dfrac{c_i / (\beta_i q_i'(\varphi_i^*))}{\displaystyle\sum_{\{j, \beta_j \geqq \rho\}} c_j / (\beta_j q_j'(\varphi_j^*))}, & i \in \{j \in \mathbf{N} | \beta_j \geqq \rho\} \\ 0, & i \in \{j \in \mathbf{N} | \beta_j < \rho\} \end{cases} \quad (11.23)$$

この結果は, $\min_{\varphi} \sum_i p_i \beta_i q_i(\varphi_i)$ から導いたものであるから, φ^* は $\boldsymbol{p}^*$ に対する最適反応になっている. 一方, 資源投入を行い $\varphi_i^* > 0$ であるセル i では式 (11.16) が成立し, $\varphi_j^* = 0$ のセル j では $\rho > \beta_j = \beta_j q_j(0)$ となっているから, 式 (11.23) で与えられる $\boldsymbol{p}^*$ は φ に対し最適反応となっている. ちなみに, 支払 $Q(\varphi, \boldsymbol{p})$ のゲームの値は $Q(\varphi^*, \boldsymbol{p}^*) = \rho^*$ で与えられる.

ここで本来の問題である $\beta_i = 1$ のケースに戻ろう. これまでの議論のうち式 (11.19) と式 (11.23) で $\beta_i = 1$ を考えることで, どのセルにも捜索資源を投入し, また目標も潜伏する可能性を残すべきであることがわかる. 導出した公式に $q_i(\varphi_i) = 1 - f_i(\varphi_i)$, $q_i'(\varphi_i) = -f_i'(\varphi_i)$ の置き換えを行うことにより, 静止

目標に関する捜索ゲームの解を以下のように総括できる。

定理 11.1（静止目標に対する捜索ゲーム） 捜索者の最適捜索配分 $\varphi^* = \{\varphi_i^*, i \in \boldsymbol{N}\}$ は

$$\sum_{i \in \boldsymbol{N}} c_i f_i^{-1}(\mu) = C$$

の解である μ^* により

$$\varphi_i^* = f_i^{-1}(\mu^*) \tag{11.24}$$

で与えられる。一方，目標の最適な混合戦略 $\boldsymbol{p}^* = (p_i^*, i \in \boldsymbol{N})$ は

$$p_i^* = \frac{c_i/f_i'(\varphi_i^*)}{\sum_{j \in \boldsymbol{N}} c_j/f_j'(\varphi_j^*)} \tag{11.25}$$

で得られる。ゲームの値である探知確率は μ^* である。

すなわち，捜索者は，目標がどこに隠れてもそれに対応できるようにすべてのセルでの（目標がそこに隠れている場合の）条件付き探知確率を同じ値にすべきであり，目標は，単位捜索資源量による探知効率の限界効用対コスト比を同じにし，捜索資源による費用対効果をどのセルでも同じにすることにより，探知効率のよいセルを作らないようにすべきである。

11.2 移動目標に関する捜索ゲーム

11.1 節では，静止目標に対する捜索ゲームを取り上げた。具体的な探知関数 $f_i(x) = 1 - \exp(-\alpha_i x)$ を想定すれば，定理 11.1 の μ^* や最適戦略 φ^*, $\boldsymbol{p}^*$ は解析的に求められる。8.1 節のクープマン問題のような捜索者だけの一方的な意思決定問題に関しては数値的な解法アルゴリズムしか提案できなかったのに対し，捜索ゲームにおいてはプレイヤー間でバランスのとれた均衡戦略をとろ

うとする結果,定理 11.1 のように,より簡便で解析的な均衡解が得られた.このことはほかの多くの搜索問題に関しても同じであり,均衡解を導くこと自身には工夫やアイデアが必要であるが,一般的に,搜索者に関する一方的な意思決定問題よりもシンプルな均衡解が得られる.ここでは,9.1.2 項で取り扱った探知確率尺度の移動目標問題をゲームとして扱い,均衡解を求めてみよう[7),8)]。

ここに搜索ゲームのモデル設定から改めて記述しておく.

前提 M1: 搜索空間は,離散セル空間 $N = \{1, \cdots, n\}$ と離散時間空間 $T = \{1, \cdots, T\}$ からなる.

前提 M2: 目標は,搜索者から逃避するために搜索空間内の移動パスを一つ選択して移動する.その選択肢全体の有限集合は Ω である.パス $\omega \in \Omega$ を選択した場合,目標は時点 $t \in T$ にはセル $\omega(t)$ に移動する.

この実行可能なパスは,つぎの移動制約を満足する.目標は,初期時点 $t = 1$ で初期位置のセル群 $S_0 \subseteq N$ のいずれかのセルから出発する(初期位置制約).時点 t でセル i に存在する場合,つぎの時点 $t + 1$ で移動可能な場所はセル群 $N(i, t)$ である(隣接セル制約).このとき,セル i からセル j に移動するには移動エネルギー $\mu(i, j)$ を要するが,現在のセルにとどまる場合にはエネルギーは消費しない.また,$N(i, t)$ にかかわらず,必要とする移動エネルギー未満のエネルギーしか保有していなければ移動はできない(移動エネルギー制約).目標の初期の所有エネルギーを e_0 とする(初期エネルギー制約).以上の移動制約を満たすパスの集合が Ω である.

前提 M3: 目標を探知するため,搜索者は時点 $\tau \in T$ 以降から搜索資源を投入して搜索を開始できる.したがって,搜索可能な時間帯は $\widehat{T} \equiv \{\tau, \cdots, T\} \subseteq T$ である.時点 $t \in \widehat{T}$ で使用可能な搜索資源量は任意に分割可能な $\Phi(t)$ である.各搜索時点における搜索資源投入計画が搜索者の戦略であり,これを $\varphi = \{\varphi(i, t), i \in N, t \in \widehat{T}\}$

で表す．$\varphi(i,t)$ は時点 t におけるセル i への投入資源量である．

任意の時点で，目標の存在するセル i に捜索資源量 x を投入した場合の条件付き目標探知確率は，次式で与えられる．

$$f_i(x) = 1 - \exp(-\alpha_i x) \tag{11.26}$$

非負のパラメータ α_i は，セル i での単位捜索資源量の探知効率性を表し，大きいほど探知効率が高い．

前提 M4：捜索者が目標を探知すれば，捜索者は利得 1 を得，目標は同量を失いゲームは終了する．また，最終時点 T まで探知がなければ，ともにゼロの利得となってゲームが終了する．したがって，ゲームの支払はゼロ和であり，探知確率により与えられる．

捜索者は支払を最大化しようとするプレイヤーであり，目標は最小化プレイヤーである．

前提 M2 においては，パスの選択肢 Ω を移動制約によって表現した．以下の 11.2.1 項で最初に行う均衡解の導出では，9.1.2 項のパス型移動目標を考えるが，11.2.2 項での第二の均衡解導出においてはマルコフ移動による目標移動表現を利用する．

11.2.1 目標のパス型移動を用いた均衡解

捜索者の資源配分戦略を φ で表現したが，目標に関しては，パス ω を確率 $\pi(\omega)$ でとる $\pi = (\pi(\omega), \omega \in \Omega)$ によりその混合戦略を表す．ここで，両プレイヤーの戦略 φ と π の実行可能領域を次式で明示しておく．

$$\Psi = \left\{ \varphi \,\middle|\, \sum_{i \in \boldsymbol{N}} \varphi(i,t) = \Phi(t),\ t \in \widehat{\boldsymbol{T}},\ \varphi(i,t) \geqq 0,\ i \in \boldsymbol{N},\ t \in \widehat{\boldsymbol{T}} \right\} \tag{11.27}$$

$$\Pi = \left\{ \pi \,\middle|\, \sum_{\omega \in \Omega} \pi(\omega) = 1,\ \pi(\omega) \geqq 0,\ \omega \in \Omega \right\} \tag{11.28}$$

つぎにゲームの支払関数を求める．9.1.2 項の式 (9.5) を思い出していただき

たい。目標がパス $\omega \in \Omega$ を採用して移動し，捜索者が資源配分戦略 φ を用いた場合の探知確率は

$$R(\varphi, \omega) = 1 - \exp\left(-\sum_{t \in \widehat{T}} \alpha_{\omega(t)} \varphi(\omega(t), t)\right) \tag{11.29}$$

で与えられる。この式は，φ の線形式

$$g(\varphi, \omega) = \sum_{t \in \widehat{T}} \alpha_{\omega(t)} \varphi(\omega(t), t) \tag{11.30}$$

の関数 $F(g(\varphi, \omega)) = 1 - \exp(-g(\varphi, \omega))$ となっている。関数 $F(x)$ は x の単調増加関数であり，$F(g(\varphi, \omega))$ は変数 φ の凹関数であることに注意すれば，11.1節の問題と同じく，捜索者に関してはその純粋戦略の中に均衡解がある。

上式から，目標パスの混合戦略 π による期待探知確率は次式となる。

$$R(\varphi, \pi) = \sum_{\omega \in \Omega} \pi(\omega) R(\varphi, \omega)$$

この期待支払に関するマックスミニ最適化を実行しよう。

$$\max_{\varphi \in \Psi} \min_{\pi \in \Pi} R(\varphi, \pi) = \max_{\varphi \in \Psi} \min_{\pi \in \Pi} \sum_{\omega \in \Omega} \pi(\omega) F(g(\varphi, \omega))$$
$$= \max_{\varphi \in \Psi} \min_{\omega \in \Omega} F(g(\varphi, \omega)) = F\left(\max_{\varphi \in \Psi} \min_{\omega \in \Omega} g(\varphi, \omega)\right) \tag{11.31}$$

第二式から第三式への変形は式 (11.4) での変形と同じ理由によるものであり，第三式から第四式への変形は $F(x) = 1 - \exp(-x)$ の単調増加性による。結局，φ の線形式である $g(\varphi, \omega)$ を支払関数としたマックスミニ最適化を解くことと同値であることがわかる。同様に，期待支払 $\sum_{\omega} \pi(\omega) F(g(\varphi, \omega))$ のミニマックス最適化も，関数 F とは関係なく，$g(\varphi, \omega)$ を支払関数とした最適化だけで求められることを一般的に証明しよう。

定理 11.2 マキシマイザーの連続純粋戦略 $\varphi \in \Psi$ とミニマイザーの離散純粋戦略 $\omega \in \Omega$ に対し定義された関数 $g(\varphi, \omega)$ は，φ に関し凹であると

する。このとき，$g(\varphi,\omega)$ に関し単調増加で凹な関数 $F(g(\varphi,\omega))$ が支払関数であれば，$F(g(\varphi,\omega))$ に関する均衡解は，支払関数を $g(\varphi,\omega)$ とした均衡解と一致する。

【証明】 ミニマイザーの混合戦略 π に関する期待支払 $\sum_{\omega\in\Omega}\pi(\omega)F(g(\varphi,\omega))$ のマックスミニ最適化は，式 (11.31) のように

$$\max_{\varphi}\min_{\pi}\sum_{\omega\in\Omega}\pi(\omega)F(g(\varphi,\omega)) = \max_{\varphi}\min_{\omega}F(g(\varphi,\omega))$$
$$= F\left(\max_{\varphi}\min_{\omega}g(\varphi,\omega)\right) = F\left(\max_{\varphi}\min_{\pi}\sum_{\omega\in\Omega}\pi(\omega)g(\varphi,\omega)\right) \quad (11.32)$$

と変形でき，支払関数を $g(\varphi,\omega)$ と考えた場合の期待支払をマックスミニ最適化することと本質的に同じである。

つぎにミニマックス最適化を考える。$F(x)$ の凹性から

$$\sum_{\omega\in\Omega}\pi(\omega)F(g(\varphi,\omega)) \leq F\left(\sum_{\omega\in\Omega}\pi(\omega)g(\varphi,\omega)\right)$$

が成り立つ。したがって

$$\min_{\pi}\max_{\varphi}\sum_{\omega\in\Omega}\pi(\omega)F(g(\varphi,\omega)) \leq \min_{\pi}\max_{\varphi}F\left(\sum_{\omega\in\Omega}\pi(\omega)g(\varphi,\omega)\right)$$
$$= F\left(\min_{\pi}\max_{\varphi}\sum_{\omega\in\Omega}\pi(\omega)g(\varphi,\omega)\right) \quad (11.33)$$

となる。ところで，マキシマイザーの連続戦略 φ に対し凹である支払関数 $g(\varphi,\omega)$ をもつゲームでは，マキシマイザーの純粋戦略を均衡解としてもつ。したがって

$$\max_{\varphi}\min_{\pi}\sum_{\omega\in\Omega}\pi(\omega)g(\varphi,\omega) = \min_{\pi}\max_{\varphi}\sum_{\omega\in\Omega}\pi(\omega)g(\varphi,\omega) \quad (11.34)$$

であり

$$F\left(\max_{\varphi}\min_{\pi}\sum_{\omega\in\Omega}\pi(\omega)g(\varphi,\omega)\right) = F\left(\min_{\pi}\max_{\varphi}\sum_{\omega\in\Omega}\pi(\omega)g(\varphi,\omega)\right) \quad (11.35)$$

が成立する。式 (11.33), (11.35) および (11.32) より

$$\min_{\pi}\max_{\varphi}\sum_{\omega\in\Omega}\pi(\omega)F(g(\varphi,\omega)) \leq F\left(\min_{\pi}\max_{\varphi}\sum_{\omega\in\Omega}\pi(\omega)g(\varphi,\omega)\right)$$

$$= F\left(\max_{\varphi} \min_{\pi} \sum_{\omega \in \Omega} \pi(\omega) g(\varphi, \omega)\right) = \max_{\varphi} \min_{\pi} \sum_{\omega \in \Omega} \pi(\omega) F(g(\varphi, \omega))$$

であるが，一般にミニマックス値はマックスミニ値以上となり

$$\max_{\varphi} \min_{\pi} \sum_{\omega \in \Omega} \pi(\omega) F(g(\varphi, \omega)) \leq \min_{\pi} \max_{\varphi} \sum_{\omega \in \Omega} \pi(\omega) F(g(\varphi, \omega))$$

であるから，期待支払に関するミニマックス値とマックスミニ値は一致し，定理は証明された。

$\diamondsuit$

式 (11.29) を支払関数とするもとの問題に戻る。式 (11.31) の最終式における $\max_{\varphi \in \Psi} \min_{\omega \in \Omega} g(\varphi, \omega)$ は，最終的に $\min_{\omega \in \Omega} g(\varphi, \omega)$ となる媒介変数 η を導入すれば，次式に定式化できる。

$$(P_S^P) \quad \max_{\eta, \varphi} \eta \tag{11.36}$$

$$\text{s.t.} \quad \sum_{t \in \widehat{T}} \alpha_{\omega(t)} \varphi(\omega(t), t) \geqq \eta, \ \omega \in \Omega \tag{11.37}$$

$$\sum_{i \in N} \varphi(i, t) = \Phi(t), \ t \in \widehat{T} \tag{11.38}$$

$$\varphi(i, t) \geqq 0, \ i \in N, \ t \in \widehat{T}$$

この線形計画問題を解けば，最適な捜索資源配分 φ^* を得る。変形式 (11.31) の最終式の意味と同じく，定式化 (P_S^P) の意味は明らかで，任意のパス ω をとる目標の探知確率は，時々刻々変化する目標位置に対応してうまく投入された資源に重み α_i を付けた効率的捜索資源総量 $g(\varphi, \omega)$ にのみ依存する。最適な捜索資源配分では，この効率的捜索資源総量が小さなパスがないように配分したものになっている。この問題の最適値 η^* を用いれば，ゲームの値である探知確率は $F(\eta^*) = 1 - \exp(-\eta^*)$ で与えられる。

つぎに，定理 11.2 に基づき，期待支払を $\sum_{\omega \in \Omega} \pi(\omega) g(\varphi, \omega)$ として，このミニマックス最適化を行おう。まず，事前処理としてつぎの変形をしておく。

$$\sum_{\omega \in \Omega} \pi(\omega) g(\varphi, \omega) = \sum_{\omega \in \Omega} \pi(\omega) \sum_{t \in \widehat{T}} \alpha_{\omega(t)} \varphi(\omega(t), t)$$

$$= \sum_{t \in \widehat{T}} \sum_{i \in N} \sum_{\omega \in \Omega} \pi(\omega) \delta_{i\omega(t)} \alpha_i \varphi(i,t) = \sum_{t \in \widehat{T}} \sum_{i \in N} \left(\sum_{\omega \in \Omega_{it}} \pi(\omega) \right) \alpha_i \varphi(i,t)$$

δ_{ij} はクロネッカーのデルタ $\delta_{ij} \equiv \{1\ (i=j\ の場合),\ 0\ (i \neq j\ の場合)\}$ であり，Ω_{it} は $\Omega_{it} \equiv \{\omega \in \Omega | \omega(t) = i\}$ で定義され，時点 t にセル i を通るパス群を意味する．上の変形は，各パスの各時点での通過セルに関する和を，各時点において各セルを通過するパスに関する和に変えたものである．上式の期待支払の最大化はつぎのようになる．

$$\max_{\varphi \in \Psi} \sum_{t \in \widehat{T}} \sum_{i \in N} \left(\sum_{\omega \in \Omega_{it}} \pi(\omega) \right) \alpha_i \varphi(i,t) = \sum_{t \in \widehat{T}} \Phi(t) \max_{i \in N} \left(\alpha_i \sum_{\omega \in \Omega_{it}} \pi(\omega) \right)$$

この変形は，各時点 t ごとに資源総量 $\Phi(t)$ のみが課される条件下での $\{\varphi(i,t), i \in N\}$ の線形式に関する最大化によるもので，式 (11.31) における第二式から第三式への変形と本質的に同じものである．最後に，上式の π に関する最小化を，最終的に $\max_{i \in N} \left(\alpha_i \sum_{\omega \in \Omega_{it}} \pi(\omega) \right)$ を与える媒介変数 $\nu(t)$ を導入して定式化すれば次式を得る．

$$(D_T^P) \quad \min_{\nu, \pi} \sum_{t \in \widehat{T}} \Phi(t) \nu(t)$$

$$\text{s.t.} \quad \alpha_i \sum_{\omega \in \Omega_{it}} \pi(\omega) \leqq \nu(t),\ i \in N,\ t \in \widehat{T} \qquad (11.39)$$

$$\sum_{\omega \in \Omega} \pi(\omega) = 1$$

$$\pi(\omega) \geqq 0,\ \omega \in \Omega$$

条件式 (11.39) 左辺は，時点 t，セル i での目標存在確率に探知効率 α_i を掛けた値であり，いわば (i,t) での期待探知効率であり，これが大きいほどここに投入する単位搜索資源量の探知効率が高くなる．したがって目標は，条件式 (11.39) により各時点 t での期待探知効率を抑え，使用可能資源量 $\Phi(t)$ も考慮した全時点での探知効率的な搜索資源総量を示す目的関数をできるだけ小さくするように $\{\pi(\omega)\}$ を選択する．それがこの定式化の意味するところである．

問題 (P_S^P) の最適値であるマックスミニ値と問題 (D_T^P) からのミニマックス値が一致することは述べたが，問題 (P_S^P) と問題 (D_T^P) が双対の関係にあり，その最適値が一致することも容易に確認できる．条件式 (11.37) に双対変数 $\pi(\omega)$ を，条件式 (11.38) に $\nu(t)$ を対応させれば，定式化 (D_T^P) と同じ双対問題が得られる．

11.2.2 目標のマルコフ移動を用いた均衡解

これまでと同じく，捜索者の戦略は捜索資源投入計画 $\varphi = \{\varphi(i,t), i \in \boldsymbol{N}, t \in \widehat{\boldsymbol{T}}\}$ で表す．また 11.2.1 項でも証明したように，ゲームの期待支払を当初の期待探知確率でなく，次式の期待有効資源量としても均衡解は変わらない．

$$\sum_{\omega \in \Omega} \pi(\omega) g(\varphi, \omega) = \sum_{\omega \in \Omega} \pi(\omega) \sum_{t \in \widehat{\boldsymbol{T}}} \alpha_{\omega(t)} \varphi(\omega(t), t)$$

目標のマルコフ移動とは，目標の現在の状態のみに依存してつぎの移動セルを決める移動法である．このモデルでの目標状態は，時点 t，存在セル i および所有エネルギー e の組 (i,t,e) で表すことができるから，まず，11.2.1 項で述べた目標パスと目標状態との関係を示しておく．それは前提 M2 の移動制約から，つぎのようになる．ただし，$e(t)$ を時点 t での保有エネルギーとする．

初期位置制約： $\omega(1) \in S_0$ \hfill (11.40)

初期エネルギー制約： $e(1) = e_0$ \hfill (11.41)

隣接セル制約： $\omega(t+1) \in N(\omega(t), t), \ t = 1, \cdots, T-1$ \hfill (11.42)

移動エネルギー制約：

$\mu(\omega(t), \omega(t+1)) \leqq e(t), \ t = 1, \cdots, T-1$ \hfill (11.43)

$e(t+1) = e(t) - \mu(\omega(t), \omega(t+1)), \ t = 1, \cdots, T-1$ \hfill (11.44)

いま定式化の便宜上，エネルギー消費関数 $\mu(i,j)$ および初期エネルギー e_0 は非負整数値をとるとし，考えられるエネルギー状態全体を $\boldsymbol{E} = \{0, \cdots, e_0\}$ で表す．これは，エネルギー量が有理数で扱えるならば，最小公倍数を掛ける

ことで整数化できるからである。

目標の移動制約式 (11.42), (11.43) より, 状態 (i,t,e) からつぎの時点 $t+1$ で移動可能なセル群は $N(i,t,e) = \{j \in N(i,t) | \mu(i,j) \leqq e\}$ であり, 状態 (i,t,e) へ移動可能な前の時点 $t-1$ でのセル群は $N^*(i,t,e) = \{j \in \boldsymbol{N} | i \in N(j,t-1,e+\mu(j,i))\}$ である。

ここでは, 時々刻々の目標状態をイベントの生起と関連付けるため, 9.1.1項と同様, 各時点 $t=1,\cdots,T$ の最初と最後を期首, 期末と呼んで区別する。前時点 $t-1$ の期末から時点 t の期首にかけてエネルギーを消費して移動してきた目標は, この時点 t の間は同じセルに, 同じ所有エネルギーをもって存在する。時点 t が $t \geqq \tau$ であれば, 期首から期末の間に資源配分 $\{\varphi(i,t), i \in \boldsymbol{N}\}$ による捜索が実施され, 期末から次時点 $t+1$ の期首にかけてエネルギー消費を伴って目標移動が行われる。時点 $t<\tau$ では捜索は行われないから, 期首でのセルへの到着と期末におけるつぎのセルへの移動があるのみである。最終時点 T では, 捜索実施後の期末でこれまでの目標パス上に累積された有効資源量が確定してゲームは終了となる。

以上の目標状態の定義のもとに, 目標の移動戦略を $\boldsymbol{v} \equiv \{v(i,j,t,e), i,j \in \boldsymbol{N}, t \in \{1,\cdots,T-1\}, e \in \boldsymbol{E}\}$ で定義する。これは, 目標が時点 t, セル i および所有エネルギー e の状態 (i,t,e) となり, かつつぎの時点 $t+1$ でセル j に移動する確率を表す。このように, 過去の移動には関係なく現在の状態のみによってつぎの移動セルを決定する戦略は, **マルコフ移動戦略**（Markovian movement strategy）と呼ばれる。状態 (i,t,e) に目標が存在する確率を $q(i,t,e)$ で表せば, 移動制約式 (11.40)〜(11.44) とマルコフ移動戦略との関係式は, 次式で与えられる。

$$q(i,t,e) = \sum_{j \in N(i,t,e)} v(i,j,t,e), \ i \in \boldsymbol{N}, \ t=1,\cdots,T-1, \ e \in \boldsymbol{E}$$

$$q(i,t,e) = \sum_{j \in N^*(i,t,e)} v(j,i,t-1,e+\mu(j,i)), \ i \in \boldsymbol{N}, t=2,\cdots,T, e \in \boldsymbol{E}$$

11.2 移動目標に関する捜索ゲーム

$$\sum_{i \in S_0} q(i, 1, e_0) = 1$$

$$\sum_{i \in N} \sum_{e \in E} q(i, t, e) = 1, \ t \in \boldsymbol{T}$$

第一の条件式は存在確率が次時点で移動確率として流出すること，第二式は逆に前時点での移動確率が流入して存在確率となることを意味する。第三式は，時点 $t = 1$ での初期セル群 S_0 と初期エネルギー e_0 の条件である。第四式は，任意の時点で，目標はいずれかのセル，いずれかのエネルギーをもって存在することを意味する。

これから提案しようとする解法は，目標のマルコフ移動戦略を用いた動的計画法である。そのため，時点 $t(\geqq \tau)$ の期首以降の最適捜索資源配分による期待有効資源量の最大値を $h(t)$ と書く。$t \leqq T - 1$ であれば，$h(t)$ と $h(t+1)$ との漸化式をつぎのように作ることができる。

$$h(t) = \max_{\varphi} \left\{ \sum_{i \in \boldsymbol{N}} \alpha_i \varphi(i, t) \sum_{e \in \boldsymbol{E}} q(i, t, e) + h(t+1) \right\}$$

$$= \Phi(t) \max_{i \in \boldsymbol{N}} \left(\alpha_i \sum_{e} q(i, t, e) \right) + h(t+1)$$

{ } 内の第一項は時点 t での期待有効資源量であり，第二項は $t+1$ 以降での最大期待有効資源量である。これにより，任意のセル i に対し不等式

$$h(t) \geqq \Phi(t) \alpha_i \sum_{e \in \boldsymbol{E}} q(i, t, e) + h(t+1) \tag{11.45}$$

が成立する。最終時点 T では次時点への移動はないから

$$h(T) = \max_{\varphi} \sum_{i \in \boldsymbol{N}} \alpha_i \varphi(i, T) \sum_{e \in \boldsymbol{E}} q(i, T, e) = \Phi(T) \max_{i \in \boldsymbol{N}} \alpha_i \sum_{e \in \boldsymbol{E}} q(i, T, e)$$

から，任意の $i \in \boldsymbol{N}$ に対し

$$h(T) \geqq \Phi(T) \alpha_i \sum_{e \in \boldsymbol{E}} q(i, T, e) \tag{11.46}$$

を得る。全時点における最大の期待有効資源量は $h(\tau)$ であるから，これを最小化するマルコフ移動が期待支払のミニマックス最適化を実現する目標の最適戦

略であり，次式で定式化される。

$(P_T^M) \quad \min_{h,q,v} h(\tau)$

s.t. $h(t) \geq \Phi(t)\alpha_i \sum_{e \in E} q(i,t,e) + h(t+1), \quad i \in \mathbf{N}, \ t = \tau, \cdots, T-1$
$\hspace{10cm} (11.47)$

$h(T) \geq \Phi(T)\alpha_i \sum_{e \in E} q(i,T,e), \ i \in \mathbf{N} \hspace{2cm} (11.48)$

$q(i,t,e) = \sum_{j \in N(i,t,e)} v(i,j,t,e), \quad i \in \mathbf{N}, \ t = 1, \cdots, T-1, \ e \in \mathbf{E}$

$q(i,t,e) = \sum_{j \in N^*(i,t,e)} v(j,i,t-1,e+\mu(j,i)),$
$\hspace{2cm} i \in \mathbf{N}, \ t = 2, \cdots, T, \ e \in \mathbf{E}$

$\sum_{i \in S_0} q(i,1,e_0) = 1$

$\sum_{i \in \mathbf{N}} \sum_{e \in \mathbf{E}} q(i,t,e) = 1, \ t \in \mathbf{T}$

$v(i,j,t,e) \geq 0, \ i,j \in \mathbf{N}, \ t = 1, \cdots, T-1, \ e \in \mathbf{E}$

この問題を解いて得られる $\{q^*(i,1,e_0), i \in S_0\}$ が目標の最適初期分布，$\boldsymbol{v}^* = \{v^*(i,j,t,e)\}$ が最適な移動戦略である。

つぎに，捜索者の最適資源配分 φ^* を求める定式化を行う。式 (11.31) の最終式は，パスに関する関数 g の最小値 $\min_\omega g(\varphi, \omega)$ を最大化する φ が最適捜索資源配分であることを示している。そこで，時点 t の期首での状態 (i,t,e) からスタートした目標が最適移動戦略をとることによる最小の有効資源量を $w(i,t,e)$ で定義しよう。捜索が行われる時点 $t \geq \tau$ では，有効資源量 $\alpha_i \varphi(i,t)$ が発生し，次時点 $t+1$ に確率 $v(i,j,t,e)$ でセル j に行けば，変化した状態 $(j,t+1,e-\mu(i,j))$ による最小有効資源量 $w(j,t+1,e-\mu(i,j))$ が生起するから，つぎの漸化式が成り立つ。

$$w(i,t,e) = \alpha_i \varphi(i,t) + \min_{j \in N(i,t,e)} w(j,t+1,e-\mu(i,j)) \hspace{1cm} (11.49)$$

捜索が行われない時点 $t < \tau$ では，目標は最小有効資源量を実現するセルに移

動するだけであり

$$w(i,t,e) = \min_{j \in N(i,t,e)} w(j, t+1, e - \mu(i,j)) \tag{11.50}$$

が成り立つ．上記二つの漸化式から，不等式

$$w(i,t,e) \leq \alpha_i \varphi(i,t) + w(j, t+1, e - \mu(i,j)),$$
$$j \in N(i,t,e),\ t = \tau, \cdots, T-1$$
$$w(i,t,e) \leq w(j, t+1, e - \mu(i,j)),\ j \in N(i,t,e),\ t = 1, \cdots, \tau-1$$

を得る．もちろん，最終時点 T では

$$w(i,T,e) = \alpha_i \varphi(i,T)$$

である．捜索者は，初期状態 $\{(i,1,e_0),\ i \in S_0\}$ から出発する目標による最小有効資源量 $\min_{i \in S_0} w(i,1,e_0)$ を最大にするマックスミニ最適化を実現する捜索資源配分をとるべきであり，その導出は次式で定式化できる．

$(D_S^M)\quad \max\ \xi$

s.t. $w(i,1,e_0) \geq \xi,\ i \in S_0$

$w(i,1,e) = 0,\ i \in \boldsymbol{N},\ e \in \boldsymbol{E} \setminus \{e_0\}$

$w(i,1,e) = 0,\ i \in \boldsymbol{N} \setminus S_0,\ e \in \boldsymbol{E}$ (11.51)

$w(i,t,e) \leq w(j, t+1, e - \mu(i,j)),$
$\quad i \in \boldsymbol{N},\ j \in N(i,t,e),\ t = 1, \cdots, \tau-1,\ e \in \boldsymbol{E}$ (11.52)

$w(i,t,e) \leq \alpha_i \varphi(i,t) + w(j, t+1, e - \mu(i,j)),$
$\quad i \in \boldsymbol{N},\ j \in N(i,t,e),\ t = \tau, \cdots, T-1,\ e \in \boldsymbol{E}$ (11.53)

$w(i,T,e) = \alpha_i \varphi(i,T),\ i \in \boldsymbol{N},\ e \in \boldsymbol{E}$ (11.54)

$\sum_{i \in \boldsymbol{N}} \varphi(i,t) = \Phi(t),\ t = \tau, \cdots, T$ (11.55)

$\varphi(i,t) \geq 0,\ i \in \boldsymbol{N},\ t = \tau, \cdots, T$ (11.56)

以上で目標のマルコフ移動戦略を用いた定式化が終了したが，この定式化で必要とするメモリーサイズは，変数 $v(i,j,t,e)$ の保持に必要な $O(n^2 T e_0)$ が最大であるのに比較し，11.2.1 項で提案したパス型移動戦略の解法では目標パスの数が最大で $O(n^T)$ となりうるから，表面上はマルコフ移動型の定式化が有用に思える．しかし，これは初期エネルギー量や移動によるエネルギー消費などのエネルギー空間を非負整数空間としたためであり，もしこれを実数値空間で考えざるをえない場合はその有用性は失われる．

11.2.1 項の目標のパス型移動による解法では，事前準備として，目標移動に関する制約を考慮して目標のパス群 Ω をあらかじめ羅列する必要がある．一方，マルコフ移動による解法では，その状況設定を定式化の中に直接組み込むことが可能である．つぎがその一例である．

(1) 目標の移動エネルギー制約のない場合　例えば，対象目標が原子力駆動潜水艦のように，移動エネルギーが移動の制約とならない場合がある．この場合，エネルギー状態を省いた目標状態 (i,t) により定式化におけるさまざまな特性量を置き換えればよく，$q(i,t)$ や $v(i,j,t)$，あるいは $N(i,t)$ や $N^*(i,t)$ を使うことになる．

さらに，探知効率 α_i がどのセルでも同じ値をもつケースであれば，初期セル群 S_0 から出発した目標は，各時点 t で隣接セル制約による移動可能なセル群に対し一様分布で移動セルを選択し，捜索者はそれらのセルへの資源を $\Phi(t)$ から均等配分するシンプルな戦略が最適であると証明できる．

(2) 目標が特定のセル，あるいは時点でエネルギー補充できる場合　エネルギー補充できるセル群 K_F，あるいは補充可能時点 T_F で一定のエネルギー e_F を補充できるとした場合，時点 t の期首における $q(i,t,e)$ ($i \in K_F$ または $t \in T_F$) を，期末では $q(i,t,e+e_F)$ と状態変換する式を加えればよい．

11.3 捜索ゲームに関するその他のモデル

11.2 節で述べた解法は，捜索で取り上げられるさまざまなモデルにも適用可能な一般性をもっている．ここでは，紙数の関係でこれまで述べなかったほかの捜索理論のテーマに簡単に触れる．

11.3.1 虚探知の発生する捜索

虚探知は，多くの探知センサーで避けることのできない事象である．真の目標に似たほかの物体の探知や，雑音など信号処理上で紛れ込んだ探知信号を受信することで虚探知は発生する．ここでは，11.2 節の移動目標に対する捜索ゲームの前提 M1～M4 に，虚探知が発生するつぎの前提 M5 を付加した捜索ゲームを考える[9]．

前提 M5： 捜索開始とともに虚探知事象が起こりうる．虚探知の発生は各時点において独立にたかだか1回生じ，その発生確率は捜索資源量に依存して増加する項と一定割合で起こる項からなり，捜索を実施した場合の時刻 t での虚探知発生確率は

$$\kappa_t \equiv \sum_{i \in N} \beta_i \varphi(i,t) + \gamma(t) \tag{11.57}$$

で与えられると仮定する．パラメータ β_i はセル i における単位捜索資源当りの虚探知発生率を表し，$\gamma(t)$ は投入捜索資源に依存せず定常的に起こる虚探知発生率を表す．β_i，$\gamma(t)$ はともに非負の定数であるが，それらは $\max_i \beta_i \, \Phi(t) + \gamma(t) < 1$ を満足するほど十分小さいものとする．虚探知が発生した場合，捜索者は虚探知の精密調査に時間を浪費し，捜索を再開できるのは時間 t_f 後であるとする．

11.2 節のモデルでは本来の支払は探知確率であったが，支払を目標の移動とともにタイミングよく目標位置に投入できる有効資源量に変更したゲームと本

質的に同じであったことから，後者を支払としてゲームを定式化した．本節の
モデルでも，有効資源量を支払としたゲームとする．

虚探知が発生すればそれ以降 t_f-1 の間捜索は実施されないため，ある時刻
において捜索が実施される確率はそれ以前における捜索資源投入に依存するこ
とになる．時刻 t における捜索実施可能な確率 $S(t)$ は以下のように計算でき
る．捜索開始時点 τ では捜索は必ず実施される．時刻 $t=\tau+1,\cdots,\tau+t_f-1$
における捜索は，それ以前の時刻 $[\tau,t-1]$ における捜索で虚探知が発生しない
場合に限り実施できる．また，時刻 $t=\tau+t_f,\cdots,T$ においては，その直前の
t_f-1 時間の間に虚探知があった場合のみ捜索は実施できない．その間の時刻
$\zeta \in [t-t_f+1,t-1]$ における虚探知発生事象はたがいに排反であり，その確
率は $S(\zeta)\kappa_\zeta$ で与えられる．以上をまとめると以下のようになる．

$$S(t) = \begin{cases} 1, \quad t=\tau \text{ の場合} \\ \prod_{\zeta=\tau}^{t-1}(1-\kappa_\zeta) = S(t-1)(1-\kappa_{t-1}), \\ \quad \tau+1 \leqq t \leqq \tau+t_f-1 \text{ の場合} \\ 1 - \sum_{\zeta=t-t_f+1}^{t-1} S(\zeta)\kappa_\zeta \\ = S(t-1)(1-\kappa_{t-1}) + S(t-t_f)\kappa_{t-t_f}, \\ \quad \tau+t_f \leqq t \leqq T \text{ の場合} \end{cases} \quad (11.58)$$

〔1〕 **目標の最適なマルコフ移動戦略**　11.2.2 項と同じ定義により，$h(t)$，
$q(i,t,e)$ および $v(i,j,t,e)$ を用いる．時刻 $t(\geqq \tau)$ でのセル i の捜索では $\alpha_i \varphi(i,t)$
$\sum_{e\in \boldsymbol{E}} q(i,t,e)$ の期待支払の増加を得るが，確率 κ_t で虚探知が発生すれば捜索は
$t+t_f$ にしか再開できず，それ以降の期待支払の最大は $h(t+t_f)$ である．また，
虚探知が発生しなければ $h(t+1)$ の期待支払が見込まれる．以上から，$h(t)$ に
関しては以下の漸化式が成り立つ．ただし，次式をすべての $t \in \widehat{\boldsymbol{T}}$ に適用でき
るようにするため，便宜上 $h(T+1)=\cdots=h(T+t_f)=0$ とする．

11.3 捜索ゲームに関するその他のモデル

$$
\begin{aligned}
h(t) &= \max_{\varphi \in \Psi} \left\{ \sum_{i \in \boldsymbol{N}} \alpha_i \varphi(i,t) \sum_{e \in \boldsymbol{E}} q(i,t,e) + (1-\kappa_t)h(t+1) + \kappa_t h(t+t_f) \right\} \\
&= \max_{\varphi \in \Psi} \left\{ \sum_i \varphi(i,t) \left(\alpha_i \sum_{e \in \boldsymbol{E}} q(i,t,e) - \beta_i h(t+1) + \beta_i h(t+t_f) \right) \right. \\
&\qquad\qquad \left. + (1-\gamma(t))h(t+1) + \gamma(t)h(t+t_f) \right\} \\
&= \Phi(t) \max_{i \in \boldsymbol{N}} \left\{ \alpha_i \sum_{e \in \boldsymbol{E}} q(i,t,e) - \beta_i h(t+1) + \beta_i h(t+t_f) \right\} \\
&\qquad\qquad + (1-\gamma(t))h(t+1) + \gamma(t)h(t+t_f) \\
&= \max_{i \in \boldsymbol{N}} \left\{ \Phi(t)\alpha_i \sum_{e \in \boldsymbol{E}} q(i,t,e) + (1 - \beta_i \Phi(t) - \gamma(t))h(t+1) \right. \\
&\qquad\qquad \left. + (\beta_i \Phi(t) + \gamma(t))h(t+t_f) \right\}
\end{aligned}
$$

したがって,任意のセル i に対してはつぎの不等式が成り立つ。

$$
\begin{aligned}
h(t) \geqq \Phi(t)\alpha_i \sum_{e \in \boldsymbol{E}} q(i,t,e) &+ (1 - \beta_i \Phi(t) - \gamma(t))h(t+1) \\
&+ (\beta_i \Phi(t) + \gamma(t))h(t+t_f)
\end{aligned}
$$

上の不等式を 11.2.2 項の問題 (P_T^M) の制約式 (11.47),(11.48) の代わりに用いれば,目標の最適なマルコフ移動戦略を求める線形計画問題が得られる。

〔2〕 **捜索者の最適捜索資源配分戦略** ここでも 11.2.2 項と同様,状態 (i,t,e) からスタートした目標の最適移動戦略による最小有効資源量として $w(i,t,e)$ を用いる。今回は虚探知発生により捜索投入ができない可能性を考慮すれば,式 (11.50) は変わらないが,式 (11.49) はつぎの漸化式に置き換えられる。

$$
w(i,t,e) = \min_{j \in N(i,t,e)} \{ S(t)\alpha_i \varphi(i,t) + w(j, t+1, e - \mu(i,j)) \} \quad (11.59)
$$

ただし,$w(i, T+1, e) = 0$ $(i \in \boldsymbol{N}, e \in \boldsymbol{E})$ である。

式 (11.57),(11.58) からわかるように,$S(t)$ は変数 φ の多項式となるため,

上式は取り扱いが難しい。そこで，時刻 t における捜索資源総量に対するセル i での投入資源量の割合に捜索実施可能確率を掛けた値

$$\eta(i,t) \equiv S(t)\frac{\varphi(i,t)}{\Phi(t)} \tag{11.60}$$

を用い，$\varphi(i,t)$ から $\eta(i,t)$ への変数変換を行うことにより，条件式を変数 η の一次式とすることを試みる。

まず，任意の $t \in \widehat{T}$ に対し次式が成り立つ。

$$\sum_{i \in \mathbf{N}} \eta(i,t) = \frac{S(t)}{\Phi(t)} \sum_i \varphi(i,t) = S(t) \tag{11.61}$$

ここで，$\eta(i,t)$ に関する漸化式を作るため式 (11.58) を用いよう。第一式により，$t = \tau$ については

$$\sum_i \eta(i,\tau) = 1 \tag{11.62}$$

である。$\tau+1 \leq t \leq \tau+t_f-1$ の時点 t においては，第二式を用いてつぎのような変形が可能である。

$$\begin{aligned}
\eta(i,t) &= \frac{\varphi(i,t)}{\Phi(t)} S(t-1)(1-\kappa_{t-1}) \\
&= \frac{\varphi(i,t)}{\Phi(t)} S(t-1)\left(1 - \gamma(t-1) - \sum_k \beta_k \varphi(k,t-1)\right) \\
&= \frac{\varphi(i,t)}{\Phi(t)} \left\{\sum_k \eta(k,t-1)(1-\gamma(t-1))\right. \\
&\qquad\qquad \left. - \sum_k \beta_k \Phi(t-1)\eta(k,t-1)\right\} \\
&= \frac{\varphi(i,t)}{\Phi(t)} \sum_k \left(1 - \beta_k \Phi(t-1) - \gamma(t-1)\right)\eta(k,t-1) \quad (11.63)
\end{aligned}$$

$\tau+t_f \leq t \leq T$ の場合には，上の変形と式 (11.58) の第三式から次式を得る。

$$\eta(i,t) = \frac{\varphi(i,t)}{\Phi(t)}\left\{S(t-1)(1-\kappa_{t-1}) + S(t-t_f)\kappa_{t-t_f}\right\}$$

$$= \frac{\varphi(i,t)}{\Phi(t)} \left\{ \sum_k \left(1 - \beta_k \Phi(t-1) - \gamma(t-1)\right) \eta(k, t-1) \right.$$
$$\left. + \sum_k \left(\beta_k \Phi(t-t_f) + \gamma(t-t_f)\right) \eta(k, t-t_f) \right\}$$
(11.64)

φ の実行可能性条件は $\varphi(i,t) \geqq 0$ および $\sum_i \varphi(i,t) = \Phi(t)$ であるが,式 (11.63) および (11.64) の両辺を $i \in \boldsymbol{N}$ について総和をとることにより, $\eta(i,t)$ に関する実行可能性条件をつぎのように導くことができる。

$$\eta(i,t) \geqq 0, \ i \in \boldsymbol{N}, \ \tau \leqq t \leqq T \tag{11.65}$$

$$\sum_i \eta(i,t) = \begin{cases} 1, \quad t = \tau \text{ の場合} \\ \sum_i \left(1 - \beta_i \Phi(t-1) - \gamma(t-1)\right) \eta(i,t-1), \\ \qquad \tau+1 \leqq t \leqq \tau+t_f-1 \text{ の場合} \\ \sum_i \left(1 - \beta_i \Phi(t-1) - \gamma(t-1)\right) \eta(i,t-1) \\ \quad + \sum_i \left(\beta_i \Phi(t-t_f) + \gamma(t-t_f)\right) \eta(i,t-t_f), \\ \qquad \tau+t_f \leqq t \leqq T \text{ の場合} \end{cases} \tag{11.66}$$

以上により,変数 $\varphi(i,t)$ を $\eta(i,t)$ に置き換えることができた。時点 $t(\geqq \tau)$ での漸化式 (11.59) は

$$w(i,t,e) = \min_{j \in N(i,t,e)} \left\{ \alpha_i \Phi(t) \eta(i,t) + w(j, t+1, e - \mu(i,j)) \right\}$$

となり,全体ではつぎの関係が成り立つ。

$$\begin{aligned} & w(i,t,e) \\ & \leqq \begin{cases} w(j, t+1, e - \mu(i,j)), \\ \quad i \in \boldsymbol{N}, \ j \in N(i,t,e), \ t = 1, \cdots, \tau-1 \\ \alpha_i \Phi(t) \eta(i,t) + w(j, t+1, e - \mu(i,j)), \\ \quad i \in \boldsymbol{N}, \ j \in N(i,t,e), \ t = \tau, \cdots T-1 \end{cases} \end{aligned} \tag{11.67}$$

$$w(i,T,e) = \alpha_i \Phi(T) \eta(i,T) \tag{11.68}$$

11.2.2項における問題 (D_S^M) の変数 φ を η で置き換え，条件式 (11.52)〜(11.54) を式 (11.67)，(11.68) で，条件式 (11.55)，(11.56) を式 (11.66)，(11.65) で置換すれば，捜索資源配分 φ の変換量 η の最適解を求める定式化が完成する．

11.3.2 多段階の捜索ゲーム

対潜戦においては，目標存在の兆候や虚探知のコンタクト情報からはじまる捜索活動は，コンタクトの失探知と再探知による捜索の繰り返しの中で推移する．ここでは，つぎのように繰り返される多段階の捜索ゲームを考える[10]．

前提 S1：離散捜索時点 $\boldsymbol{T} = \{0, 1, \cdots, T\}$ での多段階ゲームを考える．便宜上，捜索終了時刻を $t = 0$ とし，残り時点数 $t \in \boldsymbol{T}$ によりステージ数を表す．地理空間は離散的なセル空間 $\boldsymbol{N} = \{1, \cdots, n\}$ とする．

前提 S2：捜索者は，総捜索コスト制約下で捜索資源を各セルに投入し目標を探知することに努め，目標は，移動制約のもとでセル間を移動することにより捜索者の探知を逃れようとする．捜索者は初期の捜索コストとして C_0 を使用でき，目標の初期エネルギーを e_0 とする．

　目標の移動および捜索者による捜索は，つぎのように，各ステージ $t \in \boldsymbol{T}$ で 1 回行われる．

(1) 各ステージ t の期首において，捜索者は目標の現に存在するセル k と残存エネルギー量を知ることができる．一方，目標は捜索者の残りの捜索コストを知ることができる．

(2) その後，目標はセル k からほかのセルへ確率的に移動する．その際の移動制約は，現在のセル k からつぎに移動できるセル群 $N(k,t) \subseteq \boldsymbol{N}$ の隣接セル制約，セル i, j 間の移動エネルギー $\mu(i,j)$ の消費制約，および現有エネルギー以内でのみ移動可能である移動エネルギー制約がある．ただし，$\mu(i,j) > 0 (i \neq j)$ および $\mu(k,k) = 0$ であり，所有エネルギーがゼロとなっても

現在セルに滞在し続けることができる。

(3) 一方,捜索者は,目標移動は知らず手持ちの残り捜索コスト内で各セルへの配分資源量を決定する。セル i への投入コストは単位資源量当り $c_i > 0$ である。

(4) 目標がセル i に移動した場合,そこに投入された捜索資源量 x により,捜索者は目標を確率 $1 - q_i(x)$ で探知できる。この非探知関数 $q_i(x)$ は,x に対し微分可能で単調減少する狭義凸関数であり,$q_i(0) = 1, \lim_{x \to \infty} q_i(x) = q_i^\infty \geqq 0$ である。さらに,$\log q_i(x)$ も凸関数とする。

(5) 捜索により目標が探知された場合,捜索者は利得 1 を得,目標は同量を失い捜索は終了する。

(6) ステージ t で目標探知が生起しなければ,つぎのステージ $t-1$ へ進む。

前提 S3:目標が探知された時点,または最終ステージ $t = 0$ に到達した場合に捜索は終了する。捜索者はこの多段ゲームのマキシマイザーとして,目標はミニマイザーとして行動する。

このゲームの支払は探知確率であり,各ステージで目標が探知されなければつぎのステージに移行する確率ゲームである。このゲームの定式化をプレイヤーの戦略を定義することからはじめよう。目標の移動制約から,現在のセル k から移動可能なセル群は $N(k,t,e) \equiv \{j \in N(k,t) | \mu(k,j) \leqq e\}$ で表される。ステージ t で初期セル k にいて残存エネルギー e をもつ目標がセル i に移動する確率を $p_t(k,e;i)$ で定義する。この混合戦略 $p_t = (p_t(k,e;i), i \in \boldsymbol{N})$ の実行可能領域は,次式で与えられる。

$$P_t(k,e) = \left\{ p_t \middle| \sum_{i \in N(k,t,e)} p_t(k,e;i) = 1, \ p_t(k,e;i) \geqq 0, \ i \in \boldsymbol{N}, \right.$$
$$\left. p_t(k,e;i) = 0, \ i \in \boldsymbol{N} \backslash N(k,t,e) \right\} \quad (11.69)$$

一方の捜索者の戦略として、残りコスト C をもつ捜索者のステージ t でのセル i への投入資源量を $\varphi(i,t)$ とする戦略 $\varphi_t = \{\varphi(i,t), i \in \boldsymbol{N}\}$ で表せば、その実行可能領域は次式で与えられる。

$$\Psi_t(C) = \left\{ \varphi \,\middle|\, \sum_{j \in N(k,t,e)} c_j \varphi(j,t) \leqq C, \ \varphi(j,t) \geqq 0, \ j \in \boldsymbol{N}, \right.$$
$$\left. \varphi(j,t) = 0, \ j \in \boldsymbol{N} \backslash N(k,t,e) \right\} \qquad (11.70)$$

ステージ t において残存エネルギー e をもってセル k に存在する目標と、捜索コスト C をもつ捜索者によるこの時点以降のゲームに均衡解が存在すると仮定して、ゲームの値を $v_t(k,e,C)$ と置く。目標が確率 $p_t(k,e;i)$ でセル i に移動した場合、捜索者の資源投入 $\varphi(i,t)$ により確率 $1-q_i(\varphi(i,t))$ で目標は探知され、探知されなければつぎのステージへ移行し、セル i に残存エネルギー $e-\mu(k,i)$ をもつ目標と、残りコスト $D = C - \sum_{j \in \boldsymbol{N}} c_j \varphi(j,t)$ をもつ捜索者がプレイをするステージ $t-1$ のゲームへと遷移する。すなわち、状態 (t,k,e,C) のゲームは、$i \in N(k,t,e)$ に対し確率 $p_t(k,e;i)q_i(\varphi(i,t))$ で状態 $(t-1,i,e-\mu(k,i),D)$ のゲームに移行し、確率 $\sum_{i \in N(k,t,e)} p_t(k,e;i)(1-q_i(\varphi(i,t))) < 1$ でゲームが終了する確率ゲームである。

このような多段階の確率ゲームにおけるゲームの値は、ゲームの遷移の法則に従って出現するゲームをゲームの値で置き換えることにより、逐次的に計算される。以上から、その存在を仮定したゲームの値 $v_t(k,e,C)$ はつぎの漸化式を満足する。

$$v_t(k,e,C)$$
$$= \max_{\varphi_t \in \Psi_t(C)} \min_{p_t \in P_t(k,e)} \sum_{i \in N(k,t,e)} p_t(k,e;i) \Big\{ (1-q_i(\varphi(i,t)))$$
$$+ q_i(\varphi(i,t)) v_{t-1}\left(i, e-\mu(k,i), C - \sum_{j \in N(k,t,e)} c_j \varphi(j,t)\right) \Big\}$$
$$= 1 - \min_{\varphi_t \in \Psi_t(C)} \max_{p_t \in P_t(k,e)} \sum_{i \in N(k,t,e)} p_t(k,e;i)$$
$$\times \left\{ 1 - v_{t-1}\left(i, e-\mu(k,i), C - \sum_j c_j \varphi(j,t)\right) \right\} q_i(\varphi(i,t))$$

ここで $v_t(k,e,C)$ の代わりに $h_t(k,e,C) \equiv 1 - v_t(k,e,C)$ を用いると，上の漸化式は次式のように簡便な漸化式となる．

$$h_t(k,e,C) = \min_{\varphi_t \in \Psi_t(C)} \max_{p_t \in P_t(k,e)} \sum_{i \in N(k,t,e)} p_t(k,e;i)$$
$$\times h_{t-1}\left(i, e - \mu(k,i), C - \sum_j c_j \varphi(j,t)\right) q_i(\varphi(i,t))$$

$h_t(k,e,C)$ は状態 (k,e,C) 以降における均衡の非探知確率を意味する．さらに，捜索者の戦略に関する最適化 $\min_{\varphi_t}$ を，ステージ t で使用するコスト C' を与えた $C' = \sum_j c_j \varphi(j,t)$ の制約下での資源配分の最適化と，この C' を残りコスト C の範囲内で最適化する二つの最適化に分け

$$h_t(k,e,C) = \min_{0 \leq C' \leq C} \min_{\varphi_t \in \widehat{\Psi}_t(C')} \max_{p_t \in P_t(k,e)} \sum_{i \in N(k,t,e)} p_t(k,e;i)$$
$$\times h_{t-1}(i, e - \mu(k,i), C - C') q_i(\varphi(i,t)) \qquad (11.71)$$

とすれば，さらにわかりやすい式となる．ただし，$\widehat{\Psi}_t(C')$ は次式で定義される．

$$\widehat{\Psi}_t(C') \equiv \left\{ \varphi \,\middle|\, \sum_{j \in N(k,t,e)} c_j \varphi(j,t) = C',\ \varphi(j,t) \geq 0,\ j \in \boldsymbol{N}, \right.$$
$$\left. \varphi(j,t) = 0,\ j \in \boldsymbol{N} \backslash N(k,t,e) \right\} \qquad (11.72)$$

式 (11.71) の $\min_{\varphi_t}$ 以下のミニマックス最適化の均衡解は，式 (11.3) の期待支払に関する最適化問題ですでに導出されている．すなわち，その均衡解を与える式 (11.19)，(11.22) および (11.23) において，p_i を $p_t(k,e;i)$ に，β_i を $h_{t-1}(i, e-\mu(k,i), C-C')$ に，$q_i(\varphi_i)$ を $q_i(\varphi(i,t))$ に置き換えてやればよい．そうすれば，ステージ t での均衡解は，$h_{t-1}(\cdot)$ が既知のもとでつぎのように得られる．

$$A_t(k,e,C,C';\rho) \equiv \{i \in N(k,t,e) | \rho \leq h_{t-1}(i, e-\mu(k,i), C-C')\}$$

ここで，つぎの方程式

$$\sum_{i \in A_t(k,e,C,C';\rho)} c_i q_i^{-1}\left(\frac{\rho}{h_{t-1}(i, e-\mu(k,i), C-C')}\right) = C' \quad (11.73)$$

の解を $\rho = \rho_t(k,e,C,C')$ と置けば，式 (11.71) より，次式を評価して最適値が得られる．

$$h_t(k,e,C) = \rho_t(k,e,C,C'^*) = \min_{0 \leq C' \leq C} \rho_t(k,e,C,C') \quad (11.74)$$

このとき，$\rho_t^* = h_t(k,e,C)$ と置けば，ステージ t での最適解 φ_t^*，$\boldsymbol{p}_t^*$ は次式で与えられる．

$$\varphi^*(i,t) = \begin{cases} q_i^{-1}\left(\dfrac{\rho_t^*}{h_{t-1}(i,e-\mu(k,i),C-C'^*)}\right), & i \in A_t(k,e,C,C'^*;\rho_t^*) \\ 0, & i \notin A_t(k,e,C,C'^*;\rho_t^*) \end{cases}$$
(11.75)

$$p_t^*(k,e;i) = \begin{cases} \dfrac{c_i/h_{t-1}(i,e-\mu(k,i),C-C'^*)/q_i'(\varphi^*(i,t))}{\displaystyle\sum_{j \in A_t(k,e,C,C'^*;\rho_t^*)} c_j/h_{t-1}(j,e-\mu(k,j),C-C'^*)/q_j'(\varphi^*(j,t))}, \\ \qquad\qquad i \in A_t(k,e,C,C'^*;\rho_t^*) \\ 0, \qquad\qquad i \notin A_t(k,e,C,C'^*;\rho_t^*) \end{cases}$$
(11.76)

ちなみに，特殊ケースである $t=0$ や $C=0$ の条件下では目標が探知されることは決してない．またエネルギー $e=0$ の目標は現在セル k に居続けるしかなく，それを知る捜索者は，使用可能な捜索コスト C を残りステージ数 t で等分割し，資源量 $C/(tc_k)$ を各ステージで投入する捜索を行う．なぜなら，この資源投入法が，全ステージでの非探知確率の対数を最小化する問題

$$\min_{x_1,\cdots,x_t}\left\{\log\prod_{\tau=1}^{t} q_k(x_\tau) \,\Bigg|\, \sum_{\tau=1}^{t} x_\tau = \frac{C}{c_k},\ x_\tau \geq 0,\ \tau = 1,\cdots,t\right\}$$

の最適解であるからである．以上の三つの特殊ケースでは次式が成り立つ．

$$h_0(k, e, C) = 1 \tag{11.77}$$

$$h_t(k, e, 0) = 1 \tag{11.78}$$

$$h_t(k, 0, C) = \left\{ q_k \left(\frac{C}{tc_k} \right) \right\}^t \tag{11.79}$$

この多段捜索ゲームは，$t = 0$ のときの初期条件式 (11.77) からはじめて，$t = 1, 2, \cdots, T$ としながら，式 (11.73)～(11.76) を利用して各ステージの均衡解を求めていけばよい．実際の時間はステージ $t = T, \cdots, 1, 0$ と推移していくが，ゲームを逆に解いていくことはこれまでと同じである．

11.3.3 目標の初期位置が個人情報である情報不完備捜索ゲーム

これまで，静止目標や移動目標に対するいくつかの捜索ゲームを解いてきた．そこでは，自明であるため明示していなかったが，モデルの前提は共有知識としてすべてのプレイヤーが知っている情報完備な状況を仮定していた．本項では，情報不完備な捜索ゲームを取り上げる[11]．ゲーム理論の分野でも情報はきわめて重要であると認識され，1960 年代後半からはハルサニ[12]による理論開発が進められたが，10.5 節の情報不完備ゲームの内容は彼の寄与による．

捜索活動開始の意思決定は捜索者に依存する場合がほとんどであろう．通常は，捜索対象の目標存在に関するなんらかの兆候を掴んで捜索をはじめる．その場合，捜索開始時点における目標の初期位置は，目標の選択に委ねられるものではなく，いわば自然が決める偶然として目標に与えられると考えた方がよい．もちろん，自らの初期位置であるから目標自身はこれを知っているが，捜索者には暴露されていない．目標の初期位置情報をめぐるこのような捜索状況は，初期位置を目標の個人情報とする情報不完備ゲームによるモデルがうまく適合する．一方，11.2 節で述べた捜索ゲームでは移動目標は自らの初期位置をセル群 S_0 の中から選択できる設定がなされていたが，これは捜索開始時点を目標があらかじめ知っており，それに備えることができると想定していたからである．

初期位置を個人情報とする捜索ゲームのモデルは，11.2 節での前提 M1～M4

の中で，目標移動に関する前提 M2 をつぎにより置き換えたものである．

前提 M2′：自然は，目標の初期位置を確率分布 $\{p(k), k \in S_0\}$ （ただし，$S_0 \subseteq \boldsymbol{N}$ および $\sum_{k \in S_0} p(k) = 1$）によって決定する．目標，捜索者ともにこの分布を知っている．

目標はその初期位置 k から捜索空間上を時間とともに移動するが，その移動にはつぎの制約がある．まず，時点 t にセル i から次時点 $t+1$ で移動可能なセル群を $N(i,t)$ とする．また，セル i からセル j への移動にはエネルギー $\mu(i,j)$ を消費する．目標が初期時点で保有するエネルギーを e_0 とし，残存エネルギーがなくなれば目標は現在地点から移動できない．

初期位置 k から出発する上の制約を満たす目標パス群を P_k とし，目標はその一つを選んで移動する．移動パス $\omega \in P_k$ による時点 $t \in \boldsymbol{T}$ での目標存在セルを $\omega(t) \in \boldsymbol{N}$ で表す．

初期位置が k である目標をタイプ k の目標と呼称しよう．捜索者の戦略は，11.2 節の前提 M3 で定義した $\varphi = \{\varphi(i,t), i \in \boldsymbol{N}, t \in \widehat{\boldsymbol{T}}\}$ であり，その実行可能領域は式 (11.27) の Ψ で与えられる．目標の戦略はタイプによって異なり，タイプ k の目標の純粋戦略はパス群 P_k から一つのパスを選ぶことであるが，ここでも混合戦略 $\pi_k = (\pi_k(\omega), \omega \in P_k)$ をとるとしよう．$\pi_k(\omega)$ はパス ω を選択する確率である．π_k の実行可能性領域は次式で与えられる．

$$\Pi_k \equiv \left\{ \pi_k \middle| \sum_{\omega \in P_k} \pi_k(\omega) = 1, \ \pi_k(\omega) \geqq 0, \ \omega \in P_k \right\} \tag{11.80}$$

また，$\pi = \{\pi_k, k \in S_0\}$ を全タイプの目標の戦略集合とする．

図 11.6 は，目標の初期位置が目標の個人情報となっている情報不完備な捜索ゲームのツリーを，10.4.1 項の図 10.5 のように描いた図である．目標のタイプ（初期位置）は確率分布 $\{p(k)\}$ によって自然が決め，その後，目標は自分のタイプ k を知ってパス $\omega \in P_k$ を決定し，捜索者は，目標タイプも目標パスも知ることなく捜索資源配分計画 φ を立てる．

11.3 捜索ゲームに関するその他のモデル

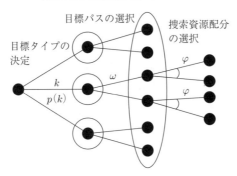

図 11.6 情報不完備捜索ゲームのツリー

捜索者の戦略 φ とタイプ k の目標戦略 $\omega \in P_k$ による支払関数である探知確率は，式 (11.29) と同じく

$$R_k(\varphi, \omega) = 1 - \exp\left(-\sum_{t \in \widehat{T}} \alpha_{\omega(t)} \varphi(\omega(t), t)\right)$$

で与えられ，混合戦略 π_k による期待探知確率は

$$R_k(\varphi, \pi_k) = \sum_{\omega \in P_k} \pi_k(\omega) R_k(\varphi, \omega)$$

$$= 1 - \sum_{\omega \in P_k} \pi_k(\omega) \exp\left(-\sum_{t \in \widehat{T}} \alpha_{\omega(t)} \varphi(\omega(t), t)\right) \quad (11.81)$$

となる。上式の R_k が，タイプ k の目標が小さくしたい評価尺度である。

一方，捜索者は目標の位置を存在分布 $\{p(k), k \in S_0\}$ で推測し，すべてのタイプの目標の戦略 $\pi \equiv \{\pi_k, k \in S_0\}$ を考慮したつぎの期待支払を最大化する。

$$R(\varphi, \pi) = \sum_{k \in S_0} p(k) R_k(\varphi, \pi_k)$$

$$= 1 - \sum_{k \in S_0} p(k) \sum_{\omega \in P_k} \pi_k(\omega) \exp\left(-\sum_{t \in \widehat{T}} \alpha_{\omega(t)} \varphi(\omega(t), t)\right) \quad (11.82)$$

両プレイヤーが戦略を決定する際の評価尺度、式 (11.81) および (11.82) は，一見異なって見える。しかし目標側は，自然が決める自らのタイプ k がどのよう

になっても対応できるように，すべての $k \in S_0$ に関する戦略 π_k をあらかじめ用意しておくというのが，情報不備ゲームでの考え方である．式 (11.82) からわかるように，期待支払 $R_k(\varphi, \pi_k)$ を最小にする各タイプ k の目標戦略 π_k は，結局は捜索者にとっての期待支払 $R(\varphi, \pi)$ を最小にすることになる．したがって，$R(\varphi, \pi)$ を共通の期待支払として，捜索者はマックスミニ戦略を採用し，目標はミニマックス戦略である $\pi = \{\pi_k, k \in S_0\}$ を準備しておくべきである．

〔1〕 **目標のパス型移動を用いた均衡解** 均衡解を求める手順は 11.2.1 項とまったく同じであるが，結果が問題 (P_S^P) や問題 (D_T^P) のようにシンプルな線形計画問題とはならないことが異なる．実際に，まずマックスミニ最適化を考えてみよう．実行可能条件式 (11.80) を考慮すれば，$\min_\pi R(\varphi, \pi)$ はつぎのように変形できる．

$$\min_\pi \sum_{k \in S_0} p(k) \sum_{\omega \in P_k} \pi_k(\omega) R_k(\varphi, \omega) = \sum_{k \in S_0} p(k) \min_{\omega \in P_k} R_k(\varphi, \omega)$$

$$= \sum_{k \in S_0} p(k) \min_{\omega \in P_k} \left\{ 1 - \exp\left(-\sum_{t \in \widehat{T}} \alpha_{\omega(t)} \varphi(\omega(t), t)\right) \right\} \quad (11.83)$$

これをさらに φ について最大化してマックスミニ値を求める問題は，次式に定式化できる．ただし，ν_k は，最終的に $\min_{\omega \in P_k} R_k(\varphi, \omega)$ を与える変数である．

$$(P_S^0) \quad D^* = \max_{\varphi, \nu} \sum_{k \in S_0} p(k) \nu_k$$

$$\text{s.t.} \quad 1 - \exp\left(-\sum_{t \in \widehat{T}} \alpha_{\omega(t)} \varphi(\omega(t), t)\right) \geq \nu_k, \ \omega \in P_k, \ k \in S_0$$

$$\varphi \in \Psi$$

$\nu_k < 1$ であるから，$\eta_k \equiv -\log(1-\nu_k)$，すなわち $\nu_k \equiv 1 - \exp(-\eta_k)$ の置き換えを行い，$\sum_k p(k) = 1$ に注意すれば，上の問題は次式となる．ただし，両者の最適値の関係は $D^* = 1 - ND^*$ であり，D^* は探知確率を支払とするゲームの値，ND^* は非探知確率を支払とするゲームの値である．

(P_S^U) $ND^* = \min\limits_{\varphi,\eta} \sum\limits_{k \in S_0} p(k) \exp(-\eta_k)$

s.t. $\sum\limits_{t \in \widehat{T}} \alpha_{\omega(t)} \varphi(\omega(t), t) \geqq \eta_k, \ \omega \in P_k, \ k \in S_0$ (11.84)

$\sum\limits_{i \in N} \varphi(i, t) = \Phi(t), \ t \in \widehat{T}$ (11.85)

$\varphi(i, t) \geqq 0, \ i \in N, \ t \in \widehat{T}$

この問題は凸計画問題であり,汎用的な数値解法により簡単に搜索者の最適戦略 φ^* を求めることができる.

つぎに目標の最適戦略 π^* を求めよう.そのために,各タイプ k の目標の最適戦略を考える.目標は,問題 (P_S^U) から得られる搜索者の最適戦略 φ^* を推定したうえで,次式による $R_k(\varphi^*, \pi_k)$ を最小化する π_k をとる.

$\min\limits_{\pi_k} R_k(\varphi^*, \pi_k) = \min\limits_{\pi_k} \sum\limits_{\omega \in P_k} \pi_k(\omega) R_k(\varphi^*, \omega) = \min\limits_{\omega \in P_k} R_k(\varphi^*, \omega)$

$= 1 - \exp\left(-\min\limits_{\omega \in P_k} \sum\limits_{t \in \widehat{T}} \alpha_{\omega(t)} \varphi^*(\omega(t), t)\right) = 1 - \exp(-v_k^*)$ (11.86)

ただし,v_k^* はつぎの値である.

$v_k^* = \min\limits_{\omega \in P_k} \sum\limits_{t \in \widehat{T}} \alpha_{\omega(t)} \varphi^*(\omega(t), t)$

上式と式 (11.84) との比較から,v_k^* は η_k の最適値 η_k^* であり,$1 - \exp(-\eta_k^*)$ がタイプ k の目標が実現できる最小の探知確率である.また,上式による有効資源量の最小値を与えるパスは $\Omega^{+k} \equiv \left\{\omega \in P_k \ \middle|\ \sum\limits_{t \in \widehat{T}} \alpha_{\omega(t)} \varphi^*(\omega(t), t) = \eta_k^*\right\}$ と定義され,式 (11.86) の変形からわかるように,最適な π_k では $\omega \notin \Omega^{+k}$ に対しては $\pi_k(\omega) = 0$ とすべきである.

ここで,$R_k(\varphi^*, \pi_k) = \sum\limits_{\omega} \pi_k(\omega) R_k(\varphi^*, \omega)$ を最小化するタイプ k の最適戦略の集合 $\pi = \{\pi_k\}$ はつぎの線形式を最小化するから,φ^* に対する最適反応戦略となる.

$$R(\varphi^*, \pi) = \sum_{k \in S_0} p(k) \sum_{\omega \in P_k} \pi_k(\omega) R_k(\varphi^*, \omega) \tag{11.87}$$

つぎに，問題 (P_S^U) を解いて得られている φ^* が，最適な目標戦略 π に対し最適反応となるべき条件を考える．それは φ^* が問題 $\max_{\varphi} R(\varphi, \pi)$ s.t. $\varphi \in \Psi$ の最適解であるということであり，その必要十分条件は KKT 条件により求められる．いま，ラグランジュ乗数 $\{\lambda(t), t \in \widehat{T}\}$ と $\{\eta(i,t) \geqq 0, (i,t) \in \mathbf{N} \times \widehat{T}\}$ を用いたラグランジュ関数

$$L(\varphi; \lambda, \eta) \equiv R(\varphi, \pi) + \sum_{t \in \widehat{T}} \lambda(t) \left(\Phi(t) - \sum_{i \in \mathbf{N}} \varphi(i,t) \right)$$
$$+ \sum_{t \in \widehat{T}} \sum_{i \in \mathbf{N}} \eta(i,t) \varphi(i,t)$$

を用いれば，つぎの KKT 条件を得る．

$$\frac{\partial L}{\partial \varphi(i,t)} = \alpha_i \sum_{k \in S_0} p(k) \sum_{\omega \in \Omega_{it}^k} \pi_k(\omega) \exp\left(-\sum_{t' \in \widehat{T}} \alpha_{\omega(t')} \varphi(\omega(t'), t') \right)$$
$$- \lambda(t) + \eta(i,t) = 0, \ (i,t) \in \mathbf{N} \times \widehat{T} \tag{11.88}$$

$$\varphi(i,t) \geqq 0, \ (i,t) \in \mathbf{N} \times \widehat{T} \tag{11.89}$$

$$\sum_{i \in \mathbf{N}} \varphi(i,t) = \Phi(t), \ t \in \widehat{T} \tag{11.90}$$

$$\eta(i,t) \geqq 0, \ (i,t) \in \mathbf{N} \times \widehat{T} \tag{11.91}$$

$$\eta(i,t)\varphi(i,t) = 0, \ (i,t) \in \mathbf{N} \times \widehat{T} \tag{11.92}$$

ただし，$\Omega_{it}^k \equiv \{\omega \in P_k | \omega(t) = i\}$ である．上述したように，最適な π_k は $\omega \notin \Omega^{+k}$ に対しては $\pi_k(\omega) = 0$ とすべきである．逆に，$\pi_k(\omega) > 0$ の可能性のあるパス $\omega \in \Omega^{+k}$ に対しては，$\sum_{t'} \alpha_{\omega(t')} \varphi^*(\omega(t'), t') = \eta_k^*$ が成り立つ．これらの性質を適用すれば，式 (11.88) は次式に書き換えられる．

$$\alpha_i \sum_{k \in S_0} p(k) \exp(-\eta_k^*) \sum_{\omega \in \Omega_{it}^{+k}} \pi_k(\omega) - \lambda(t) + \eta(i,t) = 0, \quad (i,t) \in \mathbf{N} \times \widehat{T}$$
$$\tag{11.93}$$

11.3 捜索ゲームに関するその他のモデル

ただし,定義 Ω_{it}^k と Ω^{+k} の性質を同時に満たすパス集合として

$$\Omega_{it}^{+k} \equiv \left\{ \omega \in P_k \mid \omega(t) = i, \sum_{t' \in \widehat{T}} \alpha_{\omega(t')} \varphi^*(\omega(t'), t') = \eta_k^* \right\}$$

を用いた。以上から,これまで何度もやったように,条件式 (11.88),(11.91) および (11.92) は同値なつぎの条件に整理できる。

(1) $\varphi^*(i,t) > 0$ ならば

$$\alpha_i \sum_{k \in S_0} p(k) \exp(-\eta_k^*) \sum_{\omega \in \Omega_{it}^{+k}} \pi_k(\omega) = \lambda(t) \tag{11.94}$$

(2) $\varphi^*(i,t) = 0$ ならば

$$\alpha_i \sum_{k \in S_0} p(k) \exp(-\eta_k^*) \sum_{\omega \in \Omega_{it}^{+k}} \pi_k(\omega) \leq \lambda(t) \tag{11.95}$$

また,φ^* は条件式 (11.89) と (11.90) は満たしているから,上の条件が満たされれば φ^* は π に対する捜索者の最適反応になる。

以上のことから,式 (11.87) を目的関数としたつぎの線形計画問題が,目標の最適戦略 π^* を求める定式化となる。

$$(D_T^U) \quad \min_{\pi, \lambda} \sum_{k \in S_0} p(k) \sum_{\omega \in P_k} \pi_k(\omega) \left\{ 1 - \exp\left(-\sum_{t \in \widehat{T}} \alpha_{\omega(t)} \varphi^*(\omega(t), t) \right) \right\}$$

s.t. $\varphi^*(i,t) > 0$ なる $(i,t) \in \boldsymbol{N} \times \widehat{\boldsymbol{T}}$ に対し

$$\alpha_i \sum_{k \in S_0} p(k) \exp(-\eta_k^*) \sum_{\omega \in \Omega_{it}^{+k}} \pi_k(\omega) = \lambda(t)$$

$\varphi^*(i,t) = 0$ なる $(i,t) \in \boldsymbol{N} \times \widehat{\boldsymbol{T}}$ に対し

$$\alpha_i \sum_{k \in S_0} p(k) \exp(-\eta_k^*) \sum_{\omega \in \Omega_{it}^{+k}} \pi_k(\omega) \leq \lambda(t)$$

$$\sum_{\omega \in P_k} \pi_k(\omega) = 1, \ k \in S_0$$

$$\pi_k(\omega) \geqq 0, \ \omega \in P_k, \ k \in S_0$$

11.2.1項においては,実質的に φ に関し線形な有効捜索資源量 $g(\varphi,\omega)$ を支払として,線形計画問題 (P_S^P) により均衡解を求めることができたが,ここでは個人情報に関する事前確率分布 $\{p(k),\ k\in S_0\}$ を考慮しなければならないため,凸計画問題での定式化 (P_S^U) となった。

つぎに,11.2.2項で採用したアプローチ法であったマルコフ移動目標による均衡解導出について述べる。

〔2〕 **目標のマルコフ移動を用いた均衡解**　ここでも,時点の推移やイベント生起の順序および使用する記号に関しては,11.2.2項とほぼ同じである。ただし,目標の状態は,目標タイプ k,時間 t,存在セル i および残存エネルギー e の四つ組 (k,i,t,e) で表現する。

$z_k(i,t,e)$ を,時点 t の期首に状態 (k,i,t,e) にある目標が,以後最適な移動戦略をとることにより実現できる最大の非探知確率とする。$v_k(i,j,t,e)$ は目標のマルコフ移動戦略であり,状態 (k,i,t,e) にある目標がつぎの時点 $t+1$ でセル j に移動する確率を示す。次時点で移動可能なセル群 $N(i,t,e)$ や,状態 (k,i,t,e) へ移動可能な前時点でのセル群 $N^*(i,t,e)$ も以前と同じ定義で用いれば,目標のマルコフ移動戦略の実行可能性条件は任意の (k,i,t,e) に対し次式で表される。

$$\sum_{j\in N(i,t,e)} v_k(i,j,t,e) = 1 \tag{11.96}$$
$$v_k(i,j,t,e)\geq 0,\ j\in N(i,t,e),\ v_k(i,j,t,e)=0,\ j\notin N(i,t,e)$$

捜索が実施される $t\in\widehat{T}$ では,状態 (k,i,t,e) にいる目標がそこでの捜索で探知されず,つぎの時点 $t+1$ でセル j に移動した後も非探知となる状態遷移を考えれば,$z_k(i,t,e)$ に関するつぎの漸化式が得られる。

$$z_k(i,t,e) = \max_{\{v_k(i,\cdot,t,e)\}} e^{-\alpha_i\varphi(i,t)} \sum_{j\in N(i,t,e)} v_k(i,j,t,e)z_k(j,t+1,e-\mu(i,j))$$

ただし,最終時点 T では $z_k(i,T,e)=\exp(-\alpha_i\varphi(i,T))$ で与えられる。条件式 (11.96) を考えれば,この漸化式はさらにつぎのように変形できる。

11.3 捜索ゲームに関するその他のモデル

$$z_k(i,t,e) = \max_{j \in N(i,t,e)} e^{-\alpha_i \varphi(i,t)} z_k(j, t+1, e - \mu(i,j))$$
$$\geqq e^{-\alpha_i \varphi(i,t)} z_k(j, t+1, e - \mu(i,j)), \ j \in N(i,t,e) \quad (11.97)$$

同様に,捜索が行われない時点 $t \in T \backslash \widehat{T}$ ではつぎの漸化式が得られる.

$$z_k(i,t,e)$$
$$= \max_{\{v_k(i,\cdot,t,e)\}} \sum_{j \in N(i,t,e)} v_k(i,j,t,e) z_k(j, t+1, e - \mu(i,j))$$
$$= \max_{j \in N(i,t,e)} z_k(j, t+1, e - \mu(i,j))$$
$$\geqq z_k(j, t+1, e - \mu(i,j)), \ j \in N(i,t,e) \quad (11.98)$$

タイプ k 目標の最適な移動戦略による全期間での最大非探知確率は,初期状態での値 $z_k(k, 1, e_0)$ であるから,捜索者は最大非探知確率 $\sum_k p(k) z_k(k, 1, e_0)$ を最小にすべきであり,これが非探知確率に関するミニマックス値を与える.以上の議論から,最適な捜索計画 φ^* を導出する定式化はつぎのように整理される.

$$(P_S^{U0}) \min_{\varphi, z} \sum_{k \in S_0} p(k) z_k(k, 1, e_0)$$

s.t. $z_k(i,t,e) \geqq z_k(j, t+1, e - \mu(i,j)),$

$\qquad j \in N(i,t,e), \ i \in \boldsymbol{N}, \ t \in \boldsymbol{T}\backslash\widehat{\boldsymbol{T}}, \ e \in \boldsymbol{E}, \ k \in S_0$

$z_k(i,t,e) \geqq e^{-\alpha_i \varphi(i,t)} z_k(j, t+1, e - \mu(i,j)),$

$\qquad j \in N(i,t,e), \ i \in \boldsymbol{N}, \ t \in \widehat{\boldsymbol{T}}\backslash\{T\}, \ e \in \boldsymbol{E}, \ k \in S_0$

$z_k(i,T,e) = e^{-\alpha_i \varphi(i,T)}, \ i \in \boldsymbol{N}, \ e \in \boldsymbol{E}, \ k \in S_0$

$\sum_{i \in \boldsymbol{N}} \varphi(i,t) = \Phi(t), \ t \in \widehat{\boldsymbol{T}}$

$\varphi(i,t) \geqq 0, \ i \in \boldsymbol{N}, \ t \in \widehat{\boldsymbol{T}}$

ここで,$w_k(i,t,e) \equiv -\log z_k(i,t,e)$ により $z_k(i,t,e)$ を置換すれば,つぎの凸計画問題による定式化を得る.$z_k(i,t,e)$ はその意味から $0 < z_k(i,t,e) \leqq 1$ であるから,$w_k(i,t,e)$ は非負の値をとる.

$$(P_S^{UM}) \quad \min_{\varphi,w} \sum_{k \in S_0} p(k) \exp(-w_k(k,1,e_0))$$

s.t. $w_k(i,t,e) \leqq w_k(j,t+1,e-\mu(i,j)),$

$\qquad j \in N(i,t,e),\ i \in \boldsymbol{N},\ t \in \boldsymbol{T} \backslash \widehat{\boldsymbol{T}},\ e \in \boldsymbol{E},\ k \in S_0$

$\qquad w_k(i,t,e) \leqq \alpha_i \varphi(i,t) + w_k(j,t+1,e-\mu(i,j)),$

$\qquad j \in N(i,t,e),\ i \in \boldsymbol{N},\ t \in \widehat{\boldsymbol{T}} \backslash \{T\},\ e \in \boldsymbol{E},\ k \in S_0$

$\qquad w_k(i,T,e) = \alpha_i \varphi(i,T),\ i \in \boldsymbol{N},\ e \in \boldsymbol{E},\ k \in S_0$

$\qquad \sum_{i \in \boldsymbol{N}} \varphi(i,t) = \Phi(t),\ t \in \widehat{\boldsymbol{T}}$

$\qquad \varphi(i,t) \geqq 0,\ i \in \boldsymbol{N},\ t \in \widehat{\boldsymbol{T}}$

つぎに，問題 (P_S^{UM}) の最適解 φ^* と w^* を用いて，目標の最適なマルコフ移動戦略 $\{v_k(i,j,t,e)\}$ を求める．w^* に対応する変数 z^* は $z_k^*(i,t,e) = \exp(-w_k^*(i,t,e))$ により計算できる．$z_k^*(i,t,e)$ の定義から

$$\widehat{z}_k^*(i,t,e) \equiv z_k^*(i,t,e) \exp(\alpha_i \varphi^*(i,t))$$

は，目標が t 期末で探知されずに状態 (k,i,t,e) にあるという条件のもとで，それ以降の最適移動による非探知確率の最大値を表す．いま，目標のマルコフ移動戦略として v とは別の変数 $\{\widehat{v}_k(i,j,t,e),\ i,\ j \in \boldsymbol{N},\ t \in \boldsymbol{T} \backslash \{T\},\ e \in \boldsymbol{E}\}$ を，目標が t 期末に非探知で状態 (k,i,t,e) に到達し，かつ次時点 $t+1$ でセル j で移動する確率として定義する．$v(k,i,t,e)$ が非探知で状態 (k,i,t,e) に存在する条件を付けていたのに対し，$\widehat{v}_k(i,j,t,e)$ はこの状態への非探知での到達確率をも考慮した確率で，条件付けでないことが異なる．この目標戦略は，目標の存在確率に関するつぎの変数も決めることになる．$q_k(i,t,e)$ は目標が初期状態から状態 (k,i,t,e) へ非探知のままで t 期首に到達する確率，$q_k'(i,t,e)$ は目標が初期状態から状態 (k,i,t,e) へ到達し，かつその状態から t 期末まで非探知である確率とする．図 11.7 は，上記の確率の対応する期間を矢印で示したものである．

目標の状態遷移を考えれば，つぎの方程式が成り立つ．

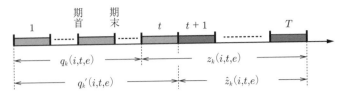

図 **11.7** 各確率の対応期間

$q_k(k, 1, e_0) = 1, \ k \in S_0$

$\sum_{i \in \boldsymbol{N}} \sum_{e \in \boldsymbol{E}} q_k(i, 1, e) = 1, \ k \in S_0$

$q'_k(i, t, e) = q_k(i, t, e), \ i \in \boldsymbol{N}, \ t \in \boldsymbol{T} \setminus \widehat{\boldsymbol{T}}, \ e \in \boldsymbol{E}, \ k \in S_0$

$q'_k(i, t, e) = q_k(i, t, e) \exp(-\alpha_i \varphi^*(i, t)), \ i \in \boldsymbol{N}, \ t \in \widehat{\boldsymbol{T}}, \ e \in \boldsymbol{E}, \ k \in S_0$

$q_k(i, t, e) = \sum_{j \in N^*(i, t, e)} \widehat{v}_k(j, i, t-1, e + \mu(j, i)),$

$\qquad\qquad\qquad i \in \boldsymbol{N}, \ t \in \boldsymbol{T} \setminus \{1\}, \ e \in \boldsymbol{E}, \ k \in S_0$

$q'_k(i, t, e) = \sum_{j \in N(i, t, e)} \widehat{v}_k(i, j, t, e), \ i \in \boldsymbol{N}, \ t \in \boldsymbol{T} \setminus \{T\}, \ e \in \boldsymbol{E}, \ k \in S_0$

ここで,時点 $t \in \widehat{\boldsymbol{T}}$ での捜索資源配分 $\{\varphi(i,t), i \in \boldsymbol{N}\}$ に焦点を当てれば,全時点の非探知確率は次式で表すことができる.

$$G_t(\varphi) \equiv \sum_{k \in S_0} \sum_{i \in \boldsymbol{N}} \sum_{e \in \boldsymbol{E}} p(k) q_k(i, t, e) \exp(-\alpha_i \varphi(i, t)) \widehat{z}^*_k(i, t, e)$$

これを $\sum_i \varphi(i, t) = \Phi(t), \ \varphi(i, t) \geqq 0 \ (i \in \boldsymbol{N})$ のもとで最小にするのが最適な捜索資源配分 $\{\varphi^*(i, t), i \in \boldsymbol{N}\}$ となっているはずである.ラグランジュ関数を

$$L(\varphi; \lambda, \mu) \equiv \sum_{k \in S_0} \sum_{i \in \boldsymbol{N}} \sum_{e \in \boldsymbol{E}} p(k) q_k(i, t, e) \exp(-\alpha_i \varphi(i, t)) \widehat{z}^*_k(i, t, e)$$

$$+ \lambda(t) \left(\sum_{i \in \boldsymbol{N}} \varphi(i, t) - \Phi(t) \right) - \sum_{i \in \boldsymbol{N}} \mu(i, t) \varphi(i, t)$$

で定義して,最適解の KKT 条件を求めれば次式となる.

(1) $\varphi(i, t) > 0$ ならば

$$\alpha_i \exp(-\alpha_i \varphi(i,t)) \sum_{k \in S_0} \sum_{e \in \boldsymbol{E}} p(k) q_k(i,t,e) \widehat{z}_k^*(i,t,e) = \lambda(t) \tag{11.99}$$

(2) $\varphi(i,t) = 0$ ならば

$$\alpha_i \sum_{k \in S_0} \sum_{e \in \boldsymbol{E}} p(k) q_k(i,t,e) \widehat{z}_k^*(i,t,e) \leq \lambda(t) \tag{11.100}$$

式 (11.99), (11.100) がすべての $i \in \boldsymbol{N}, t \in \widehat{\boldsymbol{T}}$ に対して成立していれば, φ が $\widehat{v}$ に対して最適反応となるが, この条件に φ^* を代入すれば, すでに得られている φ^* が $\widehat{v}$ に対し最適反応となるための $\widehat{v}$ の条件と見なすことができる. 一方, 全時点を通じた非探知確率は $\sum_k \sum_i \sum_e p(k) q_k'(i,T,e)$ でも表されるから, この目的関数の最大化は φ^* に対して $\widehat{v}$ が最適反応となる条件である. 以上から, 搜索者の既知の最適戦略 φ^* と $\widehat{z}^*$ を用いて目標の最適移動戦略 $\widehat{v}^*$ を求める定式化として, つぎの線形計画問題を得る.

(D_T^{UM}) $\max_{\widehat{v},q,q',\lambda} \sum_{k \in S_0} \sum_{i \in \boldsymbol{N}} \sum_{e \in \boldsymbol{E}} p(k) q_k'(i,T,e)$

s.t. $q_k(k,1,e_0) = 1, \ k \in S_0$

$\sum_{i \in \boldsymbol{N}} \sum_{e \in \boldsymbol{E}} q_k(i,1,e) = 1, \ k \in S_0$

$q_k'(i,t,e) = q_k(i,t,e), \ i \in \boldsymbol{N}, \ t \in \boldsymbol{T} \backslash \widehat{\boldsymbol{T}}, \ e \in \boldsymbol{E}, \ k \in S_0$

$q_k'(i,t,e) = q_k(i,t,e) \exp(-\alpha_i \varphi^*(i,t)),$
$\quad i \in \boldsymbol{N}, \ t \in \widehat{\boldsymbol{T}}, \ e \in \boldsymbol{E}, \ k \in S_0$

$q_k(i,t,e) = \sum_{j \in N^*(i,t,e)} \widehat{v}_k(j,i,t-1,e+\mu(j,i)),$
$\quad i \in \boldsymbol{N}, \ t \in \boldsymbol{T} \backslash \{1\}, \ e \in \boldsymbol{E}, \ k \in S_0$

$q_k'(i,t,e) = \sum_{j \in N(i,t,e)} \widehat{v}_k(i,j,t,e), \ i \in \boldsymbol{N}, \ t \in \boldsymbol{T} \backslash \{T\}, \ e \in \boldsymbol{E}, \ k \in S_0$

$\varphi^*(i,t) > 0$ なる $i \in \boldsymbol{N}, \ t \in \widehat{\boldsymbol{T}}$ に対し

$$\alpha_i \exp(-\alpha_i \varphi^*(i,t)) \sum_{k \in S_0} \sum_{e \in \boldsymbol{E}} p(k) q_k(i,t,e) \widehat{z}_k^*(i,t,e) = \lambda(t)$$

$\varphi^*(i,t) = 0$ なる $i \in \boldsymbol{N}$, $t \in \widehat{\boldsymbol{T}}$ に対し

$$\alpha_i \sum_{k \in S_0} \sum_{e \in \boldsymbol{E}} p(k) q_k(i,t,e) \widehat{z}_k^*(i,t,e) \leq \lambda(t)$$

$\widehat{v}_k(i,j,t,e) \geq 0$, $i, j \in \boldsymbol{N}$, $t \in \boldsymbol{T} \setminus \{T\}$, $e \in \boldsymbol{E}$, $k \in S_0$

$\widehat{v}_k(i,j,t,e) = 0$, $j \notin N(i,t,e)$, $i \in \boldsymbol{N}$, $t \in \boldsymbol{T} \setminus \{T\}$, $e \in \boldsymbol{E}$, $k \in S_0$

目標の最適なマルコフ移動戦略 $v_k^*(i,j,t,e)$ は,最適解 $\widehat{v}_k^*(i,j,t,e)$ を用いて

$$v_k^*(i,j,t,e) = \frac{\widehat{v}_k^*(i,j,t,e)}{\sum_{j \in N(i,t,e)} \widehat{v}_k^*(i,j,t,e)} \tag{11.101}$$

によって求められるが,$\widehat{v}$ は目標の非探知での到達確率を含んでいるから,状態 (k,i,t,e) によっては分母がゼロとなる場合がある.その場合は,目標の最適移動ではその状態に至らないことを意味するから,マルコフ移動戦略 $v_k(i,j,t,e)$ を求める必要はない,あるいは任意の移動戦略で構わないことになる.

近年の捜索理論の研究では捜索ゲームに関するトピックスが取り上げられることが多く,捜索ゲームの著書もたくさん書かれている.以下の著書[1]~[5] は,いずれも特色のある研究書である.文献[6] は捜索ゲームのサーベイ論文,文献[7]~[12] のものは,ここで取り上げたモデルの出典である.

章 末 問 題

【1】 11.1 節の静止目標に対する捜索ゲームにおいて,条件付き探知関数を $f_i(x) = 1 - \exp(-\alpha_i x)$ (ただし,$\alpha_i > 0$) とすることで,均衡解である捜索者,目標の最適戦略および探知確率を与える具体的な式を求めよ.

参 考 文 献

1 章

1) P.M. Morse and G.E. Kimball：Methods of Operations Research, MIT Press (1951)
   [邦訳] 中原勲平 訳：オペレーションズ・リサーチの方法，日科技連出版社 (1954)
2) B.O. Koopman：Search and Screening, Operations Evaluation Group, Office of the Chief on Naval Operations, Navy Department（1980 年版は Pergamon Press）(1946)
3) C.M. Sternhell and T.M. Thorndike：Anti-Submarine Warfare in World War II, OEG Report, 51 (1946)
4) L.D. Stone：Theory of Optimal Search, Academic Press (1969)
5) A.R. Washburn：Search and Detection, Operations Research Society of America (1981)
6) 多田和夫：捜索理論，OR ライブラリー 15，日科技連出版社 (1973)
7) 飯田耕司，宝崎隆祐：三訂 捜索理論―捜索オペレーションの数理，三恵社 (2003)
8) 飯田耕司：防衛応用のオペレーションズ・リサーチ理論，三恵社 (2002)
9) 飯田耕司：戦闘の科学：軍事 OR の理論―捜索理論，射爆理論，交戦理論，三恵社 (2005)
10) 飯田耕司：捜索の情報蓄積の理論―目標分布推定と意思決定分析，三恵社 (2007)
11) 飯田耕司：増補軍事 OR 入門―情報化時代の戦闘の科学，三恵社 (2017)
12) P.H. Enslow：A bibliography of search thoery and reconnaissance thoery lieratures, Naval Research Logistics Quaterly, **13**, pp.177–202 (1966)
13) J.M. Dobbie：A survey of search theory, Operations Research, **16**, pp.525–537 (1968)
14) M.L. Moore：A review of search and reconnaissance theory llierature, Department of Industrial Engineering Technical Report AD0700333, University of Michigan (1970)
15) 中井暉久：探索理論展望，技苑，**61**，pp.20-31，関西大学工業技術研究所 (1989)
16) S.J. Benkoski, M.G. Manticino, and J.R. Weisinger：A survey of the search

theory literature, Naval Research Logistics, **38**, pp.469–494 (1991)
17) R. Hohzaki：Search games: Literature and Survey, Journal of the Operations Research Society of Japan, **59**, 1, pp.1–34 (2016)
18) 宝崎隆祐：捜索理論と最適化手法, 電子情報通信学会論文誌, **J91-A**, 11, pp.997–1005 (2008)

3章

1) H.E. Daniels：The theory of position finding, Journal of the Royal Statistical Society, Series B, **13**, pp.186–207 (1951)
2) J.M. Danskin：A helicopter versus submarine search game, Operations Research, **16**, pp.509–517 (1968)
3) B.O. Koopman：The theory of search I. Kinematic bases, Operations Research, **4**, pp.324–346 (1956)
4) P.T. Butterly：Random walk models for target tracking, AD-A019102 (1975)
5) H.R. Richardson and L.D. Stone：Operations analysis during the underwater search for Scopion, Naval Research Logistics Quarterly, **18**, pp.141–157 (1971)
6) H.R. Richardson：ASW information processing and optimal surveillance in a false target environment, AD-A002254 (1973)
7) 飯田耕司：捜索の情報蓄積の理論, 三恵社 (2007)

4章

1) B.O. Koopman：Search and Screening, Operations Evaluation Group, Office of the Chief on Naval Operations, Navy Department（1980年版は Pergamon Press）(1946)
2) K. Iida：Inverse Nth power detection law for Washburn's lateral range curve, Journal of the Operations Research Society of Japan, **36**, pp.90–101 (1993)
3) International Aeronautical and Maritime Search and Rescue Manual, **I–III**, ICAO/IMO publications (2003)

5章

1) B.O. Koopman：Search and Screening, Operations Evaluation Group, Office of the Chief on Naval Operations, Navy Department（1980年版は Pergamon Press）(1946)

2) J.D. Williams : An approximation to the probability integral, The annals of Mathematical Statistics, **17**, pp.363–365 (1946)

6 章

1) B.O. Koopman : Search and Screening, Operations Evaluation Group, Office of the Chief on Naval Operations, Navy Department（1980 年版は Pergamon Press）(1946)
2) A.R. Washburn : Search and Detection, Operations Research Society of America (1981)
3) A.R. Washburn : Patrolling a channel, Naval Research Logistics, **29**, pp.609–615 (1982)
4) 飯田耕司，中村照義：目標側の先制探知を考慮したバリヤー哨戒モデル，防衛大学校理工学研究報告，**27**，pp.215–231 (1989)

7 章 最適化手法に関するテキストは数多く存在するが，次のものを推奨する。

1) F.S. Hillier and G.J. Lieberman : Introduction to Operations Research, Holden Day (1967)
2) 今野　浩：線形計画法，日科技連出版社 (1987)
3) 今野　浩，山下　浩：非線形計画法，OR ライブラリー 6，日科技連出版社 (1978)
4) M.S. Bazara, H.D. Sherali, and C.M. Shetty : Nonlinear Programming (2nd Edition), John Wiley & Sons, Inc. (1993)
5) 福島雅夫：非線形最適化の基礎，朝倉書店 (2001)
6) R. Bellman : Dynamic Programming, Princeton University Press (1957)
7) 林　毅，村外志夫：変分法 応用数学講座第 13 巻，コロナ社 (1958)

8 章

1) T. Ibaraki and N. Katoh : Resource Allocation Problems: Algorithmic Approaches, The MIT Press (1988)
2) L.D. Stone : Theory of Optimal Search, Academic Press (1975)
3) K. Iida : Studies on the Optimal Search Plan, Spriger-Verlag (1992)
4) B.O. Koopman : Search and Screening, Operations Evaluation Group, Office of the Chief on Naval Operations, Navy Department（1980 年版は Pergamon Press）(1946)
5) B.O. Koopman : The theory of search III: the optimum distribution of search-

ing effort, Operations Research, **5**, pp.613–626 (1957)
6) J. De Guenin : Optimum distribution of effort: an extension of the Koopman basic theory, Operations Research, **9**, pp.1–9 (1961)
7) J.B. Kadane : Discrete search and the Neyman-Pearson lemma, Journal of Mathematical Analysis and Applications, **22**, pp.156–171 (1968)
8) R. Hohzaki and K. Iida : An optimal search for a disappearing target with a random lifetime, **37**, pp.64–79 (1994)

9章
1) 飯田耕司：移動目標物の探索，経営科学，**16**, pp.204–215 (1972)
2) S.S. Brown : Optimal search for a moving target in discrete time and space, Operations Research, **28**, pp.1275–1286 (1980)
3) A.R. Washburn : Search for a moving target: the FAB algorithm, Operations Research, **31**, pp.739–751 (1983)
4) K.E. Trummel and J.R. Weisinger : The complexity of the optimal searcher path problem, Operations Research, **34**, pp.324–327 (1986)
5) J.N. Eagle and J.R. Yee : An optimal branch-and-bound procedure for the constrained path moving target search problem, Operations Research, **38**, pp.110–114 (1990)
6) R. Hohzaki and K. Iida : Path constrained search problem with reward criterion, **38**, pp.254–264 (1995)

10章
1) D. Fundenberg and J. Tirole : Game Theory, The MIT Press (1991)
2) G. Owen : Game Theory, Academic Press (1995)
3) R. Gibbons : Game Theory for Applied Economists, Princeton University Press (1992)
  [邦訳] 福岡正夫，須田伸一 訳：経済学のためのゲーム理論，創文社 (2004)
4) 西田俊夫：ゲームの理論，OR ライブラリー 17, 日科技連出版社 (1979)
5) 鈴木光男：新ゲーム理論，勁草書房 (1994)
6) 岡田　章：ゲーム理論　新版，有斐閣 (2011)

11章
1) S. Gal : Search Games, Academic Press (1980)

2) A.Y. Garnaev : Search Games and Other Applications of Game Theory, Springer-Verlag (2000)

3) S. Alpern and S. Gal : The Theory of Search Games and Rendezvous, Kluwer Academic Publishers (2003)

4) R. Isaacs : Differential Games, John Wiley & Sons, Inc. (1965)

5) W.H. Ruckle : Geometric Games and their Applications, Pitman (1983)

6) R. Hohzaki : Search games: Literature and Survey, Journal of the Operations Research Society of Japan, **59**, pp.1-34 (2016)

7) R. Hohzaki, K. Iida, and T. Komiya : Discrete search allocation game with energy constraints, Journal of the Operations Research Society of Japan, **45**, pp.93-108 (2002)

8) R. Hohzaki : The search allocation game, Wiely Encyclopedia of Operations Research and Management Science, Online-version, pp.1-10, John Wiley & Sons, Inc. (2013)

9) R. Hohzaki : Discrete search allocation game with false contacts, Naval Research Logistics, **54**, pp.46-58 (2007)

10) R. Hohzaki : A multi-stage search allocation game with the payoff of detection probability, Journal of the Operations Research Society of Japan, **50**, pp.178-200 (2007)

11) R. Hohzaki and K. Joo : A search allocation game with private information of initial target position, Journal of the Operations Research Society of Japan, **58**, pp.353-375 (2015)

12) J.C. Harsanyi : Games with incomplete information played by Bayesan players: Part I, Management Science, **8**, pp.159-182 (1967)

索 引

【あ】
鞍点	200

【い】
一次の必要条件	128
一様最適	163
一様分布	16

【お】
オイラー数	79
オイラー・ラグランジュ方程式	148
凹関数	126
重み付けシナリオ法	45

【か】
会的	60
確率ゲーム	224
確率質量関数	13
確率分布	13
確率密度関数	14
カバレッジ・ファクター	76
加法性	58
加法法則	8
完全記憶	222
完全情報ゲーム	222
完全定距離発見法則	54
緩和問題	189

【き】
幾何分布	16
基準形非線形計画問題	131
期待値	17
逆三乗発見法則	55

逆 n 乗発見法則	55
狭義凹関数	126
狭義凸関数	125
共通認識	222
行プレイヤー	198
共分散	19
共有知識	222
協力ゲーム	195
行列ゲーム	198
局所最適解	121
虚探知	45
許容方向ベクトル	132
距離対瞬間探知率曲線	53
均衡解	200
均衡点	209
近視眼的	179
近接可能領域	89
近接限度角	89
近接限度線	89

【く】
空事象	8
空集合	5
偶然手番	220
クープマン問題	157
グリーンの定理	151

【け】
結婚問題	144
決定変数	110
決闘ゲーム	229
ゲーム	
——の値	200
——のツリー	196
ゲーム的状況	194

ゲーム理論	194
限界効用逓減の法則	160
限定操作	190

【こ】
行動	223
行動戦略	223
勾配ベクトル	31, 121
合理的	194
誤差関数	76
固定端境界条件	147
根元事象	7
混合整数計画問題	115
混合戦略	208

【さ】
最短経路問題	142
最適解	112, 121
最適資源配分問題	157
最適性の原理	139
最適戦略	200
最適値	121
最適反応戦略	199
最尤推定	30
差事象	8
差集合	6
サポート	213
三角速度分布	35

【し】
試行	7
事象	7
指数分布	16
自然境界条件	149
実行可能解	112

索引

実行可能領域	112
支配	202
支払（ペイオフ）	194
支払関数	197
支払行列	196
写像	7
集合	5
集合族	6
主問題	118
純粋戦略	208
条件付き確率	9
情報	195
情報完備ゲーム	195, 222
情報構造	197, 221
情報集合	221
情報不完備ゲーム	195, 222
情報分割	221

【す】

数学的帰納法	26
数独	154
ステージ・ゲーム	219
スネルの法則	156
スパイラル捜索	94
スピード・サークル	96

【せ】

正規分布	16
制約条件	110
制約想定	135
積事象	8
積集合	6
ゼロ和ゲーム	197
漸化式	138
線形計画法	110
全集合	6
全微分	123
戦略	194
戦略形	196

【そ】

双行列ゲーム	199
捜索者	2
捜索努力	157
相補性	119
双対定理	117
双対問題	118
相補性条件	135

【た】

大域的最適解	121
対数らせん捜索	94
畳み込み	20
多段ゲーム	219
単位単体	125
探知関数	157
探知ポテンシャル	57

【ち】

値域	7
中心局限定理	20
頂点（葉）	220
直積	6

【つ】

強く支配する	202

【て】

定義域	7
デイタム	32
デイタム位置	32
定和ゲーム	229
手番	196
展開形	196

【と】

同時確率分布	15
同時確率密度関数	15
同時手番	197
同時分布関数	15
等周問題	152
動的増分係数	88
独立	10
凸	125
凸計画問題	136
凸集合	127

【な】

ナッシュ均衡解	216, 217
ナップサック問題	154

【に】

二項分布	15
二次の必要条件	128

【ね】

根	220
ネイピア数	79

【は】

排反	6
パス型移動	179
汎関数	110, 147

【ひ】

非協力ゲーム	195
秘書問題	143
非ゼロ和ゲーム	198
非線形計画法	110
非負	113
非負定値	126
非負定値行列	31
標準化	223
標準形	196
標準正規分布	16
標本空間	7

【ふ】

不完全記憶	222
不完全情報ゲーム	222
不完全定距離発見法則	54
不動点定理	210
部分集合	5
部分集合族	6
プレイ	220
プレイヤー	194
分散	17
分枝限定法	190
分枝操作	190

分布関数	14	

【へ】

平行搜索	69
ベイジアンゲーム	227
ベイズの定理	12
べき集合	6
べっ見	52
べっ見探知確率曲線	53
ヘッセ行列	31, 122
ベルヌイ分布	15
変分	147
変分法	110

【ほ】

ポアソン分布	16

【ま】

マキシマイザー	199
マックスミニ戦略	199
マックスミニ値	199
マルコフ移動戦略	248

【み】

密輸ゲーム	224
ミニマイザー	199
ミニマックス戦略	199
ミニマックス値	199

【む】

ミニマックス定理	210
無邪気な統計学者	17

【も】

目的関数	110
目標	1

【や】

ヤコビアン	22

【ゆ】

有効搜索幅	63
有効搜索率	65
有効な制約式	131
尤度	30

【よ】

要素	5
横距離探知確率	59
横距離探知確率曲線	59
余事象	8
余集合	6
弱く支配する	202

【ら】

ラグランジュ	
——の未定乗数	130
——の未定乗数法	130
ラグランジュ関数	130
ランダムウォーク	37
ランダム搜索	78

【り】

離散確率変数	13
離散最適化	114
離散スキャンセンサー	52
立体角	55
利得	169, 194
利得表	196
両性の戦い	216

【る】

累積分布関数	14

【れ】

列プレイヤー	198
連続確率変数	13
連続ゲーム	204
連続スキャンセンサー	52

【わ】

和事象	8
和集合	5

【F】

F.John 条件	134
F.John 乗数ベクトル	134
FAB アルゴリズム	178
Farkas の補題	132

【G】

Gordan の定理	132

【K】

Karush-Kuhn-Tucker 条件	132
Karush-Kuhn-Tucker 乗数ベクトル	135

【数字】

0–1 整数計画問題	115
0–1 変数	115
2 人ゼロ和ゲーム	198
8 の字哨戒	103

―― 著 者 略 歴 ――

宝崎　隆祐（ほうざき　りゅうすけ）
1978年　京都大学理学部物理学科卒業
1978年　海上自衛隊入隊
1985年　防衛大学校理工学研究科修士課程修了
　　　　（オペレーションズ・リサーチ専攻）
1991年　神戸大学大学院自然科学研究科博士課
　　　　程修了（システム科学専攻）
　　　　学術博士
1992年　防衛大学校講師
1993年　防衛大学校助教授
1999年　米海軍大学院大学客員教授
2004年　防衛大学校教授
　　　　現在に至る

1996年　防衛技術協会防衛技術論文賞受賞
2001年　防衛大学校学術・教育振興会山崎賞受賞
2002年　The Military Operations Research Society (U.S.A.),
　　　　The MOR Journal Award 受賞
2009年　日本オペレーションズ・リサーチ学会
　　　　フェロー

飯田　耕司（いいだ　こうじ）
1961年　大阪府立大学工学部船舶工学科卒業
1961年　日立造船株式会社勤務
1964年　海上自衛隊入隊
1969年　防衛大学校理工学研究科修士課程修了
　　　　（オペレーションズ・リサーチ専攻）
1978年　防衛大学校助教授
1988年　工学博士（大阪大学）
1991年　防衛大学校教授
2003年　防衛大学校定年退官

捜索理論における確率モデル
Stochastic Models in Search Theory

ⓒ Ryusuke Hohzaki, Koji Iida 2019

2019 年 3 月 22 日　初版第 1 刷発行

検印省略	著　者	宝　崎　隆　祐
		飯　田　耕　司
	発行者	株式会社　コロナ社
		代表者　牛来真也
	印刷所	三美印刷株式会社
	製本所	有限会社　愛千製本所

112-0011　東京都文京区千石 4-46-10
発行所　株式会社　コ　ロ　ナ　社
CORONA PUBLISHING CO., LTD.
Tokyo Japan
振替 00140-8-14844・電話(03)3941-3131(代)
ホームページ　http://www.coronasha.co.jp

ISBN 978-4-339-02833-1　C3355　Printed in Japan　　（三上）

JCOPY　＜出版者著作権管理機構　委託出版物＞
本書の無断複製は著作権法上での例外を除き禁じられています。複製される場合は、そのつど事前に、出版者著作権管理機構（電話 03-5244-5088、FAX 03-5244-5089、e-mail: info@jcopy.or.jp）の許諾を得てください。

本書のコピー、スキャン、デジタル化等の無断複製・転載は著作権法上での例外を除き禁じられています。購入者以外の第三者による本書の電子データ化及び電子書籍化は、いかなる場合も認めていません。
落丁・乱丁はお取替えいたします。